Green Building Actions in the
Context of Dual Carbon:
LEED in China

双碳背景下的建筑逐绿行动：

LEED
在中国

钴覃信息科技（上海）有限公司　著
Green Business Certification Inc.

U0202455

中国建筑工业出版社

图书在版编目（CIP）数据

双碳背景下的建筑逐绿行动：LEED在中国 = Green Building Actions in the Context of Dual Carbon：LEED in China / 钻覃信息科技（上海）有限公司著. — 北京：中国建筑工业出版社，2024.1

ISBN 978-7-112-29525-8

Ⅰ.①双… Ⅱ.①钻… Ⅲ.①建筑工程—无污染技术—研究报告—中国 Ⅳ.①TU-023

中国国家版本馆CIP数据核字（2023）第253966号

本书内容主创团队：杜俊雅　潘昊珍
部分内容贡献者：蔡圣君　徐辰波

责任编辑：刘　丹　徐　冉
封面设计：陈镇行
版式设计：锋尚设计
责任校对：芦欣甜

双碳背景下的建筑逐绿行动：LEED在中国
Green Building Actions in the Context of Dual Carbon: LEED in China
钻覃信息科技（上海）有限公司　著
Green Business Certification Inc.

*

中国建筑工业出版社出版、发行（北京海淀三里河路9号）
各地新华书店、建筑书店经销
北京锋尚制版有限公司制版
北京富诚彩色印刷有限公司印刷

*

开本：787毫米×1092毫米　1/16　印张：16¼　字数：347千字
2024年3月第一版　　2024年3月第一次印刷
定价：**149.00**元

ISBN 978-7-112-29525-8

（42152）

回顾过去，展望未来

　　2018年1月，我们在上海正式成立了USGBC北亚区办公室，作为001号员工，我见证了团队逐渐扩大到现在的16人、也亲历了LEED在中国从1500个认证项目攀升至如今的近7200个，作为三十几年地产人，我感到与有荣焉。这不只是LEED在数据上的"乘风"，更是中国在绿色可持续发展领域的"破浪"。变革与机遇，我为自己能够身处这个行业而骄傲。

　　在这本书里，您可以读到不少扎根本土的中国绿色好故事。从麦当劳这个耳熟能详的餐饮连锁品牌，到瑞安、太古地产这样的港资开发商翘楚，从大兴机场旁的LEED城市认证经济区到李锦记的酱料工厂，LEED出现在各种不同的建筑类型中，好故事也藏在细枝末节的先行者的实践里。

　　但值得一提的是，书里向您呈现的只是可持续领域里敢为人先的众多范例之中的一隅，并且也只代表了某个年份、某个项目在某个时间切面的成就。可以说，这些都是过去、皆为往昔，但我们编撰此书的目的是在更好地回顾过去的同时展望未来。我们相信无论是书里的行业大咖还是品牌和企业，在以世界为范围的可持续变革之中，可以为建筑的低碳发展发挥更大的作用。我翘首以盼。

杜日生

USGBC 北亚区董事总经理

目录　Contents

4 第四章　**1 到 100**

5 第五章　**100 到∞**

后记

从0出发

1

一、什么是LEED？

　　建筑，是影响人类健康和环境可持续发展的重要因素之一。由美国绿色建筑委员会（简称USGBC）开发的能源与环境设计先锋（Leadership in Energy and Environmental Design，简称LEED）体系，旨在通过对建筑和城市的评价体系，推动社会、环境和经济"三重底线"的可持续发展。从1998年诞生以来，LEED的脚步遍布全球180余个国家和地区，超过18万个商业项目使用了LEED，使之成为名副其实的"国际通用绿色语言"。

　　中国是绿色建筑的领军者，也是LEED认证在美国以外的最大市场。在中国碳达峰、碳中和"3060"目标的指引下，LEED也定将迎来更广阔的发展空间。

　　此前，或许您已经零散地了解过LEED这项代表建筑和节能最高标准的荣誉以及它背后的体系、故事和概念。那么现在，跟随我们整理的十大行业常见热门词汇以及体系介绍卡片，更快速、全面地解锁绿色行业认知。

1. 绿色行业十大常见热门词汇

LEED（Leadership in Energy and Environmental Design），即能源与环境设计先锋。被应用于 185 个国家，**是全球范围内的"绿色通用语言"。中国是 LEED 认证在美国以外的最大市场。**

建筑是影响人类健康和环境可持续发展的重要因素之一，LEED 通过对建筑的评价体系，推动社会、环境、经济"三重底线"的可持续发展。LEED 认证体系适用于所有建筑种类，且涵盖建筑的整个生命周期。对建筑生命周期的不同阶段（建筑设计与施工、建筑运营与维护、室内设计与施工）都提供相应的评价标准。

LEED v4.1 是 LEED 认证体系发展迭代至今的最新升级版本。

从 1993 年初代 LEED 认证体系诞生至今，LEED 开发人员不断与时俱进，让整套评级体系符合科技、时代和建筑本身的发展。**USGBC 在 2018 年推出 LEED v4.1，相较之前的版本，LEED v4.1 更加简化、易用，也更加包容与透明。**值得一提的是，2023 年 1 月，LEED v5 进入开发阶段，v5 版本将重点关注：气候行动、生活品质、生态保护和修复三大顶层目标。

LEED BD+C（LEED for Building Design and Construction）即 LEED 建筑设计与施工，是针对新建建筑或重大改造项目的评级系统。**它为建造一个完整的绿色建筑提供了具体框架。**

从高层建筑到数据中心，LEED BD+C 针对不同的建筑类型提供多种解决方案，包括新建及重大改造建筑、核心与外壳、学校、零售、医院、数据中心、酒店、仓储和物流中心、住宅。

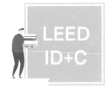

LEED ID+C（LEED for Interior Design and Construction）即 LEED 室内设计与施工，是针对完整的室内装修项目的评级系统。人类在室内空间度过的时间占据了 90%，通过 LEED ID+C 在建筑内的应用，**人类可以长时间获得高品质的室内空气、享用安全建材以及高效设备带来的优质体验**。LEED ID+C 有商业室内、零售和酒店三个具体应用分支。

LEED O+M（LEED for Building Operations and Maintenance）即 LEED 建筑运营与维护，**是针对旨在通过较少改造来达到建筑性能优化的既有建筑开发的评级系统**。许多旧楼宇是耗能和耗水大户，但拆除重建对环境的影响更甚。LEED O+M 评级体系的应用可以让这些老建筑重焕新生，这套评级体系可以应用在既有建筑、零售、学校、酒店、数据中心、仓储和物流中心等多个细分市场。

LEED 城市与社区项目是针对城市与社区的规划、建设及管理的一项革新性的评级系统，适用于新建城区的开发、老旧城区的更新改造以及既有城区的运营与管理。这套体系系统化地梳理、整合并评估项目的总体规划与各个子系统（自然生态、土地利用、交通、能源、水、废弃物、经济与社会等专项规划）的内容，强调通过数据分析支持城市发展决策，同时借鉴全球城市最佳实践经验为项目提供策略引导，从而推动全球城市在可持续发展的先锋之路上得以再跨高峰。

随着净零 Net Zero（"零碳排建筑"或"零能耗建筑"）这一概念的引入，USGBC 于 2018 年正式推出 LEED Zero 认证，以鼓励楼宇在建造及运营过程中实现"Net Zero"。获得 LEED Zero 认证的项目需要实现零碳排放 / 零能耗 / 零用水 / 零废弃物的其中一项标准。**LEED Zero 是在原有 LEED 评级体系基础上对"净零"建筑的补充，也是绿色建筑领域又一个开创性认证**。

Greenbuild 是全球覆盖范围最广的绿色建筑峰会暨博览会。以可持续发展理念作为根基，Greenbuild 是真正致力于建筑环境可持续发展的行业盛会。它为全世界的行业领袖、专家和各领域一线专业人士提供了一个面对面交流的机会。全球首届 Greenbuild 起始于 2002 年的美国得克萨斯州，至今已有 17 年历史。第一届 Greenbuild 中国峰会于 2017 年在上海举办，现已成为国内的绿色建筑行业盛事。

Arc 是业界首个通过联网追踪建筑性能表现并建立评分系统的平台，也是一个技术、信息及成果共享的动态数据平台。作为用户与 LEED 之间的对接者，无论是已经通过 LEED 认证的建筑还是希望获得 LEED 认证的建筑，甚至是城市与社区，**Arc 都可以通过追踪、评估建筑自身和全球项目运营表现，让建筑、社区和城市之间进行性能比较，从而优化绿色建筑整体策略**。

Green Bond 即绿色债券，是旨在鼓励可持续发展、支持与气候相关或其他类型的特殊环境项目的债券。这些债券通常与资产挂钩，发行者大多是大型跨国公司、开发性金融机构以及政府，通常也被称为气候债券。绿色债券具有免税和税收抵免等税收优惠措施，与可比的应纳税债券相比，它们是一种更具吸引力的投资。同时绿色债券的发行也是发行主体践行可持续发展理念的象征，彰显出极高的社会责任。**作为绿色金融领域的领导者，中国已成为全球第二大绿色债券发行国。**

以上是有关LEED和绿色行业内十大出现频率最高也是被问及最多的词汇。以此为基础，接下来的"LEED体系全介绍"①则可以让您对LEED有一个全面的认知，例如：上文提到的LEED BD+C、ID+C、O+M都有哪些适用条件？越来越多不同的空间类型都在用LEED，它们都使用哪些体系分支？

2. LEED建筑设计与施工（LEED for Building Design and Construction，简称LEED BD+C）

最新版本的LEED v4.1 BD+C现有8个分支体系，均已开放注册。作为分支体系最多的一套评级系统，LEED BD+C评级系统在全球LEED认证项目中应用颇为广泛。其适用于新建建筑或重大改造项目，要求项目总建筑面积的60%以上必须在认证之前完成。②

① 除非特别注明，以上LEED体系全介绍大部分信息来自USGBC 2019年4月更新的LEED v4.1所有可注册的认证体系。更多更新信息，请查阅官网 https://new.usgbc.org/leed.

② 注：只有LEED BD+C：核心与外壳分支体系没有此项要求。

LEED BD+C：新建及重大改造建筑

标准书面表达

LEED BD+C：新建及重大改造建筑

LEED BD+C：New Construction and Major Renovation

体系解读

如果项目非学校、零售、数据中心、仓储和物流中心、酒店、医院及住宅，且**强调新建建筑项目的设计与建造，或既有建筑的重大改造**，包括主要的暖通空调改善、重要的建筑围护结构改造以及主要的室内修复，那么该项目可以选择这一体系进行认证。

LEED BD+C：核心与外壳

标准书面表达

LEED BD+C：核心与外壳

LEED BD+C：Core and Shell Development

体系解读

这一体系经常被简称为 LEED CS，但这并不是官方标准用法。在对外宣传中，标准用法仍然是 LEED BD+C：核心与外壳（中文）或 LEED BD+C：Core and Shell Development（英文）。这一体系主要适用于**涉及整个项目的核心与外壳的设计和施工**（核心与外壳是指外围护结构、内部核心机电、管道和消防系统），**但还没有完成内部装修的新建或重大改造项目**。如前所述，认证时项目已完工建筑面积小于 60% 的项目可以选择这一体系。

004

双碳背景下的建筑逐绿行动：
LEED
在中国

Green Building Actions in the
Context of Dual Carbon:
LEED in China

LEED BD+C：数据中心

标准书面表达

LEED BD+C：数据中心

LEED BD+C：Data Centers

体 系 解 读

专为满足高密度计算设备而设计和装备的建筑项目（比如用于数据存储和处理的服务器机架），这类建筑可以应用 LEED BD+C：数据中心体系。该体系适用于占据整栋建筑面积 60% 以上的数据中心项目。

LEED BD+C：仓储和物流中心

标准书面表达

LEED BD+C：仓储和物流中心

LEED BD+C：Warehouse and Distribution Centers

体 系 解 读

专为存放货物、制成品、商品、原材料或个人物品的建筑项目（比如自用仓库）。这类建筑可以应用 LEED BD+C：仓储和物流中心这一体系。

LEED BD+C：零售

标准书面表达

LEED BD+C：零售

LEED BD+C：Retail

体 系 解 读

用于进行消费品零售的建筑项目，既包括直接客户服务区域（展厅），也包括支持客户服务的准备或存储区域。这类建筑项目可以应用 LEED BD+C：零售这一体系。

LEED BD+C：酒店

标准书面表达

LEED BD+C：酒店

LEED BD+C：Hospitality

体 系 解 读

建筑项目是酒店、宾馆、旅馆，或其他以提供过渡性或短期住宿（无论是否包括餐饮）为主要业务的业态，可以应用 LEED BD+C：酒店这一体系。

LEED BD+C：医院

标准书面表达

LEED BD+C：医院

LEED BD+C：Healthcare

体 系 解 读

7×24 小时提供不间断医疗服务的医院建筑项目（包括急诊和长期护理的住院治疗），可以应用 LEED BD+C：医院这一体系。

LEED BD+C：学校

标准书面表达

LEED BD+C：学校

LEED BD+C：Schools

体 系 解 读

主要适用于以中小学教育为用途的核心和辅助空间组成的建筑项目。同时，LEED BD+C：学校也可以被应用于校园内的高等教育或非学术使用建筑。

3. LEED室内设计与施工（LEED for Interior Design and Construction，简称LEED ID+C）

LEED ID+C在商业项目中广为应用。它适用于完整的室内装修项目，要求项目总建筑面积的60%以上必须在认证之前完成。LEED v4.1 ID+C现有3个分支体系，均已开放注册。

LEED ID+C：商业室内

标准书面表达

LEED ID+C：商业室内

LEED ID+C：Commercial Interiors

体系解读

除了零售及酒店以外的商业室内空间，均可应用LEED ID+C：商业室内这一体系。

LEED ID+C：零售

标准书面表达

LEED ID+C：零售

LEED ID+C：Retail

体系解读

室内空间被用于进行消费品零售，既包括直接客户服务区域（展厅），也包括支持客户服务的准备或存储区域。这类建筑项目可以应用LEED ID+C：零售这一体系。

LEED ID+C：酒店

标准书面表达

LEED ID+C：酒店

LEED ID+C：Hospitality

体系解读

室内空间被用于酒店、宾馆、旅馆，或其他以提供过渡性或短期住宿（无论是否包括餐饮）为主要业务的业态，可以应用LEED ID+C：酒店这一体系。

4. LEED建筑运营与维护（LEED for Building Operations and Maintenance，简称LEED O+M）

既有建筑也可以通过绿色运营焕发可持续生机。如今，随着可持续发展理念的推进，越来越多的项目选择LEED O+M体系实现绿色转型。该体系适用于现已全面运作并且入住至少1年的建筑。这些项目可能正在进行一些优化或较少改造。LEED v4.1 O+M现有2个分支体系，均已开放注册。

LEED O+M：既有建筑

标准书面表达

LEED O+M：既有建筑

LEED O+M：Existing Buildings

体 系 解 读

适用于**既有的整个建筑项目**，包括数据中心、仓储和物流中心、酒店、学校、零售等多种空间类型。

LEED O+M：既有室内

标准书面表达

LEED O+M：既有室内

LEED O+M：Existing Interiors

体 系 解 读

适用于包括在**既有建筑中的既有室内空间**。这些既有室内空间可以被用于商业、零售或酒店等业态。

---

5. LEED城市与社区（LEED for Cities and Communities）

城市和社区是人类的聚居地，也是实现生产、生活的主要场所。提升城区的可持续发展水平将影响到我们生活的方方面面。那么究竟如何实现呢？LEED城市与社区体系提供了一套综合的城区可持续发展指标体系与技术导则。

该体系所适用的城市，指由政府公共部门界定、治理的管辖范围或区域。而社区是指城市内的区域（如街道），但无法被称为"城市"的区域，包括住宅区、商业区、混合开发、产业园区等，以及符合此处关于"社区"定义的私人开发或持有的城市区域（除非项目自己定义此区域为特殊文化定义下的"城市"）。LEED v4.1版城市与社区共有2个分支体系，均已开放注册。

LEED 城市与社区：规划与设计

标准书面表达

LEED 城市与社区：规划与设计

LEED for Cities and Communities：Plan and Design

体 系 解 读

适用于处于**规划设计或施工建设阶段**的新建城市与社区。

LEED 城市与社区：既有

标准书面表达

LEED 城市与社区：既有

LEED for Cities and Communities：Existing

体 系 解 读

适用于**已建设完成**的既有城市与社区。

---

6. LEED住宅（LEED for Residential）

① LEED住宅：多住户住宅核心
与外壳没有此项要求。

LEED除了适用于商用建筑，针对民用建筑也提供了评级系统。借由LEED住宅评级系统，我们居住的房屋、公寓楼也可以实现可持续发展。LEED v4.1版住宅体系适用于新建或者有重大改造的住宅建筑，它以住宅单元为单位，住宅单元必须包括"生活、睡眠、饮食、烹饪和卫生的永久性功能规定"。应用这一评级系统的住宅建筑，总建筑面积的60%以上必须在认证之前完成。①

LEED v4.1版住宅现有3个分支体系，均已开放注册。

LEED 住宅：单住户住宅

标准书面表达

LEED 住宅：单住户住宅

LEED Residential：Single Family Homes

体 系 解 读

适用于**新建的单住户住宅**（无论是独栋住宅建筑，还是双拼建筑的住宅）。

LEED 住宅：多住户住宅

标准书面表达

LEED 住宅：多住户住宅

LEED Residential：Multifamily Homes

体 系 解 读

适用于**任何新建或重大改造**（建筑外围护），并且**拥有 2 个以上住宅单元**的多住户住宅。

LEED 住宅：多住户住宅核心与外壳

标准书面表达

LEED 住宅：多住户住宅核心与外壳

LEED Residential：Multifamily Homes Core and Shell

体 系 解 读

适用于**新建或重大改造**（建筑外围护）的多住户住宅建筑，**不包括完成各住宅单元的室内空调系统和电器设备**（如照明和吊扇）**的安装，但包含开发商所负责的室内装修区域。这类住宅建筑项目可以应用这一体系。

008

双碳背景下的建筑逐绿行动：
LEED
在中国

Green Building Actions in the
Context of Dual Carbon:
LEED in China

7. LEED交通站点（LEED for Transit）

公共交通站点是实体基础设施中的重要组成部分，它拥有通过节能、节水等措施对环境产生积极影响的巨大潜力。LEED交通站点体系有助于加快实现全球交通站点项目的可持续发展。LEED交通站点评级系统是在LEED BD+C框架下开发的。新建交通站点可以应用LEED交通站点体系。值得注意的是，该分支体系目前最新的版本是LEED v4。

LEED BD+C：交通站点

标准书面表达

LEED BD+C：交通站点

LEED BD+C：Transit Stations

体 系 解 读

基于 LEED BD+C 评级系统的分析，结合了全球项目和交通从业者的最佳实践，USGBC 开发了这一体系，适用于**新建或重大改造的交通站点**项目。

LEED O+M：交通站点

标准书面表达

LEED O+M：交通站点

LEED O+M：Transit

体 系 解 读

基于 LEED O+M 评级系统，这一分支体系专注于通过 Arc 分析交通站点在关键领域的表现（比如人类健康、能耗、水耗和运载能力等）。这一体系为**全球既有交通站点**的绿色转型提供了工具。

8. LEED净零（LEED Zero）

LEED Zero代表了绿色建筑在可持续发展追求上的新目标，它是在原有LEED体系基础上，对"净零"建筑的补充。LEED Zero认证体系面向所有在LEED BD+C或LEED O+M评级系统下得到认证的LEED项目，以及正在申请LEED O+M认证的项目也可申请LEED Zero。获得LEED Zero认证的项目必须实现零碳/零能耗/零水耗/零废弃物的其中一项标准。

LEED 零碳

标准书面表达

LEED 零碳

LEED Zero Carbon

体 系 解 读

表彰在过去 1 年中，从能源消耗到人员交通的**碳排放得以避免或者抵消**的建筑或空间。

LEED 零能耗

标准书面表达

LEED 零能耗

LEED Zero Energy

体 系 解 读

表彰在过去 1 年中，实现了**能源使用平衡为零**的建筑或空间。

LEED 零废弃物

标准书面表达

LEED 零废弃物
LEED Zero Waste

体 系 解 读

表彰获得 TRUE **零废弃物铂金级认证**的建筑。
TRUE 是一套废弃物处理标准，全称是 TRUE Zero
Waste 认证。它致力于通过提高资源利用效率和
环境责任感，帮助企业和机构实现其零废弃物目
标。TRUE 体系是 LEED 在废弃物管理方面上的支
持和补充。

LEED 零水耗

标准书面表达

LEED 零水耗
LEED Zero Water

体 系 解 读

表彰在过去 1 年中，实现了**水使用平衡为零**的建筑。

9. LEED社区开发（LEED for Neighborhood Development，简称LEED
ND）

　　LEED社区开发体系旨在鼓励创造一个更加美好、可持续、紧密连接的社
区。值得注意的是，目前最新的版本是LEED v4 ND。针对新建社区项目和建成
社区项目提供2个对应的分支体系。

LEED ND：规划

标准书面表达

LEED ND：规划
LEED for Neighborhood Development Plan

体 系 解 读

适用于处于**规划和设计阶段**，或已建成建筑面积
低于 75% 的社区项目。

LEED ND：建成项目

标准书面表达

LEED ND：建成项目
LEED for Neighborhood Development Built Project

体 系 解 读

适用于**即将完工或建成时间在过去 3 年内**的社区
项目。

010　　双碳背景下的建筑逐绿行动：
　　　　LEED
　　　　在中国
　　　　Green Building Actions in the
　　　　Context of Dual Carbon:
　　　　LEED in China

二、LEED如何与你的健康紧密相连?

在建筑领域,获得LEED认证的绿色建筑被公认能"提高能源效率""减少资源使用""降低运营成本"。但尽管并不常被强调,"提升人类健康与福祉"也是LEED评价体系的核心目标之一(同时也是联合国可持续发展目标3[①])——从长期来看,LEED通过保护环境、减缓气候变化、促进地球可持续发展而造福全人类;短期来看,LEED的实践路径也直接指向了空间使用者的健康。

2021年12月USGBC发布了《LEED在行动:健康》(*LEED in Motion: Health*)专题报告,让我们得以一窥LEED为人类健康所作的努力。

1. 谈谈气候变化、LEED与人类健康

2021年11月初,由清华大学地球系统科学系领衔撰写的《中国版柳叶刀倒计时人群健康与气候变化报告(2021)》发布,作为一份追踪气候变化对中国人群健康影响的专业报告,它向我们指出了一个核心信息:气候变化对我国居民的健康威胁正在不断增加,如不及时干预,类似2021年夏天的河南暴雨这种极端天气将更加频繁。

极端天气如何影响我们的健康?以热浪为例:人体持续暴露在高温环境下超过一定天数,会导致心脑血管疾病的发病和致死风险增加。2020年,我国的人均热浪暴露天数比1986—2005年的平均数增加了4.51天,导致与热浪相关的死亡人数增加了约92%[②]。

在愈演愈烈的气候变化面前,每个部门、每个人都应做好应对的准备。作为全球最为广泛应用的绿色建筑及城市评估体系,LEED通过对建筑的能源效率和可持续性的关注,使承载我们生活、工作、娱乐的建筑空间,也可以拥有减缓气候变化的巨大潜力。

比如美国总务管理局2018年的一项评估[③]发现,相比传统建筑物,其高性能建筑组合(其中许多已获得LEED认证)减少了23%的能源消耗、28%的用水与9%的填埋废弃物。加州大学伯克利分校的一项研究[④]则量化了加州通过LEED认证的既有建筑的非能源类温室气体减排情况。研究发现,获得LEED O+M认证的建筑,其用水相关的温室气体排放减少了50%,固体废弃物相关的温室气体排放减少了48%,交通类则减少了5%。

这是LEED促进人类健康的长期方式:通过减缓气候变化,提升建筑、社区与城市的韧性来间接保障人类健康。对于每一个个体来说,LEED绿色建筑还通过为建筑使用者创造优越的室内外环境,让人们对于LEED的健康效益有着更直观的感受。

① 联合国193个成员国在2015联合国可持续发展峰会上正式通过17个可持续发展目标。其中,目标3为:良好健康与福祉。

② 清华大学地球系统科学系,柳叶刀倒计时亚洲中心. 中国版柳叶刀倒计时人群健康与气候变化报告(2021)[R/OL]. (2021-11-07)[2021-12-23]. https://www.thelancet.com/action/showPdf?pii=S2468-2667%2821%2900209-7.

③ U.S. General Services Administration. The Impact of High-Performance Buildings[R/OL]. (2018-06) [2021-12-23]. https://www.gsa.gov/system/files/GSA%20Impact%20of%20HPB%20Paper%20June%202018_508-2%20(1).pdf.

④ The Center for Resource Efficient Communities and The Center for the Built Environment University of California – Berkeley. Quantifying the Comprehensive Greenhouse Gas CoBenefits of Green Buildings [R/OL]. (2014-08-21)[2021-12-23]. https://ww2.arb.ca.gov/sites/default/files/classic/research/apr/past/11-323.pdf.

2. LEED六大策略，与你的健康直接相关

在LEED评价体系内，有60%的得分策略与使用者健康相关。2020年，两位独立的公共卫生研究员审查了LEED v4体系[①]，以找到体系内的先决条件和得分点对人类健康的潜在积极影响。他们发现LEED体系在不同层面上造福了人类健康与福祉，包括现场用户（如居住者、访客）、周边社区、供应链/废弃物产业链上的人群以及全球人口。

主要涉及的策略包括以下几个方面。

（1）室内空气质量

由于人90%的时间都待在室内，因此室内空气质量与人的健康紧密相关。长期待在不良的室内空气中，会引起哮喘、疲劳、头痛等健康问题，甚至会引发癌症等慢性疾病。空气质量差还和病假增多与传染性疾病的传播有密不可分的关系。

以LEED BD+C体系为例，在"室内环境质量（IEQ）"这一板块中，就有保证最小室内空气质量的先决条件，以及进行室内空气质量评估、增强室内空气质量的得分点。LEED要求的实践策略包括设立入口通道系统以防止带入污染物、使用增强型的过滤介质、增加通风和对通风系统进行监测。

（2）热舒适

与热舒适相关的健康影响包括发痒、流泪、头痛、心跳加快、情绪低落、疲劳，热舒适不佳也会影响人们的工作效率和认知表现。根据国际室内环境与能源中心的数据，为使用者提供当地气温±3℃的温度控制权，可以使他们的工作效率最高提升7%。

LEED将热舒适定义为6个主要因素的组合：辐射温度、空气温度、湿度、风速、代谢率和服装热阻，这些因素均受到建筑的设计与运营的影响，因此，创造热舒适需要业主、建筑师和工程师之间的密切合作。

（3）采光与视野

人工照明可能会扰乱人体的昼夜节律，造成人体代谢紊乱，诱发心血管疾病和癌症等；不良的视野景观会增加压力和精神疲劳。而平衡了照明和优质景观的空间可以有效缓解建筑使用者的疲劳，提高工作效率。

涉及的得分点包括"日光""室内照明""良好的视野"等。LEED的采光策略侧重于使用模拟日光分析和实际测量，通过预测日光的进入和良好的设计来优化建筑的采光。对于视野景观来说，LEED的设计策略涉及几个重要因素，包括建筑的朝向、选址设计、建筑外立面和内部的布局。

① WORDEN K, HAZER M, PYKE C, Trowbridge M. Using LEED green rating systems to promote population health [R/OL]. (2019-11-15) [2021-12-23]. https://www.sciencedirect.com/science/article/pii/S0360132319307620.

012　双碳背景下的建筑逐绿行动：
LEED
在中国

Green Building Actions in the
Context of Dual Carbon:
LEED in China

（4）声学与噪声

即使在低噪声水平下，也会影响工作效率，导致心血管疾病和睡眠障碍。建筑的声学设计可以有效地缓解这一不良影响。在LEED体系中，设有"最小声学表现"的先决条件和"声学表现"的得分点，旨在增强室内环境质量、促进交流、控制噪声。这一点在办公、学校、医疗设施空间中尤为重要。

（5）材料

人们往往对建筑材料知之甚少，但建筑材料对人们的健康却有着长远的影响，比如材料中的挥发性有机化合物（VOC）会对人们的视觉和听觉等感官神经造成损伤，引发呼吸困难、胸闷等症状。LEED在室内环境质量板块中设有"低挥发材料"的得分点，并鼓励和支持材料制造商披露产品成分，让项目团队做出更好的决策。

（6）开放空间

开放空间提供了许多积极的环境效益，除了能够为野生动物提供栖息地、连接城市生态走廊，还让建筑的使用者有机会与户外联系，提升他们的幸福感。在LEED可持续场地板块中，"开放空间"是得分点之一，其要求项目提供大于总场地面积30%的室外空间，至少25%的室外空间有植被覆盖。

除此之外，LEED还希望从业者能够在使用LEED时有意识地将其潜在的健康利益最大化，基于建筑的需求促进健康策略的实施。为此，USGBC推出了LEED促进健康的整合过程（IPHP）试行得分点，鼓励项目团队根据项目的特定健康背景选择和定制LEED得分。

3. 与时俱进的LEED："安全至上"试行得分点

近年来，建筑的安全和健康性能被更加重视。为此，USGBC在2020年5月启动了应急计划，并从2020年5月起陆续推出了包括清洁和消毒空间得分点、重启建筑供水系统得分点在内的9个"安全至上"（Safety First）试行得分点。

这些试行得分点概述了什么是符合公共卫生需求和行业准则的建筑可持续最佳举措，它们切实帮助建筑物提高面对突发事件时的应对能力，并提供一份有迹可循的技术支持。在这些试行得分点推出之后，全球有200+个项目应用这些策略。在中国，上海国际金融中心、上海环贸广场、温州合众大厦、大连希望大厦、北京环球金融中心、嘉里不夜城三期1&2座等都已将"安全至上"试行得分点应用在项目中。

三、绿色建筑如何促进你的心理健康？

从电视时代的"沙发土豆"到互联网时代的"宅男/宅女"，选择待在家的群体似乎已经越来越庞大，再加上远程办公的兴起，使得长期居家成为一种"新常态"。体验过长期居家生活的不少人，也逐渐感受到了居家带来的"副作用"，比如焦虑、不安或者暴躁的情绪等。

人的一生平均在建筑室内待的时间占到90%，当人与建筑相处的时间越来越久，建筑对人的影响也更加明显。现在，我们将从"建筑与心理健康"的特殊视角来看LEED可以发挥哪些作用。

1. 宅家造成的社交隔离是如何影响我们的心理健康的？

作为一个普遍接受的概念，社交隔离描述了个体与社会环境的互动模式的客观状态，比如一个人的社交互动的水平和频率。研究表明，社交隔离会通过不同途径对健康产生有害影响。

举例来说，国际公认的综合性医学期刊《柳叶刀》就研究了被动的社交隔离对心理健康的影响，并发表了一篇报告[①]。其提到在澳大利亚一次马流感疫情暴发后，受此影响而被隔离的马场主中约有34%报告了较高的心理压力，而在澳大利亚的普通人群中，这一比例仅为12%。隔离造成的心理影响非常多样，比如报告提到在1057个因与可能的SARS病毒感染者密切接触而被隔离的人中，超过20%的人感到恐惧，18%的人感到紧张，还有18%感到悲伤，10%感到愧疚。

社交隔离对我们的下一代也产生了明显的心理影响。一项研究比较了被隔离和未被隔离的儿童的创伤后压力症状（一般是指人在遭遇或对抗重大压力后，其心理状态产生失调的后遗症），发现被隔离的儿童的创伤后压力平均得分比未被隔离的儿童高4倍之多。

2. 建筑环境——容易被忽视的心理影响因素

建筑环境对心理健康，尤其是儿童心理造成的影响是很难被忽视的。其中之一就是住房质量，较差的住房质量往往会占用人们的时间和精力去处理一些和房子相关的问题，这也会使人变得沮丧；另外，建筑的噪声——即便可能在并不影响人们的听力的情况下，也会对人们造成听觉的刺激。这两种情况都会影响儿童的心理和成长，比如忙于处理住房问题的家长，可能也会把焦虑的情绪带给孩子，而房屋的噪声会影响儿童学习和阅读的能力。

从长远来看，现代社会更为赖以生存的建筑，还从以下几个方面缓慢、长期地影响人们的情绪和感知。

① BROOKS K S, et al. The psychological impact of quarantine and how to reduce it: rapid review of the evidence [J/OL]. THE LANCET, 2020（395）: 912- 920.

014　　双碳背景下的建筑逐绿行动：
　　　　LEED
　　　　在中国
　　　　Green Building Actions in the
　　　　Context of Dual Carbon:
　　　　LEED in China

（1）长期不变的建筑环境造成的感官剥夺

现代建筑往往为适应城市的密集空间而规划，尤其是工作场所中，很多房间没有窗户，人工照明替代了自然光线。这些相同的空间——缺乏触觉刺激的建筑、不变的光线以及背景中相同的噪声，会对人们造成感官剥夺（指人们不能获得某种或某几种刺激），进而导致一系列的心理问题。比如我们突然离开明亮的人工环境，会感到迷失方向，注意力不集中。

人们需要富含物理刺激的环境来进化，健康的建筑环境需要不断刺激我们感官。

（2）缺乏通风会导致"病态建筑综合征"

病态建筑综合征是被世界卫生组织定义的，指在一个封闭的办公环境里产生的困倦、头晕、胸闷等不适症状，这同样会使敏感人群感到压力，进而造成心理不适。

（3）建筑设计决定我们能否进行身心锻炼

主动式的建筑设计应该以鼓励身心锻炼为原则。通过精心设计，体育活动可以成为居民日常生活中的一个自然组成部分。实现这一目标需要建筑师、工程师、规划师和社区之间的合作，共同促成可持续的建筑设计，以鼓励和支持人们定期、有效的体育活动，促进人们的心理健康。

3. LEED改善了这些方面，使建筑成为我们的心灵庇护所

"健康"一直是LEED绿色建筑评价标准的重点关注领域，仅次于气候变化，人类健康是LEED影响的第二个大关键指标。

根据世界卫生组织的定义，健康并不单纯是指没有疾病，而是身体、心理和社会幸福感的综合状态。通过六大实践策略，LEED帮助建筑提升使用者的

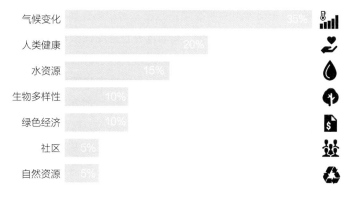

LEED 体系的影响领域

图片来源：USGBC

健康体验，同时这些策略也间接地帮助我们放松心情、提升心理健康状态。

（1）以"采光和视野"举例。不良的视野景观会增加压力和精神疲劳，人工照明可能会扰乱人体的昼夜节律、造成人体代谢紊乱、诱发心血管疾病和癌症等。美国西奈山伊坎医学院光与健康研究中心等机构对20名居民展开试验[1]，参试者先在装有智能窗户（可根据太阳位置动态调整光线）的公寓住一周，再在使用百叶窗（室内光线昏暗）的房间住一周，其间参试者佩戴睡眠跟踪设备，晚上每30分钟测量一次褪黑激素水平。结果发现，使用百叶窗时，体内褪黑激素的产生延迟了15分钟，入睡时间晚22分钟，每晚睡眠时间少16分钟；而使用智能窗户时，睡眠质量得到提高，白天活力增加，焦虑减少了11%，压力减少了9%。

LEED涉及得分点：日光、室内照明

LEED的采光策略侧重于使用模拟日光分析和实际测量，通过预测日光的进入和良好的设计来优化建筑的采光。对于视野景观来说，LEED的设计策略涉及几个重要因素，包括建筑的朝向、选址设计、建筑外立面和内部的布局。

（2）从"声学和噪声"的角度来说，噪声污染往往比空气污染对人们的生活质量和心理健康相关指标影响更大。世界卫生组织环境友好指导方针的研究表明，环境噪声会让人们生气、引起睡眠障碍、对人们的心血管和代谢系统产生负面的影响。暴露于高强度的噪声下可能会导致人格变化和暴力反应。

LEED涉及得分点：声学表现

建筑的声学设计可以有效缓解噪声导致的不良影响。在LEED体系中，设有"最小声学表现"的先决条件和"声学表现"的得分点，旨在增强室内环境质量、促进交流、控制噪声。这一点在办公、学校、医疗设施空间中尤为重要。

此外，LEED v4.1版也在继续关注建筑内外的噪声控制，以提高效率、增强语音隐私和通信，最终获得卓越的声学设计。现在，声学质量设计的关键包括识别和测量造成声音干扰的室内声源，例如通过一些系统管理现有的声音和空间，而未来的增强型声学设计应与其他设计策略携手并进，如高效的照明系统，它们结合起来会推动人们更好地理解目前的声学设计。LEED v4.1版中还有另一个前瞻性的策略，就是通过更明智的材料选择，去创造更好的声学表现。

（3）"开放空间"是建筑与自然连接的核心。对于部分处在隔离状态的人来说，能够在社区内部走动并感受自然，或进行一定程度的运动，可以极大地缓解焦虑的情绪。根据研究，接触大自然能够改善睡眠、缓解压力、增加幸福感、减少负面情绪、促进积极的社会交往，同时，身处绿色环境会改善人们思维的方方面面，包括注意力、记忆力和创造力。

LEED涉及得分点：开放空间

LEED鼓励我们通过开阔的空间与环境、社会产生积极的互动。以LEED BD+C体系为例，开阔的空间在可持续场址板块中就占据了1个得分点。为满足这一得分点，项目需要提供大于总场地面积30%的室外空间，至少25%的室外空间有植被覆盖。室外空间必须可到达，且满足"有助室外社交活动的人行小路或草

① NAGARE R, et al. Access to Daylight at Home Improves Circadian Alignment, Sleep, and Mental Health in Healthy Adults: A Crossover Study [J/OL]. Int. J. Environ. Res. Public Health 2021, 18, 9980. https://doi.org/10.3390/ijerph18199980

坪区域"或"提供全年观赏效果，有多样性植被类型和物种的花园"等要求。

值得一提的是，LEED还创新性地打造了"为自然而设计，室内环境的亲生命设计"试行得分点。这一得分点旨在在设计中考虑并培养人与自然天然的连接，实践策略包括"在空间中提供定期接触大自然的机会"，或"将绿墙和盆栽纳入室内空间的设计中"等。

建筑的绿色设计，不仅能够对我们的地球产生巨大的环境效益，还能兼顾人类的身心健康。"让我们这一代每个人体验绿色建筑"是LEED的愿景，我们也希望LEED能够为更多人的健康和福祉带来积极影响。

四、一文厘清"近零"和"净零"

2018年USGBC发布了LEED Zero净零认证标准——这是LEED作为绿色事业领导者对全球净零（Net Zero）计划的又一次领先承诺。在LEED体系的基础上，LEED Zero净零认证从能源、水资源、碳排放和废弃物这4个具体的方面检验建筑项目是否能够实现"净零"目标；2019年，国内也颁布了《近零能耗建筑技术标准》，引起了业内广泛讨论。

世界绿色建筑委员会（WGBC）警示世界说，到2030年，全球所有新建建筑都需要实现净零碳排放，以此来减缓因气候变化而产生的严重灾害。现在我们还拥有不到10年的时间，个人、集体和政府，都需要迅速加入这场变革。

1. 什么是建筑碳排放？

根据世界绿色建筑委员会的定义，在建筑的全生命周期内，碳排放包含隐含碳及运营阶段碳两部分。在日常生活中我们谈到的建筑减排，大部分都是指建筑物运营阶段碳，这个概念也更容易理解，就是建筑运营期间所用能耗相关的排放。

隐含碳的概念则较少提及，世界绿色建筑委员会对隐含碳给出了这样的定义：**"隐含碳是指在建筑或基础设施的整个生命周期中，与材料和建设过程相关的碳排放。"**一些我们不会注意的活动过程，就会产生建筑隐含碳，比如：材料获取、材料运送至制造商处、制造、运送至现场、施工、使用阶段（如混凝土碳化，但不包括运营阶段碳排放）、维护、维修、更换、翻新、解构、运送至报废设施、加工、处置等过程。

明确这两个碳排放的定义有助于我们更好地确定最佳碳减排量，以进一步了解如何实现净零目标。建筑业占全球39%的碳排放量，如果对这部分碳排放再进行细分，则其中28%来自运营阶段碳，11%来自隐含碳[①]。

由于运营阶段碳的占比更高，现阶段我们更需要专注于优先解决运营阶段碳排放的问题。在LEED体系中，建筑运营与维护（O+M）的体系分支就着力运营阶段节能减排，现在随着城市既有建筑的增加，应用LEED O+M体系是帮助这些已建成建筑寻求绿色转型的可行路径。目前绝大部分的建筑标准所指的"净零""零碳排放"都是指运营阶段碳。随着未来运营阶段碳排放的减少，隐含碳的减排也将日趋重要。

2. 净零碳与零能耗，各有侧重

要实现《巴黎协定》提出的全球温室气体碳排放目标，实践绿色建筑是其中的重要一步，但我们还需要用更高的标准刺激有效行动，首先就是大力发展

① World Green Building Council. Bringing embodied carbon upfront [R/OL]. (2019-09) [2020-05-21]. https://worldgbc.s3.eu-west-2. amazonaws.com/wp-content/ uploads/2022/09/22123951/ WorldGBC_Bringing_Embodied_ Carbon_Upfront.pdf.

运营阶段零排放的建筑。世界绿色建筑委员会提出到2030年，所有新建建筑必须实现运营阶段净零碳排放。然而目前，世界范围内尚未对净零碳建筑的概念进行统一。

（1）净零碳（Net Zero Carbon）

世界绿色建筑委员会对净零碳建筑的定义为：高效节能的建筑所有的能耗都由现场，或者场地外的可再生能源提供，以实现每年的净零碳排放。

英国政府曾在2006年12月宣布所有政府出资的新建建筑应在2016年达到净零碳排放标准[①]。2007年，英国可再生能源建议委员会向英国可再生能源学会提交报告，提出：真正的"零碳居住建筑"（Zero-Carbon Home）应无需电网输入能源且不对大气排放二氧化碳，其供暖需求应通过建筑设计降至最低且通过可再生燃料和技术满足，其电力需求也应降至最低且通过可再生能源发电满足。

现在，也有相当多的国家在推广零能耗建筑，其概念与净零碳不同。

（2）零能耗（Zero Energy）

"零能耗建筑"[②]的概念出现较早。早在1976年，丹麦技术大学就对在丹麦使用太阳能为建筑物进行冬季供暖进行了理论和实验研究，并首次提出"零能耗建筑（住宅）"（Zero Energy House）一词。

1992年，德国Fraunhofer太阳能研究所结合太阳能光电技术发展，进一步定义"零能耗建筑"（Zero Energy Building），其定义为：自身可发电，通过与公共电网相连既可以将建筑物发电上网也可以使用电网为建筑物供电，在以年为单位的情况下，一次能源产生和消耗可以达到平衡的建筑物。

近30年，各国科研界及国际组织都广泛重视"零能耗建筑"并试图通过国际合作对其进行统一定义。例如欧盟的《建筑能效指令》定义"零能耗建筑"为"具有非常高的能效"的建筑，不过各国的定义和技术路径各有不同。

比如比利时规定：以建筑物供暖供冷面积为计算基准，全年供暖供冷能耗小于15千瓦时/平方米，且所有能耗都可以由使用现场可再生能源产生的能量满足，称为"零能耗（居住）建筑"。在2015年，美国能源部（DOE）也提出"零能耗建筑"，并将其定义为：以一次能源为计量单位，其全年能源消耗小于或者等于现场可再生能源系统产生量的建筑。

从以上定义可以看出，净零碳建筑和零能耗建筑是不同的。净零碳建筑的计算边界更广，更支持合理利用场地外的可再生能源；零能耗建筑更注重自身能耗平衡。

3. 近零，净零的前站

由于零能耗建筑在实现上还较为困难且成本较高，目前公认的更加广泛的可实施的为"近零能耗建筑"（Nearly Zero Energy Buildings）。对于"近零能

① 走进英国零碳小屋体验前沿建筑成果[OL]. 中国建材报，2021-06-02[2020-05-21]. https://www.thepaper.cn/newsDetail_forward_13321145.

② 张时聪，徐伟，等. 国际典型"零能耗建筑"示范工程技术路线研究 [J]. 暖通空调，2014，44（1）：53-60.

第一章
从 0 出发

019

耗建筑"，各国定义不同，比如："被动房"（Passive House）作为近零能耗建筑体系之一，概念起源于德国，指在满足规范要求的舒适度和健康标准的前提下，全年供暖通风空调系统的能耗在0～15千瓦时/平方米/年的范围内、建筑物总能耗低于120千瓦时/平方米/年的建筑。

瑞士也已经形成了较为完备的近零能耗建筑体系及技术标准要求，按此标准建造的建筑其总体能耗不高于常规建筑的75%，化石燃料消耗低于常规建筑的50%。

放眼本地，中国在2019年发布了《近零能耗建筑技术标准》[①]，其定义近零能耗建筑为：适应气候特征和场地条件，通过被动式建筑设计最大幅度地降低建筑供暖、空调、照明需求，通过主动技术措施最大幅度地提高能源设备与系统效率，充分利用可再生能源，以最少的能源消耗提供舒适的室内环境，且其室内环境参数和能效指标是符合标准规定的建筑。并规定其建筑能耗水平应较2016年国家建筑节能设计标准降低60%~75%。

4．LEED Zero与净零

近20年以来，LEED已经为高性能建筑和社区提供一个框架模型，通过影响用地、用能、交通、用水和用材降低了温室气体的排放。基于此，2018年11月USGBC正式宣布推出全新的LEED Zero净零认证体系，以鼓励绿色建筑在建设和运营过程中达成净零的目标。

LEED Zero认证包括四个目标：零碳、零能耗、净零水耗和净零废弃物。以下重点介绍零碳和零能耗两个目标。

（1）LEED零碳（LEED Zero Carbon）

LEED零碳认证是指在过去12个月内实现零碳排放的建筑。该认证目前提供了一个透明的用于统计能源消耗和人员交通的碳平衡的计量准则，并且在将来会拓展至水/废弃物/施工及运营阶段产生的碳排放量。

LEED Zero 对"零碳"的定义

图片来源：USGBC

其中，总碳产生量包括：
① 能源消耗，包括电力及燃料消耗；
② 人员交通所产生的碳排放量。
总碳抵消量有两种抵消方式：
① 场地内可再生能源，包括场地内生产和使用的可再生能源、场地内发电

① 住房和城乡建设部. 住房和城乡建设部关于发布国家标准《近零能耗建筑技术标准》的公告 [Z]. (2019-09-01) [2020-05-21]. https://www.mohurd.gov.cn/gongkai/zhengce/zhengcefilelib/201905/20190530_240712.html.

输出至电网两种方式；

② 场地外可再生能源，包括场地外可再生能源、能源属性证书及碳补偿三种方式。

让LEED零碳标准独树一帜的是，它把人员交通所产生的碳排放量计算在内，这是其他标准鲜少要求的。因为LEED认证一直鼓励建筑选址在有便利的公共交通设施的区域，鼓励设立更多的新能源车位，鼓励设立自行车停车设施及配套的淋浴场所等。这些举措除了给建筑使用者或居住者提供便利和良好的体验以外，都能减少因交通出行而产生的碳排放。LEED零碳对这一理念进行了延伸，并通过标准展示：建筑碳排放对环境的影响深远，应更全面地考虑及采取措施以应对气候危机。

（2）LEED零能耗（LEED Zero Energy）

LEED零能耗认证是指在过去12个月内达到能源使用平衡的建筑物或空间。净零能耗平衡是基于项目所消耗的能源量和所产生的能源量来计算的，其中项目消耗的能源量指的是一次能源。

LEED Zero 对"零能耗"的定义

图片来源：USGBC

其中，总能源消耗量包括电力消耗及燃料消耗。

而产生的能源/能耗抵消方式有两种：

① 场地内可再生能源，包括场地内生产和使用的可再生能源、场地内发电输出至电网两种方式；

② 场地外可再生能源。

LEED零能耗关注项目的一次能源消耗量，这与美国能源部（DOE）对零能耗建筑的定义一致。"一次能源"包含场地内产生的能源，煤炭、石油、天然气等一次燃料开采、加工、运输过程中消耗的能源，发电厂热燃烧过程中的能源损失，输配电至建筑场地的能源损失。以美国电力消耗举例，在建筑内消耗由火力发电厂提供的1度电，根据能源之星（Energy Star）的标准，其真正消耗的电力在追溯至产电及输配电的所有环节后，为2.8度电。而在加拿大，则为1.96度电。造成此不同的原因在于，加拿大电网中的可再生能源比例达到66%，而美国的数据只有11%。

所以想要获得LEED零能耗认证，难点在于建筑所在国家的可再生能源的消费比不同。在2017年，中国建筑使用的能源有76%来自煤的燃烧。而中国可再生能源的使用占比正在逐步提升，所以国家层面的能源转型势必影响零能耗建筑在国内的发展。

5. "净零"的尝试与探索

实践是检验真理的唯一标准，在厘清几个"零"的概念之后，我们也找到一些全球实践案例，他们通过不同的技术和路径，已经达到或正在实现"净零"的目标，他们覆盖了中国本土及国外的多种建筑类型。

（1）零碳排放的尝试——中国·世博零碳馆　建筑类型：示范建筑

上海世博会"零碳馆"位于中国第一个获得LEED ND：规划第三阶段铂金级认证的城市社区——上海世博会城市最佳实践区内，项目总面积2500平方米。在这个四层高的建筑中，设置了零碳报告厅、零碳餐厅、零碳展示厅和6套零碳样板房，在2010年上海世博会期间，全方位地向全球游客们展示了建筑领域对抗气候变化的策略和方法。

世博零碳馆也是中国第一座实现净零碳排放的公共建筑。除了利用传统的太阳能、风能实现能源"自给自足"外，"零碳馆"还取用黄浦江水，利用水源热泵作为房屋的天然"空调"；用餐后留下的剩饭剩菜，也被降解为生物质能，用于发电。

世博零碳馆由设计了全世界第一个净零碳排放的社区（伦敦贝丁顿零碳社区）的零碳中心（Zero Carbon System）完成，运用了伦敦先进的零碳概念，同时更强调了中国本土的建筑节能技术。在世博零碳馆中，暖通需求由太阳能风力驱动的吸收式制冷风帽系统和江水源公共系统提供，电力则通过建筑附加的太阳能发电板和生物能热电联产生并满足建筑全年的能量需求。

由于上海位于夏季高温高湿的气候带，为了减少建筑的暖通耗能，"零碳馆"采用了太阳能热水驱动的溶液除湿和吸收式制冷系统以给进入室内的新风降温除湿，同时灵活转动的22个风帽利用风能驱动了室内的通风和热回收，由风帽和吸收式制冷系统相结合的体系同时提供循环风的解决方案。为了提高访客的热舒适度，"零碳馆"还利用了世博会的区域级江水源热泵体系设置冷辐射吊顶，让成千上万的访客在"零碳馆"期间体验到最低能耗的舒适感。

项目完成后，英国建筑科学院以此项目作为英国以外可持续设计的标杆，并邀请所有参与项目建设的中国产材料、设备赴英国参展，在欧洲推广中国节能减排产品。

（2）LEED零能耗——巴西潘提内利库里蒂巴总部　建筑类型：小型商业建筑

此项目最大化地利用了能耗数据收集和场地可再生能源的优势。建筑使用的所有能源均在现场产生，现场的能源使用强度仅为每年每平方米25千瓦时。一个15千瓦的光伏阵列就足以提供这所供25个人使用的办公室所需的能量，甚至还能有盈余。

作为全球第一个LEED零能耗探索者，这个办公楼的认证过程也遇到一些难点，比如当地的巴西绿色建筑委员会有其自己的零能耗计划，而该计划使用场

位于巴西的潘提内利库里蒂
巴总部

地能源作为度量标准，LEED Zero认证使用一次能源消耗量作为评估基准，因此，确定巴西的场地能源与一次能源的折算系数是项目面临的挑战。

得益于潘提内利本身就是一家工程公司，他们可以便利地获取这个折算系数。另外锦上添花的是，该项目在过去一年多的时间达到了能源积极[①]（Energy Positive），这也使得该项目能够获得达到LEED零能耗认证所需的数据。

潘提内利认为，库里蒂巴总部获得LEED净零认证，对于他们的客户来说是一个很有吸引力的案例，这个办公室就是一个"LEED实验室"，让有志于实践LEED认证的客户可以更清晰地看到建筑的性能表现，也让更多人可以大胆地追求绿色建筑的更高标准。

（3）2019年"最佳绿色项目"——美国某生物制药总部Unisphere　建筑类型：大型商业建筑

全球工程建设领域最权威的学术杂志《工程新闻记录》（ENR）发布的2019年度最佳项目榜单中，最佳绿色项目花落Unisphere。这栋建筑的业主是一家医学治疗公司，建筑面积达到19510平方米（约合21万平方英尺），位于人口稠密的市中心。但是通过运用创新思维和高度协调，这里已经变成美国最大的净零能耗商业建筑。

整个建筑形态为椭圆形非球面，建筑空间包括办公室、临床运营、虚拟药物研发实验室以及停车场、零售空间和宽阔的中庭。该项目在2019年2月获得了LEED铂金级认证。

在这栋建筑的大厅中，有一个直径12米（约合40英尺）的壁挂式LED显示屏，可以看到建筑的实时能源表现，这些数据也为净零认证树立了信心，大楼在2020年10月获得了LEED零能耗认证。

① 现在对于能源积极型建筑定义并未统一。根据GBPN（全球最佳建筑实践联盟）的定义，能源积极型（Energy Positive）建筑是指一个单体建筑（或一个建筑群）从场地可再生能源中产生的能源大于该建筑（或建筑群）为达到恰当的热舒适水平而消耗的能源

为了满足与净零相关的要求，15个建筑子系统必须协同工作。包括窗户在外界温度升高时会自动变暗；在建筑物下方3.66米（约合12英尺）处的混凝土结构，可以用作被动的供暖和制冷系统。该建筑物的关键功能是在52处地质交换井，位于地下152米（约合500英尺）的交换井功能类似于热泵。

Unisphere的建筑节能能力还将提升，在建筑里面安装的3000块太阳能光伏面板因为运营时间短，被认为"尚未达到最佳效率"，之后，其发电能力将有所提升，预期到时Unisphere的整体能耗改进将遵循净零能耗的道路，并实现对外输送15%的可再生能源。

6."净零"不是终点

在建筑领域，关于建筑节能可能性的探索已经越来越深，人们期待着建筑还能做到更多，例如产生能量。让我们看一个能源积极型（Energy Positive）建筑——挪威Powerhouse Brattørkaia，其建筑类型是大型商业建筑。

作为世界最北端的能源积极型建筑，Powerhouse Brattørkaia力图制定一个未来建筑的新标准：让建筑在其使用期限内所生产的能源大于消耗。

这栋建筑位于北纬63°的挪威特隆赫姆。在那里，阳光的季节差异性十分明显，是收集和储备太阳能的绝佳之地。这座18000平方米的办公大楼明确了3个主旨：最大限度地生产清洁能源，最大限度地减少能源消耗以及竭尽所能地为租户和公众提供一个舒适的空间。项目在选址上也十分用心，一切都以能让建筑获得最大的光照量为前提。

为了尽可能多地获取太阳能，其倾斜的五边形屋顶和立面的上部覆盖了近279平方米（约合3000平方英尺）的太阳能电池板。在一年多的时间里，该建筑使用清洁和可再生能源的总发电量约为50万千瓦时。实际上，作为一个位于市中心的小型发电厂，该建筑在发电之余，还利用自身充足的储能空间将储存的电能根据季节性的需求来做调配。

该建筑具有极高的能源利用率，可通过一系列技术从根本上减少日常运营中的能源消耗。例如在整个建筑设计中，日光条件得到了充分优化，人工照明的使用也维持在最低限度。从港口的正面望去，建筑立面向内倾斜，给人一种活力四射的感觉。当从相反的方向望去，可以看到建筑斜面的中心有一个巨型天井，它能够为办公区域提供充足的阳光，同时也为大楼内部的工作人员提供了一个可以欣赏城市风光的绝佳视野。中庭区域控制了建筑内所需人造光的数量，巨大的玻璃窗和充满阳光的开放空间营造了舒适怡人的工作环境。

为了减少照明设备的能源消耗，建筑使用了一种叫作"液体光"的新概念光源。这种光源的明暗强弱可以根据大楼内的实际情况和活动需要来自由调节。有了倾斜天井和新概念光源，Powerhouse Brattørkaia消耗在照明上的能源还不足同等建造规模的商业大楼的一半。

平均而言，Powerhouse Brattørkai每天的供电量是其用电量的两倍多，并且它还将通过当地的微电网为其自身、邻近建筑、电动公交车、汽车和船只提供可再生能源。同时，这个有意义的大楼还支持了一项重要的政府项目。一层的咖啡馆和游客中心作为学生团体和普通市民的公共教育资源，面向全部市民开放。游客中心里详细阐释了大楼的节能概念，为公众对未来可持续发展策略的认识和探讨提供了信息支持。

这些讲述建筑近零、净零，甚至是能源积极型的案例，都说明了净零建筑已经走入现实。相信这些先行项目将鼓励建筑和场所的整体规划，为城市的可持续发展做出更大的贡献。同时，"净零"也与你我息息相关，当建筑"零"的探索遍地开花，也定将给人们带来更加可持续的舒适体验。

五、城市为什么要能源转型？如何转型？

特邀作者：何凌昊

说到美国休斯敦，人们往往想到的是"石油之城"。这个全美第四大城市，依赖石油、天然气而崛起、繁荣，而现在，休斯敦的市长西尔维斯特·特纳（Sylvester Turner）却想"摘掉"石油标签，让其换上绿色新颜。

2020年4月，休斯敦市与美国最大的绿色电力公司NRG Energy Inc. 签订了一份7年的合约，通过利用可再生能源，每年为全市市政设施供应100万兆瓦时（MWh）以上的绿电，同时每年全市将节约超过900万美金的电费账单。这也是为了响应休斯敦市的应对气候变化行动计划，从而让这座城市朝着100%可再生能源目标与2050年"碳中和"（Carbon Neutrality）目标又迈进了一步。

休斯敦在2018年获得LEED城市认证，而早在2004年，该市的市议会就确立将LEED作为政府持有的新建建筑的标准。像休斯敦一样，以"能源"作为突破口实现低碳甚至净零目标，已成为新的城市风向标。

1. 是什么导致"全球变暖"？

尽管在全球变暖的背景下，温室气体和温室效应在我们看来并不是一个"正面"的词汇。但事实上，正是因为温室气体的存在，将太阳辐射能吸收并将大部分能量通过逆辐射返还给地球表面，才维持了地球适宜人类生存的温度，否则地表的平均温度将低至-15℃以下。

大气中的温室气体除水汽外主要有：二氧化碳（CO_2）、甲烷（CH_4）、臭氧（O_3）、一氧化二氮（N_2O）、氢氟烃（HFCs）、全氟化碳（PFCs）以及六氟化硫（SF_6）等。我们通常习惯于将其他温室气体折算成二氧化碳当量（CO_2 equivalent）。实际上大气中温室气体的含量都很低，例如CO_2的含量仅为355ppm（即百万分之355），相比于大气中其他组分要低得多。地球碳循环使得大气中CO_2的含量长期处于动态平衡的状态，每20年会完全更新一次。然而由于人类活动大量消耗化石燃料如煤炭、石油和天然气等，打破了碳循环平衡，使得回归到大气圈层的二氧化碳排放量增加，才导致过度的温室效应，引发全球变暖。

2. 可再生能源——城市能源转型的关键

化石燃料占目前全球一次能源[①]需求的80%，而全球二氧化碳排放中有三分之二来自能源系统[②]。这也让能源问题成为解决日益激增的温室气体的重中之重。能源是人类从自然资源中获取的"能量"，尚未被开发利用的能源被称作资源。而人类所能开采的自然资源如化石燃料（煤炭、石油和天然气）终将被人

① 一次能源，即天然能源，是指在自然界现成存在的能源，如煤炭、石油、天然气、水能等。与其对应的是二次能源，是指由一次能源加工转换而成的能源产品，如电力、煤气、蒸汽及各种石油制品等。

② 斯科特·福斯特，大卫·艾辛格. 化石燃料在可持续能源系统中扮演的角色 [OL]. [2020-07-07]. https://www.un.org/zh/chronicle/article/20927.

026　　　双碳背景下的建筑逐绿行动：
LEED
在中国

Green Building Actions in the
Context of Dual Carbon:
LEED in China

类消耗殆尽，是**不可再生的能源**。

可再生能源则主要是来自于地球表层系统的外部环境（大气圈以上的宇宙空间以及岩石圈以下的地球内部圈层）的能源，例如太阳能、风能、潮汐能（由太阳和月球万有引力作用产生）、地热能等，可再生能源可以持续不断地从环境中补充，是一种取之不尽、用之不竭的能源。

可再生能源具有巨大的减缓气候变化的潜力，能够带来更广泛的经济和环境效益。现在，全球各国都在加快布局可再生能源的应用。根据国际能源署（IEA）发布的2019世界能源展望[1]，过去十年全球可再生能源的利用率有显著的提升，尤其是光伏与风力发电。2018年可再生能源发电量增加了450亿千瓦时（TWh），相比2017年增加7%，同年可再生能源发电装机容量增加了180吉瓦（GW），这归因于光伏与风力发电技术成本的下降，可见可再生能源技术的投资对于能源转型将发挥巨大的推动作用。目前，全球可再生能源的投资已超过3000亿美元。

3. 气候变化与"后巴黎时代"

说到能源转型，城市首当其冲。为什么？

一是世界人口急剧增加，人类对能源与资源的需求迅速增加。1650年世界人口仅为5亿，1800年上升到10亿，1930年突破了20亿，进入21世纪人口已爆炸式地增长至70多亿人，预计到2100年世界人口将突破100亿人。而这个数字，被许多科学家认为是地球的最大承载负荷。

二是城市化进程加快。在工业革命后的200年间，由于人类的生产力水平显著提高，快速的工业化与城镇化进程导致人类对地球资源与能源的消耗进一步提升，改变自然环境的速度和规模也迅速增加，人类活动对气候的影响日益广泛和严峻。

占全球未被冰川覆盖的陆地面积不到3%的城市区域，集中了全球超过50%的人口，城市建筑物的兴建、道路的铺设使得大量的地表成为不透水下垫面，其粗糙度、反射率、辐射性能和水热收支状况产生巨大的变化。城市作为人类社会、经济活动最核心的地区，全球78%[2]的能源消耗发生在城市，60%~70%的温室气体排放及90%以上的大气污染物均来自城市的人类活动。因此，**城市是应对全球气候变化与能源系统转型的核心**。

2015年12月12日，196个缔约方在巴黎召开的第21届联合国气候变化大会（COP21）上通过了《巴黎协定》[3]，取代《京都议定书》，以期能共同遏阻全球暖化失控的趋势。这是有史以来首个具有普遍性和法律约束力的全球气候变化协定。2020年2月，所有《联合国气候变化框架公约》的缔约方都签订了巴黎协定，它的签订构成了2020年后的全球气候治理格局，也真正意义上体现了"人类气候命运共同体"。

虽然《巴黎协定》所有缔约国均承诺将全球升温控制在1.5~2℃以内，但是

[1] 国际能源署. World Energy Outlook 2019 Renewables [R/OL]. (2019-11-14) [2020-07-07]. https://www.iea.org/reports/world-energy-outlook-2019/renewables#abstract.

[2] 联合国气候行动. 城市与污染 [OL]. [2020-07-07]. https://www.un.org/zh/climatechange/climate-solutions/cities-pollution.

[3] 联合国气候行动.巴黎协定 [OL]. [2020-07-07]. https://www.un.org/zh/climatechange/paris-agreement.

全球要如何实现上述控温目标，以及如果无法实现会有怎样的后果？2018年10月8日，联合国政府间气候变化专门委员会（IPCC）在韩国仁川发布《全球升温1.5℃特别报告》[①]，报告分析了如何实现全球升温控制在1.5℃以内的目标以及升温将带来的影响，其中的关键结论包括以下几点。

（1）在全球升温限制在1.5℃的路径中，需要在能源、土地、城市和基础设施（包括交通和建筑）、工业系统方面进行快速而深远的转型。因此，人类在低碳技术和能效领域的投资必须显著提升。其中，全球的能源系统将在2050年使用70%~80%可再生能源发电，同时二氧化碳捕获和封存（CCS）技术在化石燃料发电过程的应用将更加广泛。

（2）气候变化的影响和对策与社会福祉、经济繁荣和环境保护息息相关。控制全球升温1.5℃的目标与实现联合国可持续发展目标（SDGs）有很强的协同作用，特别是对可持续发展目标3（健康）、7（清洁能源）、11（城市和社区）、12（负责任的消费和生产）和14（海洋）。而减缓方案若对可持续发展目标存在负面影响，各国则应进行权衡取舍，挑选适用于其背景的适应性方案实现控温目标。

（3）国家、城市、私营部门和个人等各方都必须立刻加强行动。如果全社会不进行变革、不迅速采取雄心勃勃的减排行动，那么在实现可持续发展目标的同时，将升温控制在1.5℃以内的目标难以实现。

4. USGBC的绿色城市行动

2016年底，USGBC推出LEED城市与社区认证体系，致力于从城市能源、水、交通、废弃物、经济与社会等多个维度的顶层规划设计，并强调基于数据评估支持管理者的决策制定，从而推动全球城市的可持续发展、提升居民生活品质。

"能源与温室气体排放"板块是该认证体系所评估的核心内容之一，占总得分1/3的权重。以下是这个板块涵盖的部分条款要求：

（1）为所有居民提供稳定、可靠的电网系统。

（2）根据国际认可的温室气体核算协议编制城市温室气体排放清单。

（3）提升城市公共区域能效水平，如照明、水泵以及分布式能源系统。

（4）鼓励可再生能源的利用，包括场地内和场地外可再生能源、可再生能源证书（RECs）的购买以及碳交易等形式。

（5）鼓励低碳经济的发展模式。

（6）倡导智能电网系统，通过分时电价、需求侧响应等方式实现电网协调，提升供电效率和利用率。

5. 国内外城市能源转型实践案例及未来路径探讨

LEED城市认证体系能源板块中最重要的先决条件就是建立城市范围温室气体排放清单并对其持续监测，以下中美两国在能源转型中应用LEED城市认证体

① 联合国政府间气候变化专门委员会. 全球升温1.5℃ [R/OL]. [2020-07-07]. https://www.ipcc.ch/site/assets/uploads/sites/2/2019/09/IPCC-Special-Report-1.5-SPM_zh.pdf.

① 华盛顿特区政策中心. Greenhouse gas emissions in D.C. [EB/OL]. [2020-07-07]. https://www.dcpolicycenter.org/publications/building-greenhouse-carbon-emissions/.

系的案例可供参考。

（1）华盛顿哥伦比亚特区——引领全美清洁能源转型

美国的首府华盛顿哥伦比亚特区，在2017年8月成为全球首个获得LEED城市铂金级认证的城市。而这个城市也一直是全美践行气候变化行动与能源转型的领头羊。

① 雄心勃勃的目标

2015年，华盛顿特区政府自主确立了温室气体减排目标，即到2032年将温室气体排放量比2006年减少50%[①]。2017年12月，华盛顿市长穆丽尔·鲍泽（Muriel Bowser）立下承诺："到2050年，要让华盛顿特区成为一座碳中和的气候适应性城市。"

为了实现温室气体减排目标，华盛顿特区需进行一场能源革命，包括提升全市范围的建筑与住房能效、减少能源消费、转向使用更多的清洁与可再生能源、提供更多低碳绿色的交通出行选择等。数据表明，华盛顿特区的2050年碳中和目标正在实现。2017年全市温室气体排放总量相比于2006年基准值降低了约30%，全年人均温室气体排放量仅为7.1吨二氧化碳当量。这有赖于华盛顿特区能源与环境部作为牵头部门长期以来采取的各项行动，制定了包括"气候应对计划"（Climate Ready DC）、"清洁能源计划"（Clean Energy DC）以及"可持续发展计划"（Sustainable DC）等行动计划。

② 华盛顿特区减排主要驱动力

华盛顿特区历年温室气体排放总量不断降低的主要驱动力包括以下几个方面。

A．更清洁的能源系统。能源系统的转型是驱动华盛顿排放量降低的最主

华盛顿哥伦比亚特区街景

要因素，贡献了约70%的减排量。通过提升天然气、太阳能与风电等清洁能源的供电比例、增强交通系统电气化水平，逐渐改变原先以化石燃料供能为主的能源系统。2018年12月，特区通过了可再生能源法案加强可再生能源配额制（Renewable Portfolio Standard），即到2032年全市范围可再生能源供电的比例应达到100%。截至2017年，全市已安装33.8兆瓦时容量的太阳能发电系统，并且为低收入家庭开设了社区太阳能光伏项目，目标是到2032年通过光伏发电降低其50%的电费账单。此外，华盛顿特区的能源系统也在进行优化升级，鼓励更多社区尺度的分布式能源包括微电网的应用，并发展智能电网、支持用电需求响应。

B. 持续提升的建筑能效。华盛顿特区是全美首个通过绿色建筑法案（Green Building Act of 2006）[①]的城市，该法案要求全球所有的公共与商业建筑都需获得绿色建筑认证。也因此，华盛顿特区成为全美LEED认证项目人均数量和面积最多的城市。并且，从2014年起，政府就强制要求全市所有建筑面积大于4645平方米（约合5万平方英尺）的住宅和商业建筑，以及面积大于929平方米（约合1万平方英尺）的公共建筑公开披露其能耗与水耗数据，通过能耗基准对比，持续提升建筑能效水平。

C. 提升汽车燃油效率。这依赖于汽车工业技术的进步和国家燃油标准的提高。华盛顿特区在提升汽车燃油效率的同时，还执行了尾气排放标准。

D. 改善交通出行方式。华盛顿特区通过改善城市公共交通系统，降低市民出行对小汽车的依赖，从而将人均交通出行里程数（VMT）相比于2006年降低了8%。据美国人口普查社区调查统计数据表明，2016年全市上班通勤公共交通出行分担率达到了37%，步行和自行车分别占13%和5%，约36%的家庭没有小汽车。最后，华盛顿还在积极发展电动车与共享单车，推动低碳绿色交通的发展。

华盛顿特区最终以85分的高分获得LEED铂金级认证，这项成就是对其可持续发展水平的高度认可。

（2）河北张家口——中国城市能源转型探索

在缔造中国快速工业化、城市化奇迹的同时，我们也面临着巨大的环境与资源代价。现在，中国处于前所未有的巨大城市化浪潮中，预计到2030年将有70%的中国人口居住在城市。2018年，中国温室气体排放总量高达92亿吨，占全球总量的28%[②]。中国政府充分意识到高速、粗放型经济发展模式的不可持续性，正积极地通过一系列措施，加速城市绿色低碳转型，推进高质量的经济发展，实现生态文明和建设美丽中国的长期愿景，也因此制定了多项政策。

在实践层面，全国有多个城市运用丰富的可再生能源实现能源转型，以张家口为例。张家口是一座拥有440万人口的中等城市，位于河北省西北部，毗邻北京市，它是我国华北地区风能和太阳能资源最丰富的地区之一。风能资源可开发量超过4000万千瓦，太阳能发电可开发量超过3000万千瓦。由于得天独厚的资源禀赋与区位优势，2015年，中国国务院批准张家口市为全国首个国家级可再生能源示范区。

① 华盛顿特区能源与环境管理局. Green Building Act of 2006 [EB/OL]. [2020-07-07]. https://doee.dc.gov/publication/green-building-act-2006.

② 落基山研究所. 能源转型委员会发布报告描绘2050中国全面实现现代化的零碳图景[N/OL].（2019-11-23）[2020-07-07]. https://rmi.org.cn/news/%E6%8F%8F%E7%BB%982050%E4%B8%AD%E5%9B%BD%E5%85%A8%E9%9D%A2%E5%AE%9E%E7%8E%B0%E7%8E%B0%E4%BB%A3%E5%8C%96%E7%9A%84%E9%9B%B6%E7%A2%B3%E5%9B%BE%E6%99%AF/.

030

双碳背景下的建筑逐绿行动：
LEED
在中国

Green Building Actions in the
Context of Dual Carbon:
LEED in China

① 中华人民共和国国家发展和改革委员会. 国家发展改革委关于印发《河北省张家口市可再生能源示范区发展规划》的通知，发改高技〔2015〕1714号 [EB/OL]. (2015-07-28) [2020-07-07]. https://www.ndrc.gov.cn/xxgk/zcfb/ghwb/201507/t20150729_962159.html.

② 国际能源署. 张家口能源转型战略2050：通往低碳未来之路[R/OL]. [2020-07-07]. https://www.irena.org/-/media/Files/IRENA/Agency/Publication/2019/Nov/IRENA_Zhangjiakou_2050_roadmap_2019_ZH.pdf?rev=3ce3b23c508e4ec68586cc23a4792aad.

① 可再生能源发展目标

根据2015年国家发改委印发的《河北省张家口市可再生能源示范区发展规划》①，对其未来可再生能源发展提出了目标：到2020年，可再生能源消费量占终端能源消费总量比例达到30%，55%的电力消费来自可再生能源，城市全部公共交通、40%的城镇居民生活用能、50%的商业及公共建筑用能来自可再生能源，40%的工业企业实现净零碳排放。

到2030年，可再生能源消费量占终端能源消费总量比例达到50%，80%的电力消费来自可再生能源，全部城镇公共交通、城乡居民生活用能、商业及公共建筑用能来自可再生能源，全部工业企业实现净零碳排放。实现可再生能源经济社会领域全覆盖。

近几十年来，这座城市一直秉承着生态和自然资源保护优先的经济发展原则，并不断加大可再生能源的部署。2017年，张家口市可再生能源发电装机容量达到13.45吉瓦，占全市总装机容量的73%，其中风力发电装机容量达到8.72吉瓦，太阳光伏发电容量接近3吉瓦，可再生能源发电量占全市总发电量的45%。

② 绿色奥运的坚实后盾

在张家口市风力与太阳能发电分区分布图中，"低碳奥运"是一个关键词。在2015年北京被选为2022冬奥会的主办城市后，张家口的崇礼区也被选为冬奥会赛事的主办场地之一，支持北京2022绿色低碳冬奥会的目标。

崇礼太子城小镇在2022年承担北京冬奥会的赛时保障工作。整个项目在建设过程中秉承绿色低碳发展的原则，通过装配式施工，预制构件的使用可减少材料浪费，同时降低施工对环境的影响；因地制宜地运用北方山地风貌，景观种植优先选择适应性较强的本地植物，使项目景观与山体和森林融为一体；结合山地气候和地形特点，打造具有气候适应性的室内外场地；高效的公共交通与慢行交通系统，京张高铁可直通北京和崇礼太子城小镇，为人们提供快速便利的通勤方式，小镇内的有轨电车也有效降低区域的交通碳排放。2019年10月，崇礼太子城获得了"LEED城市：规划与设计"铂金级预认证，这也是全球第一个获此殊荣的文旅项目。

根据国际可再生能源署（IRENA）发布的《张家口能源转型战略2050》②报告，电气化和电解制氢是张家口市实现2050年低碳未来的两条重要技术途径。此外，区域电网和储能系统的发展也必不可少。然而，只依赖能源技术创新是不够的，能源系统战略的规划以及相关政策与市场机制的创新将对张家口的能源转型发挥巨大的作用。张家口市作为中国可再生能源示范区，在探索中国低碳发展及能源转型的机制和路径上，其经验与教训对全国城市有着重要借鉴意义。

6. 展望未来

环境友好的发展方式并不一定意味着在经济发展速度上做出妥协。中国在2020年提出"3060"目标之后，相关政策与举措在全球绿色经济复苏过程中也发挥了启迪性的重要作用。中国的绿色低碳经济复苏将以绿色低碳产业体系发展、绿色低碳基础设施建设等为主要方向，大力发展绿色建筑与生态城区、低碳清洁能源技术、绿色低碳产品消费、5G与物联网等新基建布局以及绿色金融体系等领域。

　　未来，城市要走绿色、可持续的经济发展道路，除了能源转型，还需要根据复杂因素评估各项经济刺激政策，包括社会经济效益、气候影响和可行性等。我们期待LEED城市体系能帮助更多城市达成这一目标。

① 本文翻译自HENNICK C. The rise of distributed energy: What it means for utilities, consumers and green infrastructure[OL]. (2019-05-16) [2019-07-11]. https://www.usgbc.org/articles/rise-distributed-energy-what-it-means-utilities-consumers-and-green-infrastructure.

六、分布式能源与净零和城市能源转型的关系①

如果说天然气、核能与可再生能源能够挑起未来低碳能源的大梁，是宏观政策与趋势，或许会成为楼宇建筑作为高耗能的个体实现净零目标的可能性之一。

1. 什么是分布式能源？

分布式能源（Distribued Energy Resources，简称DERs）是一种建在用户端的能源供应方式，可独立运行，也可并网运行，是以资源、环境效益最大化确定方式和容量的系统，将用户多种能源需求，以及资源配置状况进行系统整合优化，采用需求应对式设计和模块化配置的新型能源系统，是相对于集中供能的分散式供能方式。尽管目前业内对于分布式能源的定义仍然存在争议，我们仍然可以定义一些与DERs概念密切相关的系统和常见设施，比如：

（1）屋顶太阳能：这是目前家庭住户最常用的分布式发电系统。通过向电网输送自家屋顶太阳能产生的电力，用户可以获得费用补贴或电费减免。

（2）电动汽车：尽管电动汽车的兴起可能会大幅推升电网供电需求，但有人认为电动汽车也有望成为一种分布式能源。通过在午间和夜间（家庭用电需求相对较低）吸收电网中的过剩电力，电动汽车能够帮助平衡用电高峰与低谷时段的电力需求。

（3）微电网：这种本地化的小型电网能够脱离集中式供电系统，实现自主运行，并助力强化电网韧性。

（4）社区太阳能：这些由参与者共享电能的大型太阳能发电装置也是另一种形式的分布式发电。

（5）电池储能：有业内人士认为，真正的DERs需要包括电池储能，这些电池储能设备能够在电网供电中断时提供能源。

（6）智能家居科技：尽管洗衣机、洗碗机等"智能"家电本身并不能发电或储能，但有人认为，如果它们能够按照供电需求情况自主选择工作时间，就应该被视作DERs。例如一种智能干衣机能够避开用电高峰时段在夜间自动运行。

DERs作为全新的能源解决方案，稳定、灵活且高效，最重要的是，它重新定义了人与能源的关系，让每个人不仅仅是能源的使用者，也成为能源的生产者和管理者。随着太阳能电池板成本锐减、智能家电与电动汽车的热度不断上升，以及更多用户开始使用备用电池系统，DERs俨然成为当下的关注焦点。

DERs的环境友好性及可持续性也是其得以备受瞩目的原因之一，以上面提到的屋顶太阳能为例，屋顶太阳能电池板产生的每千瓦时电力都是无需燃烧化石燃料产生的能量，因此这一过程不会导致大气中碳排放量的增加。同时，这一能源使用技术、方式的变革，也给电力公司、消费者与绿色建筑方面带来了影响。

2. 分布式能源，机遇与挑战并存

尽管优势明显，分布式发电的争议性仍然存在。特别是对电力公司而言，当全天都在自行发电的用户突然在夜间开始使用来自电网的供电，判断并应对需求高峰（或低谷时段）用电问题将会变得更加困难。

同时，各地自然条件（日晒程度）的差异，各地电费结构以及税收减免与优惠政策的不同也让问题变得复杂化。目前电力行业对于分布式能源的看法也并不统一。只有3%的电力公司将DERs视作"威胁"，不到一半的公司认为它意味着"机遇"，一半以上（56%）认为它"既是威胁也是机遇"，可见DERs的未来前景仍然充满不确定性。

对于电力公司的担忧，美国公共电力协会（APPA）政策研究与分析负责人称，电力公司只是希望他们的收益能够抵消成本，并非有意限制可再生能源或分布式发电的发展。他特别指出："我们的许多会员单位正在开发自己的可再生能源及分布式发电系统。获得用户许可后，电力公司将租用他们的屋顶安装太阳能电池板，并对其给予一定的补助。凭借这种方式，电力公司不仅能够掌握电池板的安装地点，还能控制屋顶太阳能发电系统向电网的输电量。"

3. 分布式能源，消费者的"经济账"

从消费者角度而言，其带来的影响也很直接。至少对于采用"净计量"电价政策（拥有可再生能源发电设施的消费者可以根据向电网输送的电量，按照零售电价获得电费账单减免）的地区用户来说，每千瓦时的电力都能带来电费节省，仅需几年时间即可获得100%的投资回报。

但部署在用户端的电池系统仍然较为昂贵，且对于家庭和商业物业管理者而言，太阳能电池板以及节能电器能够带来的投资回报并不明显。此外，分布式发电对电力公司的影响、用户端存储的高昂成本、电动汽车兴起可能带来的电力需求激增等一系列因素，都令DERs生态系统仍旧在摸索中前行。但许多观察者预计，在不久的将来，更多的供能与储能都将直接在用户端完成。

当然，这里仍有很多问题需要解决。目前仍然充满变数的成本与政策考量，家用储能电池制造商、智能家电与电动汽车制造商等企业的推广策略，都将是左右消费者是否选择采用DERs的主要影响因素。用户端储能设施的价格也是其中的一个不确定因素。

一个制造家用储能电池的公司指出："用户可能更多获得的是种非物质回报，而不是实际的投资回报。"他们发现，公司产品的购买主力大致分为两类，一类是"可再生能源关注者"，另一类是"问题解决者"（希望在停电或发生灾难时能够自己解决发电和储能问题）。

4. 分布式能源对绿色建筑的长远影响

消费者对可持续发展的投资将推动分布式储能发展成为绿色建筑的一项重要特性。一家商业与技术咨询公司对DERs进行了较为全面的研究，表示："展望未来15年，太阳能技术将覆盖建筑物表面，并直接为楼宇用户供电。建筑天台上可以覆盖太阳能瓦片，屋顶或邻近地面上可以安装小型风电机组，用太阳能电池板作为停车场的遮阳棚，利用地热发电等。一栋楼宇能够将燃料电池、节能技术以及负荷管理技术等与自身运营进行集成。如果装有储能设施，楼宇租户还可以自行掌握用电时段，或通过向电网输送电量而获得电费减免（如果该地区采用"净计量"电价），这样的楼宇就基本实现了自给自足。这就是绿色建筑技术的未来，而且这个未来离我们并不很遥远。"

分布式能源拥有更好的能源持续性，更低的碳排放，且节省更多成本。在实现建筑"净零"目标的道路上，我们期待分布式能源还能发挥更大的作用。

① 国家能源局. 我国光伏发电并网装机容量突破3亿千瓦分布式发展成为新亮点[N/OL].（2022-01-22）[2022-03-27]. https://www.gov.cn/xinwen/2022-01/22/content_5669854.htm.

七、圈内人聊分布式光伏"出圈记"

根据国家能源局的统计数据，截至2021年底，中国光伏发电并网装机容量达到3.06亿千瓦[①]——这一数字也表明中国已连续多年稳居全球光伏发电并网装机容量首位。再看具体的数字细分，其中分布式光伏达到1.075亿千瓦，占到总数的1/3。值得留意的是：2021年，分布式光伏历史上首次超过集中式光伏，以2900万千瓦的装机容量占到当年新增总量的55%。

"分布式光伏"并不是新鲜词汇，作为分布式能源的一种，它早已是建筑领域要实现净零的重要实现途径之一——但让分布式光伏被更多人所关注到的正是行业投资者与资本的日益认可，最直接的表现就是除了电力投资企业，央企、各行业龙头、基金、银行等都已纷纷入局，普枫新能源技术（上海）有限公司（简称普枫）就是其中之一。作为全球领先的专注于供应链、大数据及新能源领域新型基础设施的产业服务与投资管理公司普洛斯（GLP）与全球领先的另类资产管理公司博枫（Brookfield）共同出资设立的新能源企业，普枫于2018年正式成立，如今开发规模已超1吉瓦（GW），成为分布式光伏领域的领头羊。

USGBC北亚区市场转化与拓展总监徐辰波与普洛斯中国高级副总裁、普枫新能源总裁罗澍展开了对谈，试图从这个局内人口中了解行业内更多奥秘。

罗澍
普洛斯中国高级副总裁、普枫新能源技术（上海）有限公司总裁

1. 入局在充分理性时期

徐辰波： 2018年对于光伏产业来说是一个分水岭，因为那一年光伏领域遇到了"史上最严厉"的调控政策，主要就是限规模、限指标、降补贴，但普枫恰好在这一年成立，我们很好奇为什么普枫会选择入局"新能源"这个赛道？

罗 澍： 这个问题比较宏观，我觉得可以从两方面回答。首先，是天时。从需求来看，"新能源"是新基建的重要组成部分。其次，是地利。普洛斯本身是全球领先的专注于供应链、大数据及新能源领域新型基础设施的产业服务与投资公司，它有全国最大的屋顶资源，且都在经济发达地区。再次，就是人和。立足我们自身，客户对绿电也有积极的需求，这是非常重要的。最后，2018年发布的"531新政"给光伏行业踩了紧急刹车，也让投资回归理性，从之前的补贴时代慢慢

普枫计划将分布式光伏应用在 134 个物流园区，图为某物流园区的分布式光伏俯瞰

图片来源：普枫新能源技术（上海）有限公司

转变成市场化竞争阶段——企业需要依靠降低成本、革新技术等手段来做大做强。普枫在这个节点成立，进入新能源赛道，正是我们对市场的预判及我们自身优势相结合所作的理性决策。

徐辰波： 您能分享一下普枫覆盖了全国多少个物流产业园？开发规模是多少？

罗　澍：截至2022年1月，我们已经并网运营了89个物流园，在建约45个，总计覆盖约134个。目前总的开发量已达到1吉瓦（GW），具体到物流产业园上，开发规模约为500兆瓦（MW）。

徐辰波： 如您所说普枫是以物流园作为切入点进行分布式光伏的布局，物流建筑与其他建筑相比，有什么优缺点？

罗　澍：物流园区的优势是，它们一般会有比较大的屋顶面积；建筑规格也非常标准化，便于施工；并且物流园区的所在区域位置都比较靠近城市，电力消纳较好、污染较少、使用寿命长。

　　　　另一方面，物流园区的快递快运企业和仓储企业较多，用电峰值在夜间，用电需求与光伏输出不能完美匹配。其自身用电量比较少，如果仅是自发自用的话，还无法充分地利用全部屋面。

2. 分布式光伏让人好奇的几个问题

徐辰波： 市场上关于分布式光伏发电一直有着关于"消纳能力"的讨论，比如国家新能源司对于分布式光伏发电量的消纳解决方案是敦促电网升级改造，努力做到应接尽接。那作为能源生产商，普枫是如何解决物流园区，尤其是高标库的消纳能力问题的？

罗　澍：目前我们物流园区的消纳量是80%。由于过去经验的积累，我们对物流园区用户的需求有相应的了解和判断，带着这些共识，在光伏安装之前我们会和业主进行充分的讨论，及时了解他们对于未来能源的诉求变化，进行合理的体量预测和提前布局，这是一方面。另一方面，物流园区是一个整体，我们可以充分运用园区的使用场景，制定综合能源管理方案，尽可能地多发电，提高清洁能源的应用比例。

徐辰波： 从地理因素上看，中国地大物博，气候和地质各异、光照条件不一，那普枫是如何解决这些地理差异问题，实现更好的发电效果的？

罗　澍：日照条件不同主要会造成荷载要求各异，就这一点我们主要通过和设计院长期合作，不断地总结经验。目前我们已经针对不同区域制定了相应的设计、建设、施工等一系列标准，以确保发电安全。

　　从地域分布上来说，截至2022年1月，普枫已在全国15个省市稳定运营分布式光伏发电项目，其中包括北京、上海、广州、深圳等32个用电需求强劲的核心城市，主要还是集中在长三角、珠三角、京津冀、湖北、湖南、山东等地区。之后随着我们规模的不断扩大，也会逐步地扩大范围。

徐辰波： 光伏项目的投资是一个长期工程，您也曾经说过"分布式光伏项目的竣工只是开端，是未来20年甚至更长久合作的起点。"那这可能会对安装的建筑有一定要求。我也很好奇，那些老旧园区或运营已久的既有建筑是否不适宜安装光伏？有什么具体案例吗？

罗　澍：不一定，这其实要看房屋本身的状态。如果建筑存在一些老旧的情况，我们可以通过安装光伏建筑一体化（BIPV）、换瓦、加固、防水等一系列措施来解决相关问题。

　　以北京空港园区为例，这是我们第一批投资的项目。作为一个收购园区，运营时间比较久，租户形态复杂，有食品仓、奢侈品厂、医药仓等，施工难度较高。我们通过详细的分析设计以及周全的项目计划，对园区进行了改造换瓦，针对不符合荷载的屋顶进行加固，并协调园区物业、租户、电网等多方资源，最终成功并网1.59兆瓦，消纳达到98%以上。

徐辰波： 如果一个分布式光伏项目运营到了20年，它的发电效率是否会有变化？维护成本又如何？

罗　澍：随着组件的衰减，设备的故障率、发电效率肯定会有变化，维护成本也肯定会越来越高。

　　但我们在投资初期，就已经考虑了相关因素，包括运维组件设备的更换、人工成本等。现在随着科技手段的不断进步，我们也开发了精细化的运维系统，采用了机器人维护等手段，来保障电站在整个生命周期内高效、智能、安全可靠的运营。

3. "3060"目标助推行业腾飞

徐辰波： 2020年中国提出了碳达峰、碳中和"3060"目标后，国内各行各业都开始探索绿色转型的有效路径；国家方针也正从能耗双控向"碳排双控"转型，这也让很多企业开始将目光转向绿电，您自己是否观察到"双碳"目标对分布式光伏发展的影响？

罗　澍：2020年的"双碳"目标确定是行业发展的重要节点，这个目标的出台对整个光伏行业都是利好的。从数据上看，中国在2060年实现碳中和，一次性能源结构要从化石燃料占比85%变成可再生能源占比85%。具体到电力行业上，意味着核能装机是现在的5倍，风电装机是现在的12倍，太阳能装机是现在的70倍——巨大的产业空间潜力被打开了。在"双碳"目标提出后，普枫也明显感受到，业主从此前的观望到对新能源的诉求越来越积极。不过这依然是个长期的过程，不能一蹴而就，我们相信在这个过程中，也会遇到各种挑战和变革。

徐辰波：我们来聊一些具体案例。欧莱雅苏州尚美工厂三期在2016年就获得了LEED铂金级认证，2019年欧莱雅宣布尚美工厂实现了"零碳"。他们现在也在努力迈向中国区运营的零排放目标，我们了解到这其中也运用到了普枫的分布式光伏，您可以具体介绍一下吗？

罗　澍：欧莱雅一直是普洛斯物流园的客户，所以我们双方在企业战略上也比较趋近。2019年我们在苏州普洛斯物流园的四栋仓库屋顶兴建分布式光伏项目，这一期项目年平均发电量约326万千瓦时，相当于1800户家庭每年的用电量，减排二氧化碳3250吨。

　　作为这四栋物流设施的使用方，欧莱雅中国可以优先使用此屋顶光伏项目的清洁能源，并和我们正式签署了《绿色电力使用协议》，他们可以将欧莱雅中国物流中心全年240万千瓦时的电力消耗全部置换为清洁能源。这也帮助欧莱雅中国区的运营进一步接近零排放的目标。

普洛斯苏州物流园，其中3个仓库已获得 LEED 金级认证。普枫的分布式光伏正助力园区客户实现碳中和
图片来源：普洛斯投资（上海）有限公司

徐辰波： 我们发现当前全球使用绿电比例最高的排名前十企业[①]中并没有中国企业的身影，您认为未来会打破这样的趋势吗？

罗　澍： 虽然我对这方面的数据并不是很了解，但从行业大方向上来看中国在绿电方面起步较晚，现在随着"双碳"目标的提出，相关政策正在不断完善，国民意识也在日益提高，市场驱动力越来越强——这样也会促使一众企业齐头并进。我们相信如你所说的格局未来肯定会被打破。

4. 探索分布式光伏的"未来模样"

徐辰波： 您提到过大物流板块中的"食品冷链"和"数据中心"将是未来重点布局的领域，能否详细介绍一下这两个板块的发展市场以及您的具体看法？

罗　澍： 这两大板块作为基础设施，也是新基建的重要组成部分。它们用电量大、用电负荷高，基本24小时运营，和分布式光伏的产能比较吻合，是我们重点开拓的领域。目前普枫已经给30多个"食品冷链"仓提供绿电服务；我们在江苏扬州、广东清远成功并网了约24兆瓦的分布式光伏电站，为全国知名的数据中心提供了绿电服务。此外我们自有的常熟数据中心项目也在建设中。

徐辰波： 我们留意到2021年6月，国家能源局下发了《关于报送整县（市、区）屋顶分布式光伏开发试点方案的通知》，这似乎也将激发"十四五"期间的光伏装机潜力，那么普枫是否有向非商业楼宇发展的计划？

罗　澍： 普枫目前主要布局在大型工业及物流基础设施上，2021年，我们也在上海徐汇区做了一些商业楼宇的项目。正如前面所说，光伏项目的投资是一项长期工程，我们的分布式光伏可以稳定运营25年，这也意味着我们需要从稳定性、消纳能力、环境等方面综合考量。在公共设施领域，如果遇到合适的项目，我们也会考虑。

徐辰波： 据了解普枫正在参与苏州一个电力市场化交易试点项目，能否简单介绍下这个项目对于分布式光伏发电有什么前瞻性的意义？

罗　澍： 这是分布式光伏隔墙售电项目，主要是指通过配电网，把电力直接销售给附近的能源消费者，而电网企业退出交易主体，仅收取过网费。这既能解决分布式光伏发电自发自用模式中，完全由业主主导的电力消纳问题，又能解决全额上网模式中价格较低、补贴时间长等难题。在这种模式下，用户直接参与电力市场交易，不仅最大限度地调动了人们节约能源资源的积极性，还降低了光伏项目对补贴的依赖，优化了能源消费结构，让电力交易市场化、扁平化，使可再生能源进入更多的百姓家庭，加快全民低碳生活的进程。

---

① ANDREJEVAITE G.Top 10 Companies Adopting Green Energy, energydigital[OL]. (2021-06-11) [2022-03-27]. https://energydigital.com/top10/top-10-companies-adopting-green-energy.

八、为住宅屋顶安装太阳能光伏瓦是什么体验？

"这个屋顶好别致！"每次小区里的邻居沿路经过郑律师家都会这样感叹，甚至已经有几个好奇心强的业主忍不住去问他，到底是什么让他家的屋顶如此与众不同。作为国内为数不多使用这款太阳能光伏瓦的住宅用户，郑律师不无自豪，但是说起这个漂亮屋顶的使用感受，可不只是"美观"这一条。

太阳能与住宅的结合或许你并不陌生，比如常见的太阳能热水器。但是对于利用太阳能来为整个家供电的方式，你一定和我们一样有很多疑问。于是我们采访到了这栋别墅住宅的业主郑律师，以及制作这个"漂亮屋顶"的龙焱能源科技（杭州）有限公司（简称龙焱）BIPV事业部负责人刘志钱。

1. "我要美观与节能并存"

和太阳能的缘分可以回溯到2016年，郑律师在欧洲旅游就看到当地别墅屋顶上大量应用了太阳能光伏板，他开始对太阳能的屋顶产生兴趣，直到在瑞典他看到了瓦片形式的太阳能光伏产品，这种瓦片和房屋搭配非常漂亮，郑律师当即想到自己家的装修，这栋购于2006年的三层别墅空置已久，他花了很多精力去研究如何装修新家。

起初郑律师还担心这种太阳能光伏瓦只有欧洲才有，但导游告诉他这些瓦片极有可能是中国制造的，于是回国之后他做了大量功课，最终找到了同样位于杭州的这家本土太阳能科技公司。巧合的是，当时的龙焱刚刚投产了一款太阳能光伏瓦，但是还没流通到市场。郑律师在看了这款产品之后，作了最终的决定。

位于杭州的郑律师的家
图片来源：龙焱能源科技（杭州）有限公司

最初郑律师也纠结过是选择普通的光伏板还是光伏瓦，因为光伏板的安装需要在房屋自带的瓦片上安装固定件，他很担心这种安装方式破坏瓦片，以及随着时间推移和固件老化，会产生漏水的情况。还有一点，太阳能光伏板与这栋别墅屋顶搭配并不美观，这与他最初装修的预期也不符合。"刘工推荐的这款太阳能光伏瓦，既拥有高效的发电性能，还能与建筑屋顶、美学设计融于一体，与我自己购买的水泥瓦完美匹配，所以这个光伏瓦就很符合我的需要，真是踏破铁鞋无觅处，得来全不费工夫。"郑律师笑着说道，虽然过去了两年，我们仍能感受到他内心的兴奋。

作为自用住房，郑律师对太阳能光伏瓦还有一个最重要的期待：节约电费。

在2017年实际装修前，郑律师和夫人一起跑了几个邻居家，了解到同面积的别墅每月用电情况，加上地下一层，这栋别墅使用面积有600多平方米，平均每月用电1000多度（kW·h），这样的高能耗可以通过太阳能光伏的使用降低不少，所以安装太阳能光伏也迅速获得了家人的支持。

现在，郑律师的家无疑是小区的"网红建筑"，由于正好处于小区主路的路边斜坡，每个路过的人都能看到这个阳光下闪烁的屋顶，郑律师也因此接到不少邻居的咨询，邻居们希望在他们装修的时候，也能用上这个美观又节能的高科技产品。

2."每个月都有收益的感受特别好！"

光伏瓦的安装到位是在2018年的春节，此后郑律师一家入住，已经有了丰富的使用经验。当我们问郑律师实际应用感受时，郑律师给了我们3个方面的体验，第一就是电费支出变少了。

"国家电网针对光伏用户有一个App，可以显示我们的用电量和光伏发电的收益。比如2019年1月份，我的电费账单是551元，然后这个月的光伏发电191度（kW·h），收益是134.2元，这还是1月份光照不好的情况下。2019年9月份太阳好的时候，光伏发电的收益有300多（元）。"郑律师家配备了中央空调、新风系统，还有诸多电器，所以这样的发电收益对郑律师来说最为直接。

第二个方面是隔热。郑律师家的太阳能光伏瓦就安装在三层的其中一个房间上面，跟相邻的另一个房间相比，"不开空调的情况下，这个（顶上是光伏瓦的）房间比其他房间隔热（性能）好很多。"郑律师对此有亲身的体验。还有一点是使用寿命，因为在装修时郑律师已采购全新的水泥瓦，所以在全部铺装好之后两种瓦片的对比也很明显：经过一年多时间，水泥瓦有的已经褪色，但是光伏瓦还像新的一样。

最重要的是，对于这个本身耗电就很大的房子，有了光伏发电之后，家人们用起来少了很多"顾忌"，尤其是夏天，老人们再也不会舍不得开空调了，因为夏天是光伏发电最多的时候。

042　双碳背景下的建筑逐绿行动：
LEED
在中国

Green Building Actions in the
Context of Dual Carbon:
LEED in China

"家"是每个城市人在喧嚣生活中最重视的一方空间，它不仅要满足人们对栖身之所的向往，还需要物尽其用、尽善尽美。长久以来，屋面瓦除了防水，并没有什么新的升级和改变，但光伏瓦的应用，不仅满足了郑律师一家对美的追求，也通过其卓越的发电性能，带给他们越来越多美好的体验。

3. "环保和健康是家的首要需求"

不过郑律师还是有一点后悔，因为小区树木遮挡和山坡斜角的原因，屋顶上除了南面的50平方米，其他几个面采光量并不好，所以当时决定只安装那一面光伏瓦。但就是这些瓦片，已经差不多覆盖了家里用电的1/3。所以郑律师一直想："如果我屋顶条件好一点，肯定加大这个光伏瓦的安装量。"

根据刘工提供给我们的数据，从2018年5月22日完成并网之后，截至2020年2月28日，这个装机容量4.5千瓦的光伏瓦总共发电7216度，平均每天11.25度。如果不是因为郑律师家南面小山坡的影响，正常光照情况下，这个4.5千瓦碲化镉薄膜光伏瓦每年可以发电4700度，节约标煤1.52吨，减排二氧化碳大约3.92吨，相当于每年种树200棵。

或许像郑律师这样主动接触太阳能光伏的住宅用户并不多，但是在他看来，因为太阳能光伏能减少家用电力能耗的开支，从经济的角度看，"消费者对太阳能光伏的接受会越来越高！"

业主在房屋装修的时候，都会有很多想法，郑律师最在意的就是环保和健康，比如他们家已经配置了全屋新风系统、净水器等，室内墙面也全部应用了硅藻泥，房子里的家具材料他也特别当心。当我们问到如果再装修会加强哪些方面，除了多安装太阳能光伏瓦，他也研究了家里的窗户，尽管现在应用的材料五金件都很好，但是如果有更好的材料和技术，能够比现在用的窗户减少物理损耗，增强隔热，他也会更愿意尝试。或许在"家"的考量上，越来越多的人会像郑律师一样注重房子的性能、环保和健康。

4. "当阳光照进'绿色住宅'"

现在，全球都在关注建筑节能减排，"住宅"作为建筑功能的主要分支也日渐受到重视。在美国，住宅建筑占据整个国家22%的能源消耗，并导致了20%的温室气体排放。中国的住宅能耗也不容小觑，以中国北方地区为例，100平方米的住房，仅采暖和空调两项每年就消耗3.26吨煤炭。房子越大，采暖和空调能耗越大，也将制造更多的污染、排放更多的温室气体。

为了让我们的住宅更加节能和环保，LEED也早已推出针对住宅的分支体系，并在全球广泛应用。根据USGBC的统计，LEED认证住宅在能源消耗上比传统（非LEED认证）住宅平均减少了20%~30%。2019年4月，LEED v4.1版住宅体系的正式上线，也为中国住宅绿色转型提供了更易用、更符合中国国情的体系工具。

从能源角度，可再生能源又是促进建筑节能减排的重要途径。中国国家可再生能源中心曾在《中国可再生能源展望2018》报告中指出，下一个十年中国将迎来光伏与风电大规模建设高峰。到2050年，风能和太阳能将成为我国能源系统的绝对主力。显而易见，太阳能发电在未来能源中的重要战略地位。

　　值得注意的是，在LEED v4.1最新版本中，可再生能源得分点也根据可再生能源采购的不同方法和不断发展的全球市场，作了一些变化。以住宅体系为例，可再生能源是能源与大气板块中分值（1~5分）较大的得分点之一，分为场地内的可再生能源和场地外的可再生能源。但是在得分比重上，采用场地内的可再生能源可获得更多的得分。

　　现在，居民家庭用电量持续上升，人们的生态意识在逐步提高，越来越多人像郑律师一样开始对光伏产生兴趣，户用光伏正在加速"飞入寻常百姓家"。但相比国外，刘志钱表示，公众的产品认知度还需要进一步提高。在欧洲，他们的产品已经应用在500多户家庭，安装面积超过35000平方米。刘工认为，人们认知度不高，不是因为不关心环保节能，而是他们还没意识到有这类产品存在，所以从这一点看，企业还需作大量的科普宣传。

　　随着居民生活水平的提高，人们对屋顶光伏的品质要求越来越高，玻璃太阳能光伏瓦屋顶需求预计会有很大的增长，助力屋顶太阳能光伏瓦更快地进入到消费领域，太阳能这种清洁能源会有更广阔的天地。

九、面对气候危机，LEED如何助力建筑与城市"未雨绸缪"？

2022年夏季的极端高温是让普通人感受最为明显的气候事件。根据2022年度《中国气候公报》，当年全国极高温事件为1961年以来历史最多。

由此引发的蝴蝶效应也进一步影响了人们的生产生活，比如干旱缺水导致四川省水电发电能力不断降低，居民和企业用电都受到影响。气候变化离我们越来越近，让"增强气候韧性"成为各行各业在制定可持续策略时必须考虑的课题。当极端天气发生时，建筑及城市往往首当其冲，如何将它们建造成更具韧性的人类家园，LEED提供了一些策略。

1. 我们如何定义韧性，提升建筑与城市的韧性为何重要？

韧性的英文原文为Resilience，USGBC将其定义为"为气候变化造成的危机事件做好准备和规划，以便更快地从中恢复和吸取经验，并更加适应未来可能发生的气候危机事件的能力。"

当谈到"气候韧性"时，这些危机事件主要指的是自然灾害。根据联合国减少灾害风险办公室的数据[1]，从2000年到2019年间，全球共报告了7348起自然灾害，比1980~1999年的4212起同比增加了74%。极端自然灾害会给人类带来巨大的损失。2000~2019年间的自然灾害，造成了全球123万人死亡，经济损失达2.97万亿美元。根据《自然气候变化》杂志的一份研究[2]，全球至少85%的人口经历过因气候变化而变得更糟的天气事件。尽管减缓气候变化的策略正在全球积极实践，但依然无法阻挡这些突发气候事件的发生。

韧性设计（Resilience Design）与气候减缓措施（Mitigation）的路径并不一致，但互相补充。打造"气候韧性"的核心在于"适应性"，它将重点放在对当前/未来气候变化的调整上，比如安装防洪屏障属于应对气候变化的韧性设计。

尽管"气候韧性"是一个相对抽象的概念，但是对于建筑和城市来说，它可以被有效地设定实施策略。全球适应委员会（The Global Commission on Adaptation）提出了一个基础的适应框架，主要包括3个步骤：

第一步：减少/防御（Reduce/Prevent）。减少脆弱性、避免暴露于风险；

第二步：准备/回应（Prepare/Respond）。为可能发生的灾害事件发生做好预案；

第三步：重建/恢复（Restore/Recover）。确立一个重建方案。

那么，具体到建筑和城市中，韧性设计如何融入其中？USGBC在《绿色建筑与气候韧性》中[3]为专业人士提供了一个整合气候适应性设计和建筑设计的四步走流程。

第一步：明确区域内的气候影响，找到项目所在区域容易遭受的气候影响。

① UNDRR. The human cost of disasters: an overview of the last 20 years (2000-2019) [R/OL]. (2020) [2023-03-16]. https://www.undrr.org/publication/human-cost-disasters-overview-last-20-years-2000-2019.

② CALLAGHAN M. et al. Machine-learning-based evidence and attribution mapping of 100,000 climate impact studies[J/OL]. Nature Climate Change, 2021 (11): 966–972.

③ GBCI. From Risk to Resilience [OL]. (2022-04) [2023-03-16]. https://www.usgbc.org/sites/default/files/2022-04/GBCI_Resilience-Report-Update_DL_v5.pdf.

第二步：调整性能目标，将可能的气候影响纳入建筑或社区的性能目标。

第三步：确定对当地建筑环境的影响范围，将区域内的气候影响细化到更小的范围，预测气候变化可能在当地建筑环境中造成什么影响，让设计团队知晓可能会发生的一系列场景。

第四步：选择一套整合的策略，能在项目生命周期内，使项目在所有未来可能发生的情况下都能实现和保持既定绩效目标的战略，其中一些战略可能是"落子无悔"的，也就是无论气候变化是否发生，这些策略都能为项目提供社会和经济效益。

2. LEED体系如何强化韧性策略

USGBC在其开发和持有的多个认证体系中已经将韧性策略融入其中。

（1）针对单体建筑的LEED体系如何强化建筑的韧性？

在LEED体系中，有多个以韧性设计为主题的试行得分点，在多个得分板块中，也有一些既有得分点与韧性息息相关。

① 试行得分点：韧性评估与规划

这一试行得分点鼓励项目团队确定项目所在地的潜在脆弱性。作为这个得分点的一部分，项目必须考虑的风险包括海平面上升、极端高温和更强烈的冬季风暴。为了获得该得分点，项目团队必须确定与气候变化影响有关的风险。

② 试行得分点：为增强韧性而设计

这一得分点旨在确保由"韧性评估与规划"试行得分点中获得的气候风险相关信息被项目团队考虑在内，并付诸缓解措施。项目团队必须着力解决1~2个当地最大的气候风险（每项可获得1分）。

③ 试行得分点：被动生存能力和断电时的备用能源

该得分点的设立主要围绕这样一个核心理念：建筑应该能够在停电时为居住者提供安全的庇护，并且提供备用电源。

④ 得分点：敏感土地保护

此得分点属于LEED的"选址与交通"板块。项目可以避免在敏感土地上开发来培养社区的韧性。敏感土地可以为当地提供关键生态系统服务、减少建筑对环境的负面影响。

⑤ 得分点：雨水管理

这属于LEED的"可持续场地"板块，它鼓励项目依据当地的历史条件和未开发状态的生态系统来复制项目所在地的自然水文和水平衡，以帮助项目减少雨水径流、提升水质，避免造成下游社区发生洪水内涝。

⑥ 得分点：减少热岛效应

该得分点属于LEED的"可持续场地"板块，其旨在通过减少热岛效应，最大限度地减轻建筑对微气候和人类的不利影响，尤其是对项目所在社区和野生动植物栖息地的影响。城市热岛效应加上气候变化导致的频发热浪，对于敏感和脆弱人群来说极其危险。

（2）LEED城市与社区体系如何提升区域规模的韧性？

在LEED的基础之上，LEED城市与社区体系帮助地方管理者制定负责任、可持续的具体计划，这些计划涵盖自然系统、能源、水、废弃物、交通和其他许多有助于提高城市和社区生活质量的因素。借助城市与社区体系，LEED可以帮助区域评估当地独有的优势和脆弱性，从而以全局性的视角制定一个强有力的韧性计划。

① 韧性规划

韧性规划是LEED城市与社区体系中"自然生态系统"板块的其中一个得分点。它强化社区应对气候变化风险、人为风险和极端事件的韧性。这一得分点包括两个要求：一项脆弱性及应对能力评估，以及一份韧性规划。

② 可负担的住房与交通

作为LEED城市与社区体系"品质生活"板块中的得分点之一，其鼓励为所有人提供充足的、多样化的、具有位置优势的可负担住房。拥有稳定可负担住房项目的社区不容易受到冲击，这是因为社区内的居民可以有能力留在自己的家中建立社群连接、形成社会资本，在灾难发生时这些连接与社会资本是最关键的资源。

③ 趋势改进

在针对既有城市与社区的体系中，设有"趋势改善"的得分点，它的目的是证明与人的生活质量相关的关键指标逐步得到提高。改善一个社区的健康和福祉可以促进社区的整体韧性。健康的人更不容易受到环境危害的影响，更有能力参与社区活动，这反过来又加强了社会联系，建立了社会资本，让社区提升应对紧急事件的能力。

④ 平等分配

同样是在既有城市与社区体系中，"平等分配"是品质生活板块的得分点。它主要是促进经济平等繁荣，并让所有人享有社区服务。这一得分点对于想要寻求经济韧性的城市来说非常有用。经济韧性更强，城市与社区就能更好地克服气候冲击和压力。

⑤ 人口统计评估

人口统计评估得分点的目的是通过征集社会经济和人口数据来描述该地区的人口和住房特征，并绘制当地的发展地图。评估将确定哪些区域是经济水平较低、更容易受到灾害和长期压力的影响，经过评估，城市、社区可以作出以数据为导向的更好的决策。

⑥ 公民与社区参与

这一得分点设置的目的是加强社区的凝聚力和社会连接，并促进公民参与地方决策。地方决策主要由法规、公共规划、社区投入和机构内部的协调来促成。社区连接是非常宝贵的社会资源，在危机和灾难到来时，这种连接可以帮助提升个体应对和承受灾难的能力，并从中快速恢复。

⑦ 便于取水与环境水质

作为LEED城市与社区体系中节水增效板块的一个先决条件，它的目的是为社会各个阶层提供洁净的水和卫生设施，主要涉及3个关键问题：获得清洁的饮用水、获得卫生服务和防止废水及径流带来的污染。高品质的、维护完善的设施与系统更有能力应对危机并减轻其他灾难性事件带来的影响。

⑧ 获取稳定和赋有韧性的能源

作为LEED城市与社区能源与温室气体排放板块中的一个先决条件，它旨在提供安全、可靠、赋有韧性且人人可以享有的能源。高性能的系统能够更好地抵御冲击和压力，确保企业、家庭即使在面对极端事件时也能拥有可靠的电力供应。

⑨ 雨水管理

这是节水增效板块的其中一个得分点，它的意图是减少雨水径流量，防止土壤侵蚀和洪水，并补给地下水。由于气候变化导致的洪水越来越频发，"雨水管理"已经成为气候韧性规划中的一个关键策略。

048　　　双碳背景下的建筑逐绿行动：
LEED
在中国
Green Building Actions in the
Context of Dual Carbon:
LEED in China

十、抵抗气候危机，建筑师能做什么？

建筑师——建筑缔造团队的重要组成。他们不只能让建筑在形态上巧夺天工，创造出一座又一座凝固的艺术作品，同时他们还能够凭借前瞻视野，为全球可持续发展发挥重要的作用。许多领先的建筑师们，已经走在了可持续发展运动的前列。

近几年如火如荼的全球气候罢工运动中，来自各行各业的数百万人团结起来呼吁人们的共同行动，其中不乏建筑师的身影。2019年，在伦敦紧急建筑峰会（Architecture of Emergency summit）的召开，汇聚了来自建筑环境相关领域的行动者们，他们致力于探讨该行业如何应对气候危机。这些先锋者们早已意识到，由于建筑行业在很大程度上仍依赖于化石燃料，建筑行业急需寻求更环保的做法。此前，建筑行业在替代设计和实践方面已经有了进步，而对他们来说，**重塑建筑师的思维方式，才能为地球和自然更好地服务**。

1．领先组织的行动

美国建筑师协会（AIA）在2019年9月发布了一项声明，在认同气候变化是每个人的危机的基础上，他们认为建筑师，作为一个集体应该通过对可持续设计和韧性设计的坚定承诺来支持气候行动。他们将采取以下措施：

（1）批准《紧急可持续气候行动决议》并通过了《卓越设计框架》。AIA还将开发一项计划，让气候行动变成该组织工作的重要部分。

（2）开发必要资源，让建筑师们为实现零碳、赋有韧性和健康的建筑环境做好准备。这包括一系列措施，比如提供AIA+2030证书，通过践行《2030年可持续发展议程》中的承诺帮助企业实现零碳设计；提供"韧性与适应性"系列课程以学习减缓气候灾害风险的最佳实践；通过"Materials Matter"倡议鼓励材料透明及负责任采购等。

（3）率先改变建筑规范和材料准则。AIA与全球各地建筑规范官方机构紧密合作，鼓励建筑规范中实施节能设计。

（4）与政策制定者及同盟通力合作，加快有效应对气候变化的政策和实践资源。作为美国国会宣布的一项实现零碳未来倡议的利益相关者之一，AIA正密切参与其中，制定立法帮助美国在2050年实现零碳排放和100%的清洁经济。

（5）倡导其全球9万余名成员促进韧性设计、减少建筑物对气候的有害影响。通过AIA协会的集体力量，在应对气候变化的行动中，针对现有商业和住宅建筑的公共政策以及未来建筑，制定更高的标准等。

2. 对抗气候变化，建筑师们在实践中还可以如何行动

我们列出了建筑师们在应对气候变化的行动中，切实可行的8种方法[①]。

（1）让客户相信生物可降解材料的价值

由于建筑行业对化石燃料的依赖性，建筑产生的碳足迹非常庞大。为了使施工过程更加环保，生物可降解材料是建筑师的新选择。其中一种物质是菌丝，它是真菌的营养部分。菌丝由数百种相互交织的纤维组成，其干燥后可以成为一种令人难以置信的坚硬材料。这种菌丝与农场废弃物在模具中结合，形成可用在建造过程中的有机砖。这种砖在生产过程中不产生碳排放和废物，并且在使命完成之后，它们可以分解并回到碳循环中。一些在建筑中可以使用的生物可降解材料包括软木、竹子和沙漠沙。

（2）提倡使用本地材料

材料的产地、制造地、使用地，以及这些地方相互之间的距离也决定着一个项目对环境的影响程度，因为运输距离决定了燃料燃烧产生的温室气体排放。减少运输距离，项目的碳足迹也会更小。尽管本地采购并不具备价格优势，可选择范围也具有局限性，但我们仍然需要在选择材料的时候，在本地与其他地方之间斟酌出一个折中方案，这同时也将对项目的可持续性产生积极影响。

LEED得分点：材料与资源（Materials & Resources）是LEED认证的重要指标。LEED鼓励建筑过程使用本地原材料，减少运输成本。在LEED v4.1版"建筑产品披露和优化——采购原材料得分点"中，项目采购160公里以内的材料可以为获得此项得分提供更多的贡献值。

（3）从混凝土框架过渡到结构木材

一本全球知名的建筑杂志Dezeen的数据表明，混凝土是建筑业碳排放的罪魁祸首，全球每年生产用于制造混凝土的40亿吨水泥，占二氧化碳排放总量的8%。同时，这个生产过程消耗了大量的水，使得饮用水和灌溉用水的供应变得紧张。木材是混凝土的可行替代材料，因为它是唯一一种低隐含碳的材料。然而，增加木材的使用必须与可持续的林业管理同时进行，后者本身也是二氧化碳排放的主要来源之一。

（4）迈向"场外施工"

场外施工，或者说装配式建筑，是在一个特别的、受到严格管理的环境中将建筑部分进行组合的建筑模式，这种方法几乎消除了材料过剩以及建筑废弃物。用这种方式建造也大大地缩短了项目的完成工期。虽然业内近几十年都在考虑装配式建筑，关于这类建筑的维护和建设质量的顾虑，让它们难以被大规模地采用。但有些领头企业已经在这一领域取得了进展，他们将业务拓展方向

① BAHADURSINGH N. 8 Tangible Ways Architects Can Help Combat the Climate Crisis [OL]. [2020-09-24]. https://architizer.com/blog/practice/materials/architects-combat-the-climate-crisis/.

专注于降低建筑的建造成本、缩短建造时间，同时还保障提供高质量的材料。

（5）重复利用建筑材料

每年，美国建筑业向垃圾填埋场输送了数亿吨非工业废物。这其中的许多垃圾源于新建筑项目开始前的拆除废物。回收利用废弃的原材料不仅可以降低成本，还可以减少制造新材料时的温室气体排放。欧洲的一些建筑承包商和业主已经将建筑视为"材料银行"，作为未来项目可使用材料的临时仓库。

LEED得分点：在LEED v4.1版"建筑产品披露和优化——采购原材料得分点"中，材料再利用是获得该得分点的要求之一。

（6）了解项目生命周期对环境的影响

建筑师们应该从生物学的角度来看待时间，以便更好地理解我们对地球造成的影响。相比单纯地以传统思维思考项目建设和生命周期的设计时间表，建筑师们应该长远地考虑到建筑对自然和社会环境更广泛的影响。

（7）善用数字技术，让建筑更有效率

诸如BIM这样的数字技术，可以让人们提前了解和衡量项目对环境的影响。这种技术提高了设计效率，帮助项目在其环境足迹上作更好的决策。借助于数字技术，项目可以缩短工期、进行现场优化、减少浪费和整体的能源消耗。

（8）为人与自然而设计

建筑设计必须为人类和自然创造共同利益和共享价值。在项目和设计的成本效益分析中，自然成本必须要被考虑在内。

十一、中式烹饪如何实现节能低碳？

美食提供给我们身体所需的日常能量，更赋予我们治愈的力量。但我们极少会想到，这些饕餮大餐背后消耗了多少能源。用能表现是LEED最为关心的领域，如果我们希望打造更加节能的住宅建筑空间，烹饪作为家庭能源消费的主要方式之一不可忽视。在LEED住宅体系中，我们可以看到LEED要求住宅内使用的厨房器具需符合能源之星（Energy Star）标准，以提升灶具和炊具的能效水平。但另一方面，烹饪本身产生的能耗也大有学问，尤其是在钟爱爆炒、炖煮的中式餐饮语境下，我们可以吃得更"节能低碳"吗？

针对这一创新性的课题，对烹饪能源颇有研究的汪洪博士从烹饪能源的角度思考中式烹饪的用能规律。比如你可能想知道：西红柿炒鸡蛋和炖猪骨哪个更节能？

特邀作者：汪洪博士

1. 我们为什么要研究中式烹饪的能耗问题？

了解中式烹饪中的能耗，具有很重要的意义。这是因为在中国，建筑消耗了大约30%的社会能源，而在这30%中，60%的能源是由居住类建筑消耗的，它们主要用于家庭采暖、照明、生活用热水和烹饪等。根据一项2007年的研究数据，与美国、日本相比，中国居住类建筑消耗的能源是最低的，每年每平方米大约消耗27度电，但值得注意的是，中国烹饪所占的总能耗比例在几个国家中是最大的，大约为居住类建筑能源消耗的35.1%。相比之下，美日的这一比例仅为7.4%左右。

从中西方饮食差异的角度来看，中国以种植为主的农耕文化背景，让我们长久以来坚持以五谷为主、蔬菜为辅，外加肉食的传统饮食习俗，并更偏好热食、熟食。而西方国家在游牧民族、航海民族的文化背景下，以渔猎、养殖为生，形成了以动物性食料为主的饮食习俗，作为辅食的蔬菜很多时候以前菜沙拉的方式出现，不用烹饪。这是中式烹饪耗能较多的主要原因。

从烹饪方式上看，西方人的饮食以科学和营养为最高准则，往往不强调味道。而中国烹饪，往往被认为是一种艺术，把追求美味奉为进食的首要目的。

① 比热容：比热容简称比热，亦称比热容量，是热力学中常用的一个物理量。它表示在没有相变化和化学变化时，1克均相物质温度升高1度所需的热量，这一数字也代表着物体吸热或散热的能力。比热容越大，物体的吸热或散热能力越强。

民间有句俗话："民以食为天，食以味为先"，"色、香、味"对国人来说是评判食物的首要标准，为此，中国发明了许多烹饪方式将食物的"色、香、味"最大化地发挥出来，比如大家都熟悉和采用的"溜、焖、烧、汆、蒸、炸、烩、扒、炖、爆"。这些复杂的烹饪方法也相应地产生了更多的能耗。

2. 从一个有趣数据看中式烹饪的能耗原理

出于对烹饪和节能的兴趣，我对中国家庭经常做的主食和十几道菜的做法和能耗进行了统计，发现一份猪骨汤最耗能（1.47度电），而一盘西红柿炒鸡蛋最节能（0.033度电）。

为什么炖猪骨和西红柿炒鸡蛋的能耗相差那么多？

做菜是门技艺，也是门科学。能否把食材做熟，和传热学中的传导方式（传导、对流、辐射）紧密相连，还涉及介质（空气、油、水）和食材的物理特性等种种因素。以烹饪的介质为例，水的比热容①是4.2焦/克·度，油的比热容是2焦/克·度；水的沸点是100℃，而烹饪用油的沸点一般在230℃。也就是说，当我们需要加热食材时，用水作为介质烹饪每升高1度吸收的热量是用油作为介质的2倍，与其说能量用于加热食材，不如说更多能量都用来加热介质——水。同时，介质的温度越高，与食材的温差越大，短时间传导到食材的热量就越多，食材熟得越快。由于烹饪用油加热后可以达到更高的温度，而水只能达到100℃。这就不难解释，为什么炖猪骨比西红柿炒鸡蛋多耗那么多能。但值得注意的是，要全面了解一道菜所需能耗，还需了解这些炒菜能源供应侧的特

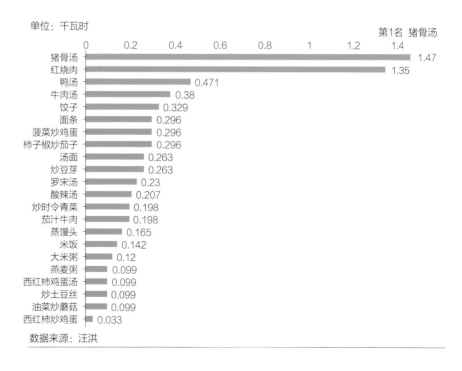

单位：千瓦时   第1名 猪骨汤

菜品	能耗
猪骨汤	1.47
红烧肉	1.35
鸭汤	0.471
牛肉汤	0.38
饺子	0.329
面条	0.296
菠菜炒鸡蛋	0.296
柿子椒炒茄子	0.296
汤面	0.263
炒豆芽	0.263
罗宋汤	0.23
酸辣汤	0.207
炒时令青菜	0.198
茄汁牛肉	0.198
蒸馒头	0.165
米饭	0.142
大米粥	0.12
燕麦粥	0.099
西红柿鸡蛋汤	0.099
炒土豆丝	0.099
油菜炒蘑菇	0.099
西红柿炒鸡蛋	0.033

数据来源：汪洪

中国家庭常做的主食和辅食的能耗排名

图片来源：USGBC

性。一些现在特有的烹饪方式，比如微波炉、烹饪用喷枪使这方面的研究更加复杂。

3. 什么影响着你家的烹饪能耗？

根据1996年到2011年城市居民的用能统计[①]，烹饪、家电和照明是3项除冬季采暖外最大的居住类建筑能源流向。得益于煤改气的推进，烹饪能耗的变化并不明显。

而一项2014年进行的烹饪需求侧的调研，分析了24个省份162个经常在家吃饭的家庭的烹饪习惯，调研结果反映出以下规律：

一个家庭的烹饪能耗相对来说很稳定，而不同家庭之间烹饪能耗有明显差别。这主要由于一个家庭中的"掌勺者"和口味都比较固定，调查中发现66.1%的家庭是由一个固定的家庭成员负责做饭，54.9%的家庭选择"炒"为主要的烹饪方式，其次是"炖"，再次是"煮"。在菜品的选择上，调研发现很多家庭会倾向于固定的几种口味，其中一个主要原因是童年时父母做的饭菜口味往往能够得以传承，其次固定的口味也更节约时间。饭菜口味和菜谱在一个家庭中长期不变，使得一个家庭中的烹饪能耗能够保持稳定，但家庭与家庭之间的烹饪能耗可以相差很多。

另外一个发现是烹饪能耗与家庭人数之间有一定关系，但并非是正相关，家庭的生命周期对烹饪能耗影响更大。比如同样是2人家庭，新婚夫妇由于工作紧张，以及需要更多的娱乐时间，经常在外面吃饭或点外卖，烹饪能耗大大少于退休的夫妇，这是因为退休夫妇时间充裕，收入降低，大多数时间会在家里做饭，烹饪能耗自然高。同样的规律也反映在青年公寓和活力老人公寓上，活力老人公寓的烹饪能耗比青年公寓高。下表[②]反映了在不同生命周期的中国家庭所需要的每日烹饪能耗。

不同生命周期的中国家庭每日烹饪能耗

中国家庭生命周期所占人口百分比	每日烹饪能耗
小于 35 岁的夫妇（13.56%）	无特定规律
35~60 岁的夫妇（4.73%）	5.1（千瓦时 / 天）
大于 60 岁的夫妇（1.27%）	4.13（千瓦时 / 天）
与父母同住的夫妇（5.68%）	6.8（千瓦时 / 天）
满巢家庭Ⅰ - 夫妇与小于 6 岁的孩子（18.61%）	无特定规律
满巢家庭Ⅱ - 夫妇与 6~12 岁的孩子（12.62%）	无特定规律
满巢家庭Ⅲ - 夫妇与大于 12 岁的孩子（22.71%）	6.51（千瓦时 / 天）
三代同堂 - 最小的孩子小于 6 岁（12.62%）	12.86（千瓦时 / 天）
三代同堂 - 孩子大于 6 岁（4.73%）	8.13（千瓦时 / 天）

[①] 清华大学建筑节能研究中心. 中国建筑节能年度发展研究报告（2013）[M]. 北京：中国建筑工业出版社，2013.

[②] Yu H., Liu Y. The modeling and empirical research of family life cycle model in China [J]. Management Sciences, 2007, 20: 45–53.

4. 从需求到供应，中式烹饪减排的最大挑战是什么？

正如前面所说，烹饪能耗涉及的领域很多，包括燃料、厨具、炊具、食材、烹饪习惯等，其中供应侧的能源问题是近年来国际上关注的重点方面。2019年美国加州伯克利市为减少碳排，禁止在新建建筑中使用天然气，这一决定将"用电还是用气"这个选择题抛了出来。为什么从环保角度来说，用电比用气更好？

天然气是一种气态化石燃料，主要成分是甲烷，作为仅次于二氧化碳的温室气体，甲烷对全球变暖的贡献率占到了四分之一。并且根据IPCC第五次评估报告，甲烷20年水平的全球增温潜势（或称暖化效应）是二氧化碳的84倍，减少甲烷排放是二氧化碳减排的重要补充，也是短期内减缓气候变暖速度的最直接和有效的途径。燃烧后的天然气大部分变成了二氧化碳，加入温室气体大军。根据加州伯克利市对碳排放源的检测，发现建筑中的天然气排放占据了城市碳排放总量的37%，这也是他们意识到"禁气"可以解决碳排放问题的主要原因。

再回到烹饪用能及其产生的碳排放。在当前的电力结构下，与天然气相比，用电烹饪产生的碳排放并不一定会减少。比如当厨具材质、火力、加热温度、烹饪时间等因素保持一致时，我们用燃气灶煎炸约227克（8盎司）食物产生的碳排放比用电炉煎炸产生的碳排放低[1]。

电炉烹饪与燃气灶烹饪的能耗及碳排放对比

电炉烹饪的能耗及碳排放	燃气灶烹饪的能耗及碳排放
锅属性：重量：500 克；材质：铝；尺寸：30 厘米（约 12 英寸）	
烹饪属性：温度：中等；煎炸时间：10 分钟	
食材属性：比热容：3.3 焦 / 克·度；食材加热温度：176 摄氏度；食材重量：227 克	
电炉烹饪能耗：0.21 千瓦时	燃气灶烹饪能耗：0.38 千瓦时
电炉碳排放：94.9 克	燃气灶碳排放：69.4 克

尽管如此，如果将可再生能源考虑在内，电力将成为比天然气更合适的建筑供能。近年来可再生能源发电成本持续下降，开发利用规模不断扩大，使得发电结构大幅度改善。使用可再生能源发电产生的电力可以降低我们的碳排放，甚至可以实现"净零"。无论是国际还是国内，可再生能源都是减碳的重要路径，中国的光伏发电装机量已经连续多年稳居全球第一，可以预见的是未来还将不断增加。

但"气与电"之争的最大挑战，是人的使用习惯。在伯克利市宣布全面电气化这一决策之后，专业厨师们提出了反对的声音，对于燃气灶的偏好让他们难以服从这一禁令。相信这一点也能够获得绝大多数中国人的支持，或许我们可以在炖汤上面做出妥协——毕竟燃气灶和电磁炉在水煮食物上面不会造成风味上的太大区别。但是炒菜呢？

在中国饮食文化中，"火候"是提炼食物口感的关键因素，火候是指做菜

① Consumerecology. Carbon Footprint of Cooking [OL]. [2021-05-25]. https://consumerecology.com/carbon-footprint-of-cooking/.

时火力的大小和加热的时间，只有明火才能让人们更好地掌握这些细微的差别。之所以我们时常觉得饭馆里的菜比家里烧的菜好吃，很大原因是饭馆后厨使用的是猛火灶。对明火的偏爱，让中国人很难接受以电作为烹饪的主要供应能源。这或许会成为中国住宅类建筑烹饪减排的最大挑战。

如今，中国已经进入响应2060年实现碳中和目标的关键行动期，低碳节能的热度越来越高，也日渐渗透进人们的日常生活。经过几十年的建筑节能研究和推广，建筑中的低碳技术已经十分普及。然而，要使碳排放在建筑中继续降低，我们需要研究建筑运营过程中的碳排放。对于居住建筑来说，人们的生活方式和习惯对建筑的运营碳有着深刻的影响。烹饪作为除采暖以外的最大居住类建筑能耗，是中国在推广建筑绿色运营需要关注的重点领域。我们应该如何行动？在我看来，从烹饪的能源需求侧角度考虑，编著和推广健康、低碳的家庭菜谱，利用家庭烹饪能耗锁定效应，是一个减少烹饪用能的有效途径；而从烹饪能源供应侧角度出发，建筑电气化是趋势，但在中国饮食文化背景下，存在较大的挑战。

056

双碳背景下的建筑逐绿行动：
LEED
在中国

Green Building Actions in the
Context of Dual Carbon:
LEED in China

十二、如何让城市对女性更友好？

在公共空间人群聚集的卫生间区域，女卫生间总是比男卫生间的队伍更长；在夜晚的街区公园独行的夜跑者之中，女性的身影也远少于男性；独自带男孩逛街的妈妈似乎总是在商场卫生间前无所适从…… 这些困境对你我来说并不陌生，有些被内化习以为常，也有一些正在引起争论。

我们或许极少能意识到，这正是城市本身造就的对女性来说不友好的环境：危险、窘迫无处不在，使得女性在城市中的生活并不便利。因此，让建筑及城市设计为女性提供更友好的生活环境，也应成为未来可持续城市的发展方向。

1. 女性友好应具备什么要素？

世界上绝大多数的城市与建筑由男性主导设计，他们更符合男性的生活习惯，极少考虑到女性。像文章开篇提到的那些场景正是城市"性别偏见"的表象，更多的性别偏见以潜移默化的方式存在于我们身边，让女性无法享有平等的权利与机会。

到2050年，全球将有70%的人口居住于城市，其中一半是妇女和女童，在我们勾勒城市的可持续未来时，女性福祉需要更多地被纳入考量，使城市更加具有性别包容性。

2022年城市联盟（Cities Alliance）与Womenability合作制作了一份"女性友好城市规划"[①]的工具包。工具包定义了何为"具有包容性和性别平等的城市"，他们认为，一个对不同年龄层/不同能力的妇女、女孩和性别少数群体友好的城市，应该在经济和社会层面赋予她们支持。

这样的城市应该具有以下6个特色：

（1）可达性（Accessible）：每个人都可以自由、轻松地访问公共领域，为她们提供公共空间和服务。

（2）连接性（Connected）：每个人都可以安全、轻松、便捷地在城市中出行和移动，以负担得起的方式享受城市的各项服务。

（3）安全性（Safe）：无论在公共场所还是私人空间，每个人都可以确保自身安全——不受任何物理危险和心理恐惧的侵扰。

（4）健康（Healthy）：每个人都有机会践行积极的生活方式，不受环境健康的威胁。

（5）气候韧性（Climate Resilient）：每个人都平等地享受社会工具、福利、组织关系等，帮助她们有效地为可能发生的气候灾害做出准备和应对。

（6）安全感（Secure）：每个人都能获得或者有机会使用安全的住房与土地，以便她们在此居住、工作，实现财富积累。

总体来说，更适宜女性居住的城市里，女性（或其他少数群体）应该享有

---

① Cities Alliance. WOMEN-FRIENDLYURBAN PLANNING: A TOOLKIT FROM CITIES OF THE GLOBAL SOUTH [R/OL]. (2022) [2023-03-07]. https://www.citiesalliance.org/sites/default/files/2022-04/Cities%20Alliance_Toolkit_for_women-friedly_urban_planning_2022.pdf.

与身体健全的男性同等的权利——相同的自由、平等的机会和均等的社会参与程度。她们可以在任何需要或想要的时候获得全方位的公共服务、工作场所、学校和其他主要便利设施，以帮助她们更有效地结合生产角色，创造经济机会。在这样的城市里，女性才能感受到自在与身心健康，通过自己和城市的紧密连接来应对城市生活的日常压力，以及可能发生的冲击和灾难。

2. 城市与建筑如何更女性友好？

在检索"对女性友好的城市设计"相关资料时，我们常感叹这个课题其实并没有标准答案——即便是目前我们所能看到、想象到的更合理的设计，也并不能解决当前的女性所有的困境，因为这更多地需要全体人类从内而外的意识和理念的变革。

因为变革不会一蹴而就，于是当下的每一步都可能成为激发变革的种子。接下来我们将分享一些在城市和建筑中的代表性女性友好实践，希望它们可以激发建筑行业更多灵感。

（1）建筑层面（Buildings）

在2008年，伊利诺伊大学香槟分校一位建筑专业的研究生凯伦·拉斯特（Karen Rust）做了一项研究，她发现办公室物理环境的变化可以显著提升员工的舒适度，尤其是女性员工。其中最简单的就是"安全、方便的选址"。

拉斯特调研了3家建筑公司，发现工作中的父母平均每天会为接送孩子增加28分钟。有一些初创企业通常会选择在租金价格较低的社区中寻找办公场所，但偏僻的地点会使一大批潜在的员工望而却步，比如有年幼子女的父母和那些依赖公共交通的人。

此外，安全也是一个主要问题，在拉斯特的研究中，很多女性职员反馈她们在有安全入口的建筑物中感觉更安全。对于女性求职者和雇员来说，邻近的交通和指定的停车区也更加满足她们的期待。

"指定的护理/私人区域"是另一项提升员工满意度的设计，最常见的就是"育婴室"。在中国，母亲的产假通常只有3~4个月的时间，但大部分儿科专家都会建议母亲哺乳到孩子6个月。对于绝大多数职场背奶妈妈来说，想要在办公室找到一个安全、私密的空间并不容易，最终，他们可能是在卫生间、杂物间完成吸奶。

在拉斯特调研的一家公司就在公司内部设置了一个配有舒适座椅的房间，不只是哺乳妈妈，任何需要一个私密空间的职员都可以使用。除了办公室内的特有空间，商场等公共场所的育婴室及家庭卫生间也对女性或育儿家庭提供了更多便利。

"开放的空间设计"是建筑中另一种女性友好设计。开放式的平面空间可以促进更多的交流和互动，无门办公室弱化了传统的等级观念（传统设计下可能

058　双碳背景下的建筑逐绿行动：
LEED
在中国

Green Building Actions in the
Context of Dual Carbon:
LEED in China

会使年轻/女性员工形成疏离感）。公开透明的办公室可以让所有人感受到平等和被看见，也能避免潜在的骚扰。在当前世界社会分配的性别角色中，女性更有可能担任儿童或成人的照护者，因此，设计"无障碍的路线"——从进入场地到抵达建筑物内的目的地，对女性或身体能力有限的人非常重要。设计坡道替代阶梯、使用自动门和制定有婴儿车或轮椅的人使用固定停车场等都能提升这部分人群的可达性。或许你会注意到，这些对女性友好的设计，往往也能造福更多人，为建筑空间的使用者创造更大的价值与福祉。

（2）城市层面（Cities）

城市的设计、建设、运营和维护方式影响着女性的学习、工作、生活和日常参与。很多时候对女性来说，城市意味着不公平的环境，比如至今全球仍有1/3的女性无法使用安全、包容的卫生间，这使她们暴露于诸多风险之中。女性友好的城市应该使女性从城市提供的机会中受益。交通、基础设施、开放空间、社会参与都是城市设计可以优化的领域。

在交通领域，城市设计总是用"以汽车为主导"的道路分割不同的区域，关注城市包容性的德国城市研究员玛丽（Mary）指出，这种设计往往使得男性更多地受益，因为在刻板印象中，男性往往作为家庭经济支柱使用汽车往返于工作和家庭之间。奥地利车辆协会俱乐部在2019年的一份调研中指出，女性和男性的出行方式大有不同，奥地利的女性开车的公里数比男性少1/3，而且她们比男性更常采用步行的方式出行。

而以汽车为主导的道路设计让她们的出行变得困难重重，尤其是推着婴儿车上街时。匮乏的公共交通更容易造成女性外出不便，她们往往会付出更多的时间和精力。打造更加合理的交通基础设施，比如每个公交站点和停车场都光线充足、监控良好，能够提升女性使用城市交通的安全感。

奥地利首都维也纳是一个积极推动女性友好城市的代表，其政府官方网页中有着"性别主流化"[①]的专题页面，这一行动旨在"基于男女平等的结构、环境和条件来实现社会性别平等"。为了让女性生活更便利，维也纳将人行道拓宽，方便让推着婴儿车和手牵幼儿的女性可以顺畅地通过。尽管这其中也隐藏着刻板印象，比如父亲也同样可以承担育儿、采购的责任，但是通过打造更容易步行抵达各类公共设施的道路，可以减少家庭育儿时间成本、降低所有人交通成本，也正是城市应该努力的方向。

基础设施完善的城市空间也可以增加女性与城市的连接和安全感，比如规划在街道沿线的便利店、医疗点、警察局、餐厅等，可以为女性提供互动的场所，也会在关键时刻成为她们的紧急救援地。

维也纳也是第一批将性别平等作为城市公共空间设计原则的城市之一。城市规划研究人员发现，随着孩子年龄的增长，男孩会更多地赢得公园空间的"竞争"，将女孩挤出公园。城市规划者利用这份研究重新设计了维也纳市内的一些公园，比如他们增加了更多的长凳、为不同类型的活动创造空间、利用景

① City of Vienna. Gender mainstreaming in Vienna [EB/OL]. [2023-03-07]. https://www.wien.gv.at/english/administration/gendermainstreaming/.

观将开放的公园区域细分为更小的空间,这种设计取得了立竿见影的效果,越来越多的女孩出现在公园中。

此外,在城市公园中提供更智能的基础设施,例如充足的照明以及开阔的视野,也可以极大地提高公园游客的安全感。

最后,提升女性在城市设计决策中的参与,也可以让我们所处的城市环境更加性别平等。这是因为"女性视角"的加入,可以让大家注意到那些容易被忽视的城市问题。

瑞典城市于默奥1978年就成立了一个性别平等委员会,从性别角度对城市管理政策进行权衡。在该市公园项目"自由区"(Freezone)规划时,市政府不同部门、建筑师公司向当地年轻女孩征求了意见,最终她们参与打造了这个公园内的空间——符合女性的身高、开放且没有遮蔽物,可以随时感知到附近来往的人。

3. LEED中的女性友好元素

LEED是一套绿色建筑及城市评价工具,它覆盖了建筑及城市中的方方面面,其中不少得分点可以提升女性福祉。

"选址与交通"板块就是其中之一。在这一板块,LEED设置了高优先级场地、周边密度与多用途、品质交通、自行车设施、减少停车足迹等得分点。这种对于选址的关注,可以帮助女性获得无障碍且负担得起的交通,也恰恰符合了女性友好城市特性中"可达性""连接性"的要求。

在衡量城市/社区可持续发展的LEED城市与社区体系中,9个层面——整合过程(IP)、自然生态系统(NS)、交通与土地利用(TR)、节水增效(WE)、能源与温室气体排放(EN)、材料与资源(MR)、品质生活(QL)、创新(IN)、区域优先(PR)都与联合国的17个可持续发展目标(SDGs)对应。

在其中的"品质生活"板块,LEED设置了人口统计评估、公平分配、公民权利的先决条件和得分点,具体衡量指标包括项目是否设立以反歧视政策为基础的使命、是否保障公平的人均收入和就业、是否保障妇女的投票权等。

在LEED得分库中,还有一些新增的试行得分点与保障妇女在建筑环境中的权益息息相关,比如"社会公平"这一试行得分点,旨在为项目中工作/生活的所有人创造更公平、健康和有安全感的环境。其中提到的策略包括对女性或少数族裔小企业的指导和扶持。此外,气候变化使我们所有人都暴露于风险之中,而女性(尤其在贫困地区)往往是更易受侵害的人群。LEED的"韧性设计"试行得分点旨在设计和建造能够抵御可预期的自然灾害和气候风险的建筑物,比如风暴、极端高温、野火、干旱等,这一得分点可以赋予建筑环境气候韧性,为女性提供安全的工作、生活场所。

在全民追求绿色发展、助力可持续发展和碳中和目标实现的今天,女性友好的城市设计也会对地球产生积极影响。市场研究公司Mintel在2018年进行的

① Mintel. The eco gender gap: 71% of women try to live more ethically, compared to 59% of men[A/OL]. [2023-03-07]. https://www.mintel.com/press-centre/the-eco-gender-gap-71-of-women-try-to-live-more-ethically-compared-to-59-of-men/#:~:text=The%20eco%20gender%20gap%3A%2071,compared%20to%2059%25%20of%20men&text=While%20consumers%20are%20increasingly%20interested,to%20maintaining%20good%20environmental%20habits.

② 上海发布. 经常有母婴逗留的公共场所应建母婴室！沪发布《上海市母婴设施建设和管理办法》[EB/OL]. (2023-02-22) [2023-03-07]. https://mp.weixin.qq.com/s/d176R1tgRMTu4aiN6zdj-w.

一项调查①显示，71%的女性在生活中体现了更强的公民道德感和社会责任感，而参与调研的男性中只有59%愿意这样做。在性别平等的城市，女性更容易做出可持续的选择，这也将有利于社会可持续发展目标的实现。

建设"女性友好城市"，更需要社会的广泛参与。2023年2月，上海发布了《上海市母婴设施建设和管理办法》②，提出经常有母婴逗留的公共场所应建母婴室。一些品牌也积极促进性别平等，比如母婴品牌Babycare在2022年的母亲节活动中，将"母婴室"变为"育婴室"，鼓励育儿中的平等参与。政策、企业的参与传递给我们积极的信号，建筑师、城市规划师以及建筑行业的参与者都可以为女性设计更好的城市。

就像绿色建筑一样，未来我们不会强调绿色建筑，而是建筑本身就是绿色的。未来，我们或许也不再需要"女性友好城市"，而是城市本身就足够性别平等。我们期待这一天的到来。

十三、30年为地球：一部LEED绿色建筑编年史

这份绿色建筑的发展时间线记录了USGBC成立30周年以来的30个重要里程碑，里面或许有很多你从未了解到的"冷知识"。

1. 初创（1993）

1993年的世界地球日，是LEED诞生"前夜"。在这一年，由房地产开发商（大卫·戈特弗里德）David Gottfried、环境律师迈克尔·伊塔利亚诺（Michael Italiano）和后来成为USGBC首任首席执行官（简称CEO）的里克·费德里奇（Rick Fedrizzi）等人一起创办了USGBC。

2. LEED的命名（1996）

USGBC成立后，开始创建一个新的评级体系来规范和提升建筑的可持续表现，在1996年春天，新体系的营销委员会提出将这个体系命名为"DOMEC"。之后才确认体系名称为LEED（Leadership in Energy and Environmental Design），以彰显该体系在能源和环境设计领域的先锋领导力概念。

3. LEED的初心

在LEED的创建过程中，开发者们的一个关键考虑就是尽可能地提升体系的简化和可实现程度。这包括，剔除一些在美国法律条文中已经存在的内容，并将每个得分点的要求缩短到1~2页。

4. 体系落地的关键助力

在1993年的世界地球日，美国前总统克林顿宣布了他的"绿色白宫"计划，希望将白宫打造成提高能源效率和减少废弃物方面的行业模板，而USGBC以及其筹备的绿色建筑评级体系与这一计划不谋而合。因此，美国能源部也为LEED的诞生提供了早期的政府支持，包括50万美元的拨款，帮助了LEED的启动与落地。

5. LEED正式诞生（1998）

LEED的第一个版本（v1.0）于1998年推出，19个项目作为试点对LEED体系进行了验证。随着试点项目的成功认证，LEED针对新建项目的体系（LEED for New Construction）于2000年3月对外正式公布。

6. 绿色成果初现（2000）

千禧年刚过，LEED投入市场之后开始有更多积极的成果反馈，比如位于马里兰州的菲利普·美里尔环境中心获得了世界上第一个LEED铂金级认证；而位于斯里兰卡的坎达拉马遗产酒店是全球在美国以外的第一个获得LEED认证的酒店。

7. 举办首届Greenbuild峰会（2002）

2002年，USGBC在得克萨斯州奥斯汀举办了有史以来第一届国际绿色建筑峰会暨博览会（Greenbuild），这届大会吸引了约4000人参加。20余年后的今天，Greenbuild已经成为世界上最大的绿色建筑峰会和博览会，并成功落地于中国、印度、墨西哥以及欧洲等多个市场。

8. LEED体系从1到N

如果说1998年LEED v1.0体系的诞生代表着LEED的发展从0到1，那么接下来几年的发展让LEED逐步完成从1到N的蜕变——从最初只针对新建建筑的体系（LEED NC）到涵盖开发和建设过程所有方面的综合性系统。

9. 多个体系通过市场验证（2003）

2003年4月，针对既有建筑和商业室内空间的LEED体系进入试点验证阶段。2003年10月，LEED核心与外壳（Core and Shell）体系正式发布。

10. 百花齐放的LEED建筑（2003）

在既有建筑的LEED体系诞生之后的7个月，2003年11月，位于华盛顿的国家地理学会大楼成为第一个获得LEED既有建筑认证的建筑项目。当年12月，科罗拉多州的博尔德社区山麓医院成为第一个获得LEED认证的医疗机构。

11. LEED推广中的政策支持（2003）

在LEED早期的推广应用中，来自政府和地方的支持意义重大。2003年，美国总务管理局、国务院和海军部都宣布将LEED作为其所有建筑的基线标准。这也极大地鼓励了更多参与者使用LEED。

12．城市管理者的应用（2004）

2004年，时任芝加哥市长的理查得·戴利（Richard Daley）宣布，芝加哥市的所有新建公共建筑都必须获得LEED认证。芝加哥是应对气候变化的城市先锋之一，早在1989年，Daley市长就致力于将芝加哥打造成为全美第一的环境友好型城市。芝加哥政府希望通过将LEED应用在公共建筑上的政策，去影响更多私营部门加入绿色建筑的行动中来。

13．LEED正式扎根中国市场（2005）

LEED在21世纪初就进入了中国，位于北京的科技部建筑节能示范楼成为中国第一个LEED注册项目。2005年，该项目获得LEED新建建筑金级认证，也标志着LEED在中国正式落地。同年深圳泰格公寓注册成为中国第一栋LEED住宅，并在1年后成功获得认证。到2023年，中国已经连续7年蝉联全球LEED市场榜首，成为LEED在世界上除美国以外的最大应用市场。

14．绿色建筑法案诞生（2006）

2006年，美国陆军强制要求其主要建设项目采用LEED标准，而华盛顿特区则通过了《2006年绿色建筑法案》，要求所有特区内的新建非住宅建筑项目都必须达到LEED认证银级及以上的标准。

15．LEED v2009问世（2009）

2009年4月，LEED v2009版本正式发布，并且根据美国环保署减少和评估化学产品及其他环境影响的工具、国家标准和技术研究所开发的权重工具，针对LEED得分点进行权重评估。

16．USGBC总部搬迁（2009）

2009年，USGBC迁入华盛顿特区西北L街2101号的新总部，这个全新的总部空间获得了LEED商业室内铂金级认证，同时，其也是在LEED v2009版本下的第一个认证项目，成为商业室内可持续发展的范本案例。

17．带动绿色材料与技术发展

在LEED诞生之前，建筑行业几乎不存在低VOC涂料和绿色清洁产品，但随着LEED的推广及应用，这些产品已经被广泛地应用于建筑行业。无独有偶，与

现 USGBC 位于华盛顿的办
公总部

绿色建筑相关的技术和节能产品也随之蓬勃发展，这些技术与产品均已流向商业建筑和住宅建筑等领域，帮助他们实现更高的性能表现。

18．绿色学校中心成立（2010）

2010年，USGBC成立了绿色学校中心（Center for Green Schools），以推动所有学校空间转变为健康、可持续的学习环境。

19．LEED走向社区层面（2010）

经过近3年的试点测试，针对社区层面的LEED体系（LEED ND）在2010年4月正式发布，在那一年，有56个社区项目参与其中。

20．LEED体系添新成员（2010~2011）

在2010年的Greenbuild国际绿色建筑峰会上，USGBC推出了LEED Volume批量认证计划，为拥有大型建筑组合的组织提供了一个简化的、具有成本效益的路径。美国银行、普洛斯等企业都是LEED Volume批量认证的参与者。仅在几个月后，即2011年4月，USGBC推出了LEED针对医疗空间的体系LEED for Healthcare，这一体系专门满足用于治疗的建筑空间提升能源效率、保障人类健康的需求。

21. LEED地标涌现（2011）

2011年，两座标志性建筑——纽约的帝国大厦和华盛顿特区的财政部主楼获得LEED既有建筑认证，成为当时最有名的绿色地标。纽约帝国大厦建成于1931年，在获得LEED认证时已经有80年的历史。

22. LEED v4诞生（2013）

2013年6月，LEED v4通过了会员投票；2013年11月，LEED v4正式推出。由于LEED版本迭代均需要面向公众反馈并收集意见，LEED v4推出之前经过了6次公众意见收集，创下了纪录。

23. LEED v4的卓越特性（2013）

与之前的版本相比，LEED v4提供了很多改进：它简化了条款、提升了灵活性、强化了包括材料与资源在内的几大核心板块，还增加了许多针对特定空间的分支体系。需要关注的是，这一版本更着重于通过改善使用方式和提高使用效率来减少能源需求。

24. LEED地球计划落地（2013）

为了鼓励LEED在全球的应用，2013年USGBC发起了LEED地球计划（LEED Earth），该计划为全球100多个没有LEED认证项目的国家中第一个获得认证的项目提供免费认证。今天，LEED认证项目已遍布近190个国家。

25. Arc诞生（2016）

2016年，绿色事业认证公司（GBCI）推出了一个名为Arc的领先数据平台，该平台允许任何项目以自身和周边同类项目为基准衡量和改进建筑的使用情况，无论是单体建筑、社区还是整个城市都可以运用Arc汇总数据，实时优化建筑的性能表现。在这一年，USGBC推出了LEED城市与社区体系，以支持更大范围的城市与社区空间朝着更高的生活质量不断进步。

26. LEED Zero正式推出（2018）

2018年，USGBC发布了LEED Zero净零体系，LEED净零体系支持已经获得了LEED认证的项目实现净零目标。

27. LEED v4.1诞生（2019）

USGBC在2019年推出了LEED v4.1，这也是目前LEED的最新版本。LEED v4.1版体系更新了参考标准、根据市场反馈调整了得分难度、更好地适应了全球可再生能源市场，在适用性和易用性上都有大幅度提升。

28. 全球首个LEED v4.1规划与设计铂金级城市花落临空经济区（2019）

2019年9月，北京大兴国际机场临空经济区（北京部分）获得了LEED城市：规划与设计铂金级认证，成为全球第一个在这一体系下获得认证的城市项目。

29. LEED再认证里程碑（2021）

2021年9月，USGBC宣布全球已有超过9290万平方米（合10亿平方英尺）的商业绿色建筑空间进行了LEED再认证。再认证是一种LEED认证项目持续验证其可持续绩效的可靠路径，借助再认证，项目可以不断向投资者、消费者和其他利益相关者证明其持续的、有迹可循的对可持续发展的承诺。

30. 全球LEED认证项目突破10万个（2022）

2022年，USGBC公布了LEED认证在全球的一个新里程碑：超过10万个项目获得了LEED正式认证。从1个LEED建筑到10万个LEED建筑，我们走过了30年的时间。未来的30年，我们更期待携手所有志同道合的伙伴，一起投资我们的星球。

第二章

志同道合

一、专访瑞安集团主席罗康瑞：你们可以做的还有更多

上海新天地，一片被全球广为熟知的社区。古韵又摩登，从未见过比她更能同时完美地诠释这两种特色的地方。她是每一位本地人的骄傲。

囊括整片新天地的上海太平桥地区，早在2014年2月就正式获得LEED ND第二阶段金级认证。当我们带着敬仰之心走近新天地的开发者——瑞安集团，并极其有幸能够采访到集团主席罗康瑞先生，深深地被这地标级片区背后的"绿色故事"所触动，同时也深刻地明白我们的使命道阻且长。

罗康瑞
瑞安集团、瑞安房地产有限公司、瑞安建业有限公司主席

1. "追求完美"

罗先生在采访开头提及一本影响他至深的书籍《海鸥乔纳森》。这本书描述了一只不甘平凡的海鸥，持之以恒地学习飞翔、坚守理想并超越自我的寓言故事。这同样也是瑞安的精神，精益求精、苛求完美。

这也是其倾力打造出的上海新天地，能够遥遥领先地走在可持续领域前列的原因。"LEED认证对我们来说，是所有项目的开发过程中都要遵循的重要准则。我们关注的不能仅仅只是我们在做什么，而更是我们需要肩负起自身的责任，去为我们的下一代打造出具有可持续性的项目。所以LEED认证对我们来说至关重要。"

2. "改造绝非易事"

罗先生强调了多次，新天地的打造，最大的挑战就是"现代"与"古老"的碰撞。显然，将"老建筑"打造成适应现代的设计，并在两者之间寻找平衡，难度极大。当然，新天地做到了，并且这也正是其成为地标性项目的核心竞争力所在。

走在新天地，老式的石库门与最时髦的现代设计的融合、辉映，令人惊叹。"打造一栋可持续性建筑，很多人认为需要花费许多成本。确实如此，我们需要投入更多的资金。但关键在于，我们注重的是长远的发展。对于开发商以及真

正使用空间的人来说，它亦更有益。这也是我们的所有项目都坚持使用LEED这一国际标准的原因。"罗先生说，"LEED吸引我们的是它的全球性，并且它也被我们的投资者们所广泛认可。时至如今我们依旧坚守着旧城改造的理念，如确保地块的综合性用途以及绝佳的交通可达性，并尊重本地的文化敏感性。而新天地就是一个非常好的融合，它改变了中国旧城改造的方式，也改变了许多人关于城市更新的理念。"

3. "你们做得还不够"

罗先生相当重视可持续发展，并且始终在身体力行。瑞安旗下的众多项目，都位列LEED大军。如位于上海杨浦区的创智天地三栋办公大楼、上海虹口区的瑞虹天地月亮湾、上海黄浦区的瑞安广场商业改造项目等，全都是LEED认证项目中的典型范例。

"坦白（地）说，我觉得你们可以做的还有更多。可持续发展对我们每个人来说都是至关重要的。我希望你们能够在本地更多地推广什么是可持续性发展，以及如何有效并高效地将LEED理念落实进项目之中。你们需要更多地推广自己，并将理念植入人心。"罗先生在采访的结尾时意味深长地说。

二、专访嘉宏集团董事副总裁李智慧：民企的女高管愿意肩负更大的责任

经常听到周围的人感叹"LEED认证的楼都好漂亮呀！"是的，绿色建筑在兼顾对地球环境产生积极影响的同时，还拥有另一种层面的人文影响力——美，且有感染力。此时，我们无法将建筑和人分割开来，而往往一栋优秀建筑的背后，有着一双双锐利的慧眼、一颗颗勇当先行者的心。

早前听闻广东东莞诞生了第一座LEED铂金级的写字楼，而掌舵者是土生土长的民企嘉宏集团。细究这一案例，核心团队中有一抹出挑的身影——广东嘉宏集团董事副总裁李智慧女士，而我们这次有幸地邀请到她以文字的形式接受我们的采访。

李智慧
广东嘉宏集团董事副总裁

1. 为什么和怎么做LEED?

LEED：为何选择LEED?

李智慧：首先，非常感谢USGBC对嘉宏振兴中心的认可！嘉宏振兴中心项目早在项目规划设计时的定位就是高端甲级写字楼，而且也是作为嘉宏集团的总部，因此各方面都是按照高标准进行考量，同时我们也从市场上去了解了一些国内一线大城市的高端甲级写字楼与其他写字楼的差异性，其中一个差异化就在于是否获得了LEED认证。

而嘉宏振兴中心项目地处东莞CBD核心区域，周边还有许多高端写字楼项目都在筹划当中，因此为了提高项目品质，同时落实国家绿色节能减排的政策要求，集团决定为项目申请LEED认证并按照最高标准的铂金级进行项目开发，使项目进一步从市场上同其他写字楼项目区分开来。

LEED：嘉宏集团为何愿意成为绿色建筑的先行者?

李智慧：作为一个民营企业，嘉宏集团36年的发展是离不开当地的发展和社会各方的支持的，特别是作为房地产开发企业来说，我们希望嘉宏集团不单单是为市场带来精品的房地产项目，同时也希望在项目开发中能够体现出我们回馈当地、报答社会的想法；另外，在国家总体发展进程中，除了要保证社会经济中高速发展，还要面对提高总体生态环境质量的压力；同时对外方面，我们还要履行在联合国气候大会上中国自

072 双碳背景下的建筑逐绿行动：
LEED
在中国

Green Building Actions in the
Context of Dual Carbon:
LEED in China

主减排的全球性承诺，因此国家对于能源结构调整以及节能减排的工作是非常紧迫的。

拿嘉宏振兴中心项目来说，我们希望项目首先能够降低大楼对能源的需求，例如幕墙设计中我们考虑了高性能的Low-E隔热玻璃以及整合式的幕墙通风装置，它们都能够大大降低建筑自身的能耗需求；此外项目采用的变频VRV多联式空调系统还能够根据用户自身的冷热需求进行独立开启或关闭，从而减少了公共设备系统的能源消耗；另外我们还在塔楼屋顶安装了分布式光伏发电系统，能够有效地减少城市用电高峰阶段项目对市政电网的负荷需求。我们非常期待这些节能减排措施在项目运营阶段的表现，也欢迎各位来嘉宏振兴中心项目参观考察。

2. 女性和企业家的碰撞

LEED： **作为一名女企业家，您有什么故事愿意与我们分享的吗？**

李智慧： 如今，很多人谈论职业女性的时候，已经逐渐放下许多旧观念，其中很重要的原因是因为越来越多的当代女性经过自身的不懈努力取得了不少卓越的成就，用实际行动证实职业女性、女企业家是可以做得与职业男性、男企业家一样好甚至更好的。

在我的成长经历中，我的父亲从小给我的家庭教育其实就很能体现"公正、平等"这种理念，而我的价值观也一直是坚持独立思考，有自我的判断能力；我的母亲，也就是现嘉宏集团联席董事长方桂萍女士，她是一位东莞知名的成功女企业家，她对待事业的职业素养、对待家庭特有的女性关怀，对我的影响非常大。

我的母亲是白手起家，在创业时也跟大多数创业者一样经历了重重磨难和坎坷波折，在她的带领下嘉宏集团走过了三十多年，取得了今天不凡的成就。这期间她也肩负起了许多社会责任，通过担任社会职务比如世界莞商会执行会长、东莞女商会长、东莞市妇联兼职副主席等，常年为公益慈善事业奔走，用自己的力量去帮助他人。

我认为我的母亲，作为女性她能够坚持身体力行为社会作贡献，是平凡并且伟大的，她不仅仅是我一直以来学习的女企业家榜样，更是新时代成功女企业家的榜样典型，当然，我母亲成功的一切，也是我希望跟大家分享的故事。

LEED： **展望未来，您的希冀是什么？**

李智慧： 我希望嘉宏集团能够继续为社会创造更多价值，我们正在通过不断强化团队专业管理水平提升企业整体运作效率，打造与时俱进、创新发展的优秀企业平台，努力让企业发展获得质的提升。

我们有正在开发以及待开发的项目，有拓展更多城市的计划，有更多元化的业务新发展……所以未来一定是充满挑战和机遇的，我也相信我们团队能够满怀激情地去迎接这些挑战和机遇，取得圆满成绩。

　　与此同时，企业发展还要依靠城市发展和社会多方支持，过去嘉宏集团也通过打造绿色建筑、倡导节能环保、践行公益慈善等方式积极地履行社会责任，希望在未来我们能够肩负起更大的责任，为社会、为国家作出更多应有的贡献。

3. 攻克难点是个技术活

　　嘉宏振兴中心坐落在东莞CBD核心区域，总高度近250米、地上共49层，也是东莞唯一一座由民营企业独立开发的超高层，俨然成为当地的地标级项目。

　　2019年的12月，项目正式荣获LEED BD+C：核心与外壳铂金级的认证。这意味着这10%（根据中国LEED认证数据，只有10%的项目可以获得铂金级认证）的项目攻克了更多的难关、投入了更多的精力和成本，并肩负起更大的责任。

坐落在东莞 CBD 核心区域的超高层——嘉宏振兴中心
图片来源：嘉宏集团

　　嘉宏振兴中心在LEED认证过程中，最大的难点是能源与大气（EA）及其相关得分点的获取——降低项目能耗是一个系统性的工作，同时与室内环境品质还存在一个相互平衡的问题。按照目前国内写字楼运营的情况，大部分写字楼的空调系统都是在50%~70%这样一个部分负荷下工作，而且很多用户在使用大楼空调系统时都反映"开了空调太冷，调高空调温度又太闷"。这一情况在男女混合大空间办公的情况下特别明显，这其实都是采用中央空调系统在实际运营使用过程中存在的问题。

　　遇见难关，攻克时越痛苦，突破后就越充满成就感。针对这一项目本身而言，虽然大型中央冷水机组空调系统在建筑满负荷运行时能效很高，而且对于LEED能耗模拟得分也更有优势，但是项目还是本着实际出发采用了VRV多联式空调系统，其主要原因还是在于VRV空调能够根据用户的实

074　双碳背景下的建筑逐绿行动：
　　LEED
　　在中国

Green Building Actions in the
Context of Dual Carbon:
LEED in China

际冷热需求独立开启关闭并调节温度，室内新风由单独的新风机组提供，调温系统和新风系统相对独立控制，以确保室内空气品质维持在一个良好的水平；但由此也带来一个问题就是由于VRV空调系统冷媒管路长，需要加注很多制冷剂到系统管路中，导致每吨制冷剂充注量超出了LEED要求而无法在EAc4增强制冷剂上获得得分；最后，由于项目能耗负荷较低，还安装了太阳能光伏发电系统，因此大楼EA的整体得分还是比较理想的。

　　普遍来讲，写字楼通常不会考虑太阳能光伏发电系统，核心问题在于性价比不高。但对于嘉宏振兴中心项目来说，项目本身的围护结构节能做得比较优秀，空调系统又采用了VRV多联式空调系统，因此大楼整体能耗水平较低。这为项目能够在塔楼屋顶实现安装分布式光伏发电系统提供了充分的条件。嘉宏振兴中心项目总共铺设了700平方米单晶硅太阳能光伏发电面板，系统装机容量为132.68千瓦，系统年均发电量为12.8万千瓦时，系统生命周期内节省的市政电力可为项目减排3200吨当量二氧化碳。

三、专访太古地产行政总裁彭国邦：以LEED驱动可持续发展的创新衍变

　　太古地产为何选择USGBC作为长期合作伙伴？三里屯太古里又是怎样通过LEED走在可持续发展领域的先锋？太古地产是如何通过"2030可持续发展策略"实现创新衍变的？带着这些问题，我们走入了太古地产位于北京的三里屯太古里，并与其管理层面对面，"以最前瞻的视野看世界"。

　　可持续发展是太古地产的经营理念和企业文化的核心。自2016年起，其制定了"2030可持续发展愿景"——即在2030年之前成为可持续发展表现领先全球同业的发展商。为了实现这个愿景，太古地产将可持续发展理念融入公司每个营运层面、每个项目及每天日常。他们提出五大策略支柱，分别是社区营造、以人为本、伙伴协作、环境效益和经济效益。这五点，其实与LEED的绿色理念也极为契合。这也是太古地产行政总裁彭国邦将LEED体系的拥有者USGBC视为志同道合的合作伙伴的原因。

彭国邦（Tim Blackburn）
太古地产行政总裁

　　"我们希望与合作伙伴的关系能够从长远的角度出发，并且双方能够紧密合作，使我们的项目更加完善。USGBC就是我们理想的合作伙伴之一，帮助我们对标国际准则，并协助我们采取措施以实现持续改进。"彭国邦在采访中说。此外，太古地产的"2030可持续发展策略"中的环境效益，又列出七大重点范畴：气候变化、能源、废物管理、水资源、生物多样性、用户健康、建筑物/资产投资。

　　每一点，都可对标LEED的得分项，并能在其应用的全球180余个国家平台上找到相关的案例典范。因此，太古地产技术统筹及可持续发展总经理邱万鸿博士这样评价：

　　"LEED拥有先进的系统和非常全面的框架，覆盖各种设施并惠及各类利益相关者，为所有的顾问、开发商和设施管理者提供了一个一劳永逸的技术方法以及优秀的平台去了解可持续绿色建筑，所以LEED是这个领域的先驱者。"

邱万鸿博士
太古地产技术统筹及可持续发展总经理

在太古地产的"2030可持续发展策略"的环境效益七大重点范畴中，"用户健康"也被单独列为核心范畴之一，并强调了对于室内空气质量的严格把关。以全球第一个获得LEED v4.1 O+M：既有建筑铂金级认证的商业综合体北京颐堤港为例，它不只拥有极佳的室内空气质量，还能够在发生公共健康危机时充分发挥出其韧性与优良的应对能力——除了严格消毒、增加室内换气量以外，还包括对于形势的积极反应和预判，例如迅速配备免洗消毒液机装置在客人进入商场、写字楼、酒店的入口处，方便顾客及时使用等。

当下，地产项目都开始更重视保障公众健康和安全，太古地产的这些健康管理措施与其"2030可持续发展策略"一脉相承并时刻保持对周边环境变化的灵敏度，同时也为市场提供了一些值得参考和借鉴的方法。

太古地产五大策略支柱
图片来源：太古地产官网

四、专访崇邦集团总裁郑秉泽：探究城市生活中心"Life Hub"

如果要列举上海周末必去扎堆的人气场所，大宁国际商业广场必然榜上有名。立足上海浦西板块，大宁国际以其聚拢效益跃然成为新静安地标级商业中心，且呈现持续蓬勃的发展势头。11个大小广场、2公里的步行道、15栋建筑，总建筑面积约25万平方米，集合了购物、娱乐、教育、餐饮及商务酒店，为整个社区级的居民提供了功能齐全的生活配套设施，也难怪其成为魔都人民周末出行的首选之一——而这也正契合了项目打造者崇邦集团所提出的生活中心（以下简称Life Hub）理念。

大宁国际作为首个被冠以"Life Hub"理念的开放式商业体，已走过17个年头。崇邦集团精心打造的第7个Life Hub @ Upbund上滨生活广场（上海北外滩地区）于2019年开业，也验证了这一成功理念的前瞻性。

这次采访由USGBC北亚区副总裁王婧发起，与崇邦集团总裁郑秉泽以对话的方式探索崇邦和Life Hub的独家可持续发展故事。对话发生在2020年的12月。

郑秉泽
崇邦集团总裁

1. "LEED是我们跻身绿色建筑领域的首选"

王　婧：郑总，您好。很荣幸采访到您。我发现从2019年10月到现在，短短1年的时间，崇邦集团已经有5座商业广场获得了LEED既有建筑认证，其中昆城广场和余之城生活广场获得铂金级认证；大宁国际商业广场、金桥国际商业广场和嘉亭荟城市生活广场获得了金级认证。这样一张杰出的成绩单，背后的驱动力是什么呢？

郑秉泽：2020年10月出台的《中共中央关于制定国民经济和社会发展第十四个五年规划和二〇三五年远景目标的建议》明确提出：广泛形成绿色生产生活方式，碳排放达峰后稳中有降，生态环境根本好转，美丽中国建设目标基本实现。这一目标，与崇邦集团的企业使命不谋而合。而LEED作为全球被广泛应用的绿色建筑及城市认证体系，也是我们响应国家号召、跻身绿色建筑领域的首选。

王　婧：　感谢您对LEED的认可，听到首选两个字让我备受鼓舞。您能再具体展开说吗？

郑秉泽：　我来分享下我们集团的企业使命，其实就藏在"崇邦"两字之中。《辞海》上写道，"崇"字有三个含义：崇高、崇敬和美化修饰；"邦"则指国家。结合两字的字意，崇邦的企业使命就是以高水平的业务运营和尊敬的态度来美化我们的国家。

王　婧：　将企业的使命与国家的发展相结合，既表露了您的情怀，也体现了崇邦的担当！那您又是如何定义刚提到的"美化"二字呢？

郑秉泽：　美化的核心正是可持续发展。在崇邦，利用可持续发展推进业务发展一直是基本的政策导向，将企业使命与经营所处的社会、文化、环境及经济背景相结合，是企业可持续发展的基本要素。一直以来，崇邦专注于投资开发和经营具有商业功能的城市综合体，我们称之为生活中心（Life Hub）。

王　婧：　我们了解到Life Hub是崇邦特有的商业模式，也可以称为主力产品，是这样子的吗？

郑秉泽：　崇邦所打造的"Life Hub生活中心"这一概念涵盖了方方面面——除传统商业功能业态外，文化、旅游、科技、生态和环境等均是生活中心的重要内容。且各功能业态必须符合适当程度的绿色和可持续性的要求。

王　婧：　Life Hub可以说同LEED的集约发展、平衡目标的理念非常契合了。您认为与LEED结缘，对崇邦来说意味着什么？

郑秉泽：　绿色建筑的意义绝对不仅仅是一张证书，LEED其实为我们提供了一整套的可持续标准，引导我们如何具体实施及操作。在这套标准的引导下，崇邦可以从管理的各方面持续优化，强化采购、能耗、水耗、废弃物等方面的管控，通过不断的调研审计、改造、升级和绿色培训，让项目的运营更加绿色，帮助生活、工作和购物环境更加健康舒适。

王　婧：　看来您已经制定了一系列可持续计划了。相信在不久的将来就能看到崇邦更多的可持续成果。您知道LEED认证囊括了不同的板块，且针对不同的建筑体得分难易度也不同。那崇邦的项目在认证过程中，遇到哪些让您印象深刻的挑战吗？

郑秉泽：　是的，我们确实遇到了一些困难且也努力地去攻克了难点。

　　　　　　首先，是能耗问题。购物中心的空调能耗占比较大，如何将冷热源群控、空调系统温度设定与空气质量、室外气温、顾客人数相关联，做到灵活控制，智能运营，而不是固定地设定、单纯地把空调能耗降到最低，是我们的首要难题。建立在LEED策略的基础上，我们继续深化既有建筑再调试和先进能源管理系统，通过空调系统风平衡、水平衡等再调试，安装具有学习功能的先进能源管理系统，进一步提高能效，降低运行能耗。

其次，除了能耗，我们还遇到了其他的问题。商场环境和办公楼环境不太一样，前来购物的顾客相对比较随机，是抱着愉快购物、放松心情的目的来的。因此我们在考虑节能的同时，还要考虑为他们创建一个健康舒适的空间，节能的同时不降低舒适度，为他们带来好的体验，把握好平衡点，让客户逛得时间更久。

王　婧：好的购物体验才能体现"以人为中心"的理念。那具体是如何落实的呢？

郑秉泽：我们通过室内空气、水、光、热、声等性能测试和外观检查，以及后续的租户和客户的舒适度调查，不断因时制宜，以保持最佳的平衡点。除了公共区域的节能举措，我们还带动入驻的商户一起关注绿色运营并实现绿色改造，这也是我们遇到的第三个不小的挑战——如何去成功地影响租户。为此，我们与新入驻租户合作，增添了"绿色租赁"与"绿色装修"等相关合作条款，通过与租户的协同合作来完成节能降耗的目标。通过这些方法，我们算是顺利地克服了难关。

2. "可持续，是我们的核心竞争力"

王　婧：在和您之前的对话中，我发现"可持续"是一个您频繁提到的关键词。崇邦集团将可持续发展作为企业政策框架进行强调和落实，并阐明了四大基石"文化、目标、实施与治理"。就这一点，您能否与我们分享更多的细节？

郑秉泽：崇邦的企业文化，理念与实践并重，其中包括四个基本点、三条行动线、两个层面、一条心。总称为"四、三、二、一"。务使各级员工均能听得懂、记得牢、做得来。四个基本点——名利双收，力创多赢；能人所未能，达人所未达；首重审时度势，首忌志大才疏；居安思危，居危思安。三条行动线——企业文化、规章制度、人才培训，每条行动线有两个层面，就是自助和人助。最后是一条心，一颗青绿色的心，代表汉字的"情"字（青心为情）。总体而言，崇邦的企业文化特别强调以创新和差异性作为核心竞争力，以提升生活质量作为最终目标。

王　婧：针对已经建成的商场，要通过改造达成最高级别的LEED认证并非易事。我们发现，昆城广场和余之城生活广场这两个LEED铂金级的商场，分别都在创新和选址交通上获得了满分；其中昆城广场在水效管理上、杭州余之城生活广场在废弃物管理上都获得了高分。就这些成就，您能否同我们分享一下崇邦是如何成功地实现商业中心的"绿色焕新"？

郑秉泽：我分以下四点来具体阐述。首先，是创新。前面提到的崇邦企业文化的四个基本点中，其中的"能人所未能，达人所未达"便是创新，而创新的源泉来自"一颗青绿色的心"——这代表汉字的"情"字（青心为情）。崇邦人相信，对工作的热情和激情，是创新之源，成功之本。

　　　　其次，是交通选址。比如余之城项目，周边有1条地铁和8条公交车站点，距离余杭高铁站也只有一个地铁站之遥。昆城广场则靠近昆山高速铁路南站，地铁线即将动工，周边还有多条公交线路，因此，这两个项目周边公共交通十分发达。崇邦也积极为这两个项目的商户、办公楼租户和前来购物的顾客创造步行与骑行的条件和环境，比如：机动车、自行车、行人的道路设置和分流，在广场设立了步行休息区、长椅等设施，进一步提升居住、购物、工作和休闲的综合小区环境。

王　婧：好的选址是成功的一半，我们常常强调交通可达性就是这个原因。

郑秉泽：是的，最后两点与能源消耗有关，分别是水效管理与废弃物管理。杭州余之城和苏州昆山昆城广场都采用比较节水的洁具龙头，因此在水耗这一部分得分较高。此外，我们采用了"产生—分类—运输—处理—记录"流程，责任到人，通过废弃物流审计的方法了解废弃物的"来"与"去"，"合"与"分"，"废"与"用"，"管"与"审"。同时，崇邦项目将逐步采用ISO14001标准与提升员工培训，以进一步提高废弃物的利用率。

3. "应该以更长远的眼光看待增量成本"

王　婧：我想商场要实现老楼"绿色焕新"所面临的挑战，可能还包括额外的成本投入。崇邦集团的这5个LEED既有项目是否也产生了一定的增量成本？

郑秉泽：在这5个项目的LEED实施过程中，有软性的措施（培训、管理方法、指南、目标、标准、模拟等），也有硬性的措施（改造、升级、优化、调试等）。5个项目都实施了能源审计，在照明、空调等方面也发现了一些节能空间，针对不同的项目都有若干条改进方案，要一一落实这些硬性措施，确实需要一定的额外成本。

　　　　但从项目全生命周期的角度考虑，这些额外成本占总体投资的份额不大。除了环境能源审计，在未来，为了更加深入地实施LEED的标准与要求，我们将逐步开展商场能耗目标建立、建筑再调试、能源管理系统、环境管理目标建立、能耗模拟等措施。从不同的角度出发，更从长远的眼光考虑，这些措施虽然前期有较高的投入成本，但其中长期的环境效益是非常可观的。

王　婧：您确实非常有远见。我们还留意到，崇邦在国内打造的商业体，尤其是以上海为例，都主要集中在大型城市的新兴中心位置——以打造大型的购物、生活、娱乐中心为核心，同时也强调了创立文化社区这一概念。而LEED城市与社区这一落地3年多的体系中，也强调了通过打造可持续社区能够更好地提升居民的生活质量。就这一点，您有什么可以与我们分享的吗？

郑秉泽：从绿色建筑到绿色城市与社区，意味着从建筑扩展到居住地的可持续发展，这是现代城市发展的必然过程。崇邦的项目均是以"生活中心"（Life Hub）命名，是三个中心（Hubs）合一的故事。分别是：充满活力的"人"的中心（People

Hub）；健康的、有应变力的"绿色"中心（Green Hub）；蓬勃发展的"商业"中心（Commercial Hub）。各个Life Hub通过环境、社会和治理（简称ESG）的理念启发和引导以客户为中心的规划、设计、建设、管理和营运工作，为社会、经济和环境所带来的积极成果作出贡献并从中受益。崇邦一贯注重城市与社区的发展，持续关注项目所在地的城市发展进程，致力于提高社区生活质量，因此在日常营运中一直开展社区类的各类睦邻活动，为周边企业、学校、社区、街道等提供服务。

4."有危必有机，变革正在进行"

王　婧：就长远规划来看，崇邦是否会在可持续或者绿色建筑领域有更多规划和前瞻性的布局策略？

郑秉泽：崇邦旗下项目依旧在全面持续地提升、改进保障健康和适应气候变化的措施。针对规划与布局方面，以崇邦在上海四川北路的在建项目——滨港商业中心为例：该项目拥有包括约10万平方米的办公大楼、10.5万平方米的综合商业设施、6.5万平方米的地下车库和1.4万平方米的历史建筑。滨港商业中心采取了28项减少碳排放的缓解措施和7项增加气候适应力的适应措施。并且我们也正在计划申请该项目的两项LEED认证：LEED v4.1 BD+C：核心与外壳的铂金级认证，以及LEED v4.1 ND：绿色社区的金级认证。

　　此外2019年新开业的项目，位于上海北外滩地区的上滨生活广场，也已实施LEED既有建筑营运与维护认证。绿色建筑是一个全生命周期的权衡发展，包含了三重底线（3P）：Planet（环境）、People（人）和Profit（经济发展）。这也正是崇邦集团坚持落实可持续举措、打造绿色商业体的核心理念。

王　婧：我想无论是位于大宁、金桥、昆山、余杭还是安亭的Life Hub，之所以能够在大体量的城市综合体项目中脱颖而出，也充分体现了崇邦集团对商业氛围的精心把控和优异营运水平。崇邦集团将可持续运营视为行业未来的立足之本，LEED非常荣幸与崇邦这样有前瞻领导力的企业同行。

五、专访麦当劳中国首席执行官张家茵：为下一代创造更美好的未来

2023年底，麦当劳中国近2500家LEED认证绿色餐厅的门口安装上了"绿色餐厅"的统一标识。从2018年宣布绿色餐厅计划，麦当劳中国的LEED门店正在有条不紊地覆盖全国。我们也借此机会采访了麦当劳中国首席执行官张家茵，跟她一起聊了聊麦当劳中国对可持续发展的责任与热爱。

张家茵

麦当劳中国首席执行官

1. 为什么是LEED?

LEED：麦当劳中国是中国第一个也是目前唯一一个选择LEED Volume批量认证的品牌，是什么让麦当劳中国决定打造LEED门店？

张家茵：2017年8月8日，麦当劳与中信股份、中信资本和凯雷投资集团达成战略合作，麦当劳中国进入"金拱门"时代。过去的六年中，麦当劳中国充分利用本地资源加快决策，捕捉快速发展的中国市场的机会，赋能加速本土化发展。2023年8月"金拱门"六周年时，麦当劳在国内已拥有超过5400家餐厅，2023年预计还将开设超过900家新餐厅，再创开店速度的新纪录。

在我们看来，"金拱门"的旅程也是加速绿色发展的旅程，我们提出用"绿色增长引擎"来推动业务高速发展，同时降低对环境的影响。

在这样的背景下，我们和LEED认证一起按下了绿色加速键。餐厅是麦当劳的业务核心，餐厅的日常营运都需要消耗能源。我们的餐厅遍布中国，分散在不同经济发展水平的城市和不同条件的建筑中。如何通过标准化、规模化来实现餐厅的绿色减碳，是麦当劳面对的一大挑战。LEED是全球范围内被广泛运用的绿色建筑体系，我们很高兴能够以行业权威标准指导并聚焦绿色餐厅的设计与建造。

2018年我们在雄安新区开了第一家LEED金级认证的麦当劳餐厅。之后，我们决定用LEED批量认证的方式，把"绿色餐厅"作为一种指导性的理念融入新餐厅设计和建造，实现规模化的绿色减碳行动。2022年我们还参照LEED Zero净零标准建成了亚洲首家零碳餐厅。我们希望通过规模化的推广加上不断创新与突破，以点面结合的方式提升绿色餐厅的影响力。

2. 如何让消费者更懂"绿色餐厅"？

LEED： 如您所说，麦当劳门店的体量巨大，这也意味着这些绿色餐厅每天将接待全国成千上万的消费者，麦当劳中国是如何与他们沟通"绿色理念"和LEED故事的呢？

张家茵： 餐厅是麦当劳的业务的核心，消费者每天在餐厅享受美食、交流与互动。"绿色餐厅"是我们"绿色增长引擎"一部分，麦当劳中国的"绿色增长引擎"包括了绿色餐厅、绿色包装、绿色供应链和绿色回收。我们希望以绿色餐厅为核心平台，将绿色体验贯穿到顾客到店的各个环节，切实感受到日常生活的绿色低碳。包装是顾客在餐厅最频繁接触的介质，我们在确保顾客用餐体验的前提下，使用更绿色的包装。如今，我们的纸制食品包装已100%使用FSC认证原纸，支持森林可持续发展，是首家也是目前唯一一家实现这一目标的大型连锁餐饮企业；我们已全部停用不可降解的塑料吸管，每年减少约400吨塑料；我们率先全面使用纸制打包袋，所有饮料外带打包袋均为可降解塑料。

除了包装，顾客在餐厅最频繁接触的还有我们的餐盘。2022年，绿色回收核心项目"重塑好物"在全国推出"麦麦绿色餐盘"。通过联合艾迪欧（IDEO）创新设计公司发起绿色餐盘设计挑战，麦当劳邀请青年设计师参与餐厅和消费者调研，重新构想可持续餐盘设计。"麦麦绿色餐盘"采用再生塑料制成，体现了麦当劳中国持续推动绿色回收的承诺。新餐盘的外观与功能设计上也更为友好，采用代表自然与生命力的亮绿色，并通过加大餐盘握把设计提升稳定性和舒适度，同时优化餐盘尺寸和边缘设计以拓展用餐空间。除了"麦麦绿色餐盘""重塑好物"积极探索利用餐厅、供应链和行业内的废弃产品，赋予其第二次生命，提高塑料的循环使用效率，助力循环经济。在过去几年中，我们陆续推出了宝宝椅、环保充电单车等新品，获得了消费者的欢迎。

我们希望让顾客可以和我们一起想象未来绿色餐厅的可能，也吸引更多消费者来体验和打卡。这次我们为全国约2500家绿色餐厅安装了专门的"绿色餐厅"标识牌，还添加了AR扫描功能，通过扫描，顾客可以进入麦当劳官方应用程序App的"影响力中心"，在互动图文页面和趣味测试的引导下，更好地了解麦当劳的绿色低碳行动。2500家绿色餐厅还将同期推出绿颜色的包装纸袋，并邀请消费者通过写写画画，分享对绿色发展的畅想。

除了这些直接交互的层面，我们还采用了一些轻量级、有趣的方式来展现绿色餐厅。我们曾以孩子好奇的视角，拍摄了一组"绿色餐厅"的视频让大家了解绿色餐厅。

LEED： 孩子是一个非常有趣的视角，年轻一代的可持续意识已经越来越高，甚至可以说，现在的主力消费群体——千禧一代已经将"可持续消费"视为品牌选择的决定性因素之一。餐饮行业的供应链覆盖了从农场到餐桌的每一个环节，除了绿色餐厅，麦当劳在可持续消费领域还产生了哪些影响力？

张家茵： 可持续发展是一个关乎年轻人未来的话题，我们发现年轻人越来越关注可持续发展，企业是否践行绿色理念也成为年轻人在选择品牌时的考量因素。消费者对包括绿色、低碳饮食的需求与日俱增，食品生命周期中的碳排放也成为消费者越来越关心的话题。

我们每年售出几亿个汉堡，既承载着新鲜安心的食材，也承担着我们对于地球和未来的热爱。目前我们每年采购食材超过300种，超过90%的食材是本地生产和采购。所以，我们聚焦建设更绿色供应链，通过保护和重塑农业生态环境实现绿色减碳。进入中国30多年，麦当劳和供应链伙伴共同努力探索农业端可持续供应链实践。在此基础上，麦当劳中国在2023年"麦麦全席"上携手九大供应商宣布启动"麦当劳中国再生农业计划"。这是首个由餐饮产业链联合推动的农业绿色发展探索，麦当劳中国超过2/3的采购量由这九家供应商提供。

"麦当劳中国再生农业计划"聚焦自然、土壤、水、牲畜及农民五大领域，实现再生农业理念和实践的系统化、规模化推广与落地，为农业生态环境的保护和恢复作出贡献，共同助力自然保护与生物多样性，让好食材和自然都能生生不息，助力绿色低碳农业加速发展。

麦当劳是一个和年轻人玩在一起的品牌。我们也将持续探索如何在环保这件事上更好地跟年轻人玩起来。例如我们在产地通过短视频平台直播，让消费者亲眼看到我们的食材是如何生产的，生产过程中是如何减少对环境影响的。麦当劳中国官方网站和应用程序App都设立了"影响力中心"，作为一个互动平台让消费者通过图文并茂的介绍和视频，了解再生农业的理念和实践。我们还定期挑选经典产品推出会员优惠，让消费者既能享用更优价的美味，又能将再生农业亮点宣传贯穿在消费者领取优惠的全过程中。

3. 负责任的麦当劳，还在做什么？

LEED： 您提到麦当劳"绿色的增长引擎"，包括绿色餐厅在内，我们都能看到麦当劳中国肩负起越来越多的企业社会责任，您可以具体介绍一下麦当劳的负责任行动吗？

张家茵： 每一家麦当劳餐厅都根植于本地社区，所以我们一直以来的使命是"用美味和热爱，凝聚社区邻里"。我们也始终关注与我们的业务与社区邻里高度相关的四个领域来履行我们的社会责任，包括食物品质与采购、地球环境、社区服务、就业机会与人员赋能，我们希望在这些领域当中，用我们的影响力共同为下一代创造更美好的未来。

所以我们推进再生农业理念和实践的规模化以及系统化推广，让新鲜、自然和安心的食材生生不息，让自然生生不息，让下一代吃得更好；我们通过"绿色增长引擎"在业务高速发展的同时支持实现更绿色的地球，让下一代生活得更好。在社区方面，我们全力支持"麦当劳叔叔之家"慈善项目，为异地就医的患儿家庭提供一个免费临时住所，让下一代成长得更好。截至2023年6月，位于长沙、北京和上海的三个"麦当劳叔叔之家"累计服务入住家庭1140户，提供51750个安睡的夜晚。在年轻人就业和发展方面，我们每年为十多万年轻人提供就业和发展机会，并且通过"现代学徒制"等校企合作项目帮助年轻人提升就业能力，更好地走上职业道路，让下一代工作得更好。

LEED： 您是如何理解"企业社会责任"的？

张家茵： 我们认为企业社会责任和企业发展应当是并行的。正如"绿色增长引擎"，我们关注推动业务高速发展，同时降低对环境的影响。

LEED： "麦当劳叔叔之家"是一个颇具人文关怀的项目，据我们了解三个麦当劳叔叔之家都已经获得了LEED认证，为这样一个特殊的建筑空间申请 LEED有什么深层次的意义？

张家茵： 我们一直相信爱是最好的治愈。对于异地就医的病童家庭，我们希望可以通过麦当劳叔叔之家这个实体公益项目，在医院附近为他们提供一个"家以外的家"。在这个临时居所里，病童家庭可以免于来回奔波，有一个温暖、舒适、便利空间，也可以与其他家庭一起相互支持。中国目前有湖南、上海和北京三家"麦当劳叔叔之家"，都已经获得了LEED认证，我们希望一个环保绿色、治愈心灵的空间可以提供"家"的功能与温暖，更能帮助患儿更好地休息恢复。

4. 碳中和"2060目标"下，麦当劳有什么计划？

LEED： 最后一个问题，在中国提出实现碳中和"2060目标"这个宏观背景下，麦当劳有哪些切实的减碳计划？

张家茵： 为推动绿色减碳，麦当劳设定了清晰的目标。2021年，麦当劳全球宣布加入联合国"奔向零碳"行动，承诺到2050年实现碳净零排放，并按照"科学碳目标倡议"（SBTi）行动框架，助力全球1.5℃限温行动。在中国，我们持续推进从农场到餐桌的绿色减碳进程，支持麦当劳全球的净零碳排放目标。

现有的2500家获得LEED认证的绿色餐厅，规模全球第一，这些餐厅每年可以减少超过6万吨的碳排放。这只是一部分，我们的目标是到2028年开设10000家餐厅，LEED认证绿色餐厅将占全部新餐厅的95%以上，这是一个相当可观的体量。而对于现有餐厅，我们也将不断优化运营效能，实现节能减排。

在这个基础上，我们将绿色发展的目标延伸到了食材供应链的源头——农业。农业不但是优质食材的来源，是应对气候变化、保护生物多样性的重要领域。麦当劳中国通过"麦当劳中国再生农业计划"，希望与供应商伙伴一起加强产业链上下游的携手合作，为消费者持续提供新鲜、安心和自然的好食材，为农业生态环境的保护和恢复作出贡献，推动绿色低碳农业加速发展。

麦当劳中国将全力支持2030年前碳达峰、2060年前碳中和的目标。之后，我们还将和政府、协会、机构紧密合作，制定和完善麦当劳中国的相关具体目标。

后记：麦当劳中国成为全球LEED认证数量最多的品牌

现在，你使用麦当劳点餐App或小程序，会发现在餐厅页面上多了一些引人注目的"绿色"——餐厅名字旁边的叶子、写着"绿色餐厅"的小招牌，以及麦麦餐厅地图上与众不同的绿色图标。这些逐渐上新的功能，基于麦当劳的绿色餐厅承诺——2018年，麦当劳中国宣布他们将在2022年前新建1800家LEED认证餐厅，如今进度条已经全部完成。根据USGBC的统计，目前麦当劳旗下的LEED认证项目数量已跃居全球第一。

麦当劳从2013年开始探索餐厅的绿色节能路径，在引入LEED Volume批量认证框架之后，麦当劳从"选址与交通""可持续场地""能源与大气""节水增效""室内环境质量"以及"材料与资源"这六大核心板块着手，将新餐厅的设计、施工及运营提升到更高的环保标准。从2018年麦当劳首家LEED认证餐厅落户雄安新区开始，平均每天都会新增一家LEED认证绿色餐厅，它们星罗棋布在全国各地，把LEED带入更多二三线城市，也成为消费者了解和体验LEED的最佳平台。据了解，这些LEED认证的餐厅占到自2018年开业的麦当劳所有新餐厅的95%，每年可以减少约6万吨的碳排放。

（1）打造"净零"餐厅，为中国碳中和图景增添新的绿色标杆

2022年9月正式开业的北京麦当劳首钢园群明湖得来速餐厅，还是一家有着特殊意义的餐厅——它按照LEED零能耗和零碳标准设计和建造，并在运营12个月后获得正式认证，成为全球首家同时获得这两项认证的餐厅。

从LEED绿色餐厅到LEED净零餐厅，麦当劳在追求餐厅空间可持续的道路上不断寻求新的突破。值得留意的是，这家新餐厅选址于北京首钢园，首钢园原本是一个工业园区，如今已成为城市更新、绿色转型的新地标，首钢园内也有不少旧改而成的LEED认证项目，这个麦当劳旗舰餐厅与LEED的结缘，也将成为园区可持续道路上的一个重要里程碑。从外观上看，这个餐厅的屋顶覆盖了超过2000平方米的场地内太阳能光伏发电系统，这也将成为打造零碳餐厅的最大亮点。这套光伏发电系统年发电量可达约33万千瓦时，满足餐厅日常运营电力需求，每年减少碳排放约200吨。这些数据也将通过店内的实时数据大屏展示给消费者，更公开透明。此外，首钢园餐厅也是麦当劳展现"绿色发展引擎"的旗舰平台。这家餐厅汇聚了绿色餐厅、绿色供应链、绿色包装和绿色回收的多重理念，可以为消费者提供沉浸式的绿色体验。比如，餐厅安装了麦当劳"绿色餐厅"全套节能减耗系统，包括物联网能耗管理系统、变频排烟系统、空调系统、新风通风设备及LED照明系统等，餐厅年均用电量降低35%~40%左右。在材料选择上，首钢园得来速餐厅使用了国际权威标准绿色卫士（GREEN GUARD）环保认证的装修材料，严格控制材料在室内空气中的化学挥发量，令环境整体清新自然，为消费者提供一个安心舒适的就餐体验。此外，餐厅内还处处充满绿色回收的设计，麦当劳的"重塑好物"系列产品重

全球首家同时获得 LEED 零碳和零能耗认证的麦当劳首钢园群明湖得来速餐厅

图片来源：金拱门（中国）有限公司

新设计，利用开心乐园餐的废旧塑料，将其改造为餐厅和消费者所需的物品，如海洋塑料回收椅等。人气产品环保充电单车也将在这家店首次亮相北京，消费者可以通过踩动单车，驱动发电来为手机进行无线充电，体验和感受绿色低碳生活带来的便捷与乐趣。

（2）麦当劳超过2.6亿会员用户可以体验怎样的"绿色美味"？

除了绿色餐厅，麦当劳中国还从更多维度发力绿色行动，聚焦绿色供应链、绿色包装和绿色回收，从供应链到餐厅运营，全面节能减排。在绿色供应链方面，从供应链到餐厅运营，麦当劳中国充分发挥自身影响力，带动上下游供应链积极探索应用各种解决方案节水节电。根据麦当劳中国的统计，2015~2021年其供应链共节约用电超过2.67亿千瓦时，节约用水约200万吨。他们还通过超过95%的本土采购和可持续采购，配合节能物流方案，减少供应链碳排放。在绿色包装方面，近几年消费者已有感知，比如全面停止使用塑料吸管、减少包材和塑料。他们在行业中率先使用100%可持续认证原纸，每年可以减少约400吨塑料。更多看得见、摸得着、吃得到的变化还在进行中。在拥有超过2.6亿会员的麦当劳中国App和小程序上，消费者们可以看到获得认证的所有LEED绿色餐厅的坐标变成绿色，点击餐厅还能了解麦当劳绿色餐厅和LEED认证的小知识。

在线下，2023年10月25日麦当劳中国2500家绿色餐厅上新"绿色餐厅"标识，同期2500家LEED认证绿色餐厅的纸袋也一齐变绿。在餐厅，麦当劳还提供了更可持续的美味，消费者买到的麦香鱼汉堡中的鳕鱼产自可持续渔场，这些渔场经过海洋管理委员会（MSC）认证，确保鳕鱼被可持续捕捞和生态保护。随着"麦当劳中国再生农业计划"的推出，绿色低碳的再生农业

右起：USGBC 北亚区董事总经理杜日生、麦当劳中国首席发展官梁海静、麦当劳中国首席执行官张家茵、麦当劳中国首席影响官顾磊、USGBC 北亚区副总裁王婧

USGBC 为麦当劳中国授予"全球数量最多LEED项目"奖牌及 CEO 亲笔撰写的恭贺函

图片来源：金拱门（中国）有限公司

实践将为消费者提供更多新鲜、自然、安心的食材。以绿色餐厅为核心，麦当劳中国致力于将绿色体验贯穿到顾客旅程的各个环节，和顾客一起参与努力，与消费者一起"拥抱绿色生活"。

　　2500家麦当劳LEED认证餐厅，除了带来巨大的环境效益，更重要的是，在每一家餐厅，绿色建筑都能用卓越的室内空气质量、低挥发的材料以及看得见的节水节能设施，让置身其中的员工和消费者有更加健康、舒适的体验，更能让每一个人都加入绿色行动的行列。这是绿色建筑的真实温度，我们也期待麦当劳中国的绿色餐厅，可以创造更多有温度的故事。

六、专访胡建新：中国LEED市场"第一个吃螃蟹的人"

2021年9月，当我们团队在提前到达约好的咖啡馆等待胡建新先生的时候，他一出现就一眼被认出——醒目的绿色T恤衫、干练矍铄的体态，落座时利落地从裤子口袋中拿出一个绿色的保温杯。我们会心一笑：没错，就是想象中他的样子。

胡建新

招商局蛇口工业区控股股份有限公司原首席绿色低碳官、原招商地产副总经理

胡建新是同事和朋友口中的"胡绿色""Mr. Green"，也是中国建筑节能协会绿色设计师工作委员会主任委员。他主导并促成了中国第一栋LEED认证的住宅建筑——深圳泰格公寓①（2005年获得LEED新建建筑银级认证）的落成，而这次我们也非常有幸能够在16年后，从他的口中，还原这个行业传奇。

1."第一个吃螃蟹的人"

从某种程度上来说，泰格公寓的LEED认证是"必然的"。1997年的亚洲金融风暴过后，地产业受到重创并亟待转型。因此直至千禧之年，城镇化战略成为我国第十个五年规划的重要研究课题，并且把"环境""资源""人口"作为这一课题的三大约束条件。彼时身处香港的胡建新敏锐地察觉到，房地产将与这个课题深度捆绑——建筑能解决人口需求，但同时也会带来资源的消耗和环境破坏，而可持续发展，必将是这个行业下一步的发展重点。

胡建新所在的招商局集团恰逢也在那个时候进行了内部组织架构重组，地产公司的重心调整回了深圳蛇口。回到深圳之后，胡建新在担任招商地产副总经理之外，还兼任泰格公寓的项目经理，因此他从前期就深度参与了项目的策划设计与建设，也一手促成泰格公寓成为招商地产融入绿色低碳概念的试水之作。

可以说，泰格公寓引入LEED认证占据了天时、地利、人和的优势。但在当时有限的技术条件和人员配备情况下，绿色实践并不容易。胡建新认为在中国，做绿色建筑的首要原则是"天地人和"，坚持因地制宜、被动优先、主动优化的技术路线——依托当地的自然条件，制定相匹配的策略，如在南方地区要大力提倡建筑遮阳和围护结构隔热、自然通风、自然采光等设计理念。

① 注：深圳泰格公寓已更名为"深圳泰格壹棠服务公寓"，文中依然采用了"泰格公寓"指代该项目。

因此泰格公寓当时采取的绿色举措大量借助自然的力量，比如通过设计手段，运用屋顶飘架的遮阳和风道效应产生穿堂风，通过浅色外立面、窗台阳台绿化和增设游泳池等措施减少小区热岛效应。

2. 调适：一个渐入佳境的过程

21世纪初，一个全新的项目要适应一套陌生的、新的、外来的建筑认证体系，最大的挑战或许并不是硬件限制，而是国家还没有出台绿色建筑标准、几乎没有人懂绿色建筑。这也意味着，从设计师到管理团队，胡建新需要花费大量的时间去学习与沟通，对所有人进行培训和教育。

在引入LEED认证的同时，管理团队也对目标客户进行了重新定位，这甚至导致了公寓的户型设计和建筑结构也要重新修改——这对所有人来说无疑是推翻重构。可想而知，最抵触的首先就是设计师，经过不断地磨合与沟通，设计团队历经了从不理解到配合的转变，甚至最后比胡建新还要"激进"。

设计师的思路转变是最让人欣喜的，事实上，"设计师要有绿色的理念，才会事半功倍。"胡建新这样说。这也是已经退休后的他现在依旧在持续推进的事情，"绿色设计师负责制"——他希望绿色设计师可以作为项目的总负责人统筹工作、平衡各方的利益，因为只有从初始阶段提出系统解决方案，才能避免无效的技术堆砌以及因此产生的增量成本。

深圳泰格公寓，中国第一栋 LEED 住宅建筑

图片来源：招商伊敦酒店及公寓管理有限公司

访谈中胡建新不断提到Commissioning（调适）这个词，在绿色建筑业内它被翻译成"调适"。但他认为这个表达还过于简单，"调适"应该是循序渐进、持续进行优化的一个过程，这也是他认为绿色建筑实践的第二个关键点。随着可持续发展理念渗透进整个项目，越来越多的人加入了整个优化的进程，比如电气工程师推荐了太阳能庭院灯、给水排水工程师拿出了专业的报告推荐增加全屋直饮水系统，这些都是在项目建设过程中持续添砖加瓦的。甚至在项目竣工后还加建了人工湿地来处理生活污水，用于小区园林绿化和洗地用水。

值得一提的是泰格公寓主入口的设计变更。按照之前的设计，机动车直接开进小区庭院内，造成住户特别是小孩休闲玩耍的安全问题，同时也把车辆尾气带进了小区。经过合理化修改，内庭院真正成为住户的休闲空间，还增加了一个露天游泳池，这不仅为公寓住户增加了健康娱乐好去处，更因游泳池的水蒸发降低了小区的热岛效应。根据测算，加造游泳池前后，热岛强度从1.7℃降到了0.3℃。热岛强度降低，不仅提高了舒适度，还降低了空调能耗。

这次变动也带来了一个意外收获，区域内的"原住民"——一棵老榕树成了小区主入口的地标，也是司机们喜爱的休憩纳凉的好地方。这类"事半功倍"的设计变更，就是胡建新眼中的"调适"，所以只要是合理的需求，他都会尽量带领团队配合、满足，不断完善。

3. 需要"特批"的高能效比空调

胡建新不认为建设绿色建筑就意味着要"增量成本"，在他看来，可持续设计的基本原则恰恰是节约（适用、经济、美观）。他很自豪地说，泰格公寓的增量成本当时控制得非常好，原因在于团队很重视寿命周期成本（Life Cycle Cost，简称LCC）这一成本控制方法。

他的原则是：专业的人做专业的事，这一成本不可以省略——顾问费和设计费他毫不犹豫地相应调高，他非常了解专业知识的价值。

为此他还做了一件少有人做的事——为泰格公寓的绿色设计聘请了中外两支顾问团队，先背靠背工作，再进行多方案比选。尽管顾问费用增加了，但由于项目需要在开工的同时进行设计优化，这为他们争取了宝贵时间和积累了弥足珍贵的经验：不同背景的团队同时提出建议，并相互讨论、整合、调整，更有利于快速作出合理决策。同时，这个过程也让管理团队对绿色建筑的认知实现了0到1的起步，并提炼出绿色开发的三结合原则：理念与实践、精神与物质、国际与本土相结合。

有一次"特批"让胡建新印象深刻。工程招标的原则是合理低价中标，但绿色顾问推荐了新型的高能效比空调无法进行同类比价，总价要比原预算高10万元。团队为此专门打了一份报告，用LCC方法计算了空调的初投资与20年使用周期的总成本，将前期高投入与后期低运营成本纳入考量，理论与数据很有说服力，这使得该项目唯一一次突破预算的招标得以特批。

除了高能效比空调，泰格公寓使用的空气源热泵热水器也是其应用LCC方法的典型案例，6台热泵每小时可以产9吨热水，比用燃气省钱，LCC也比用太阳能热水器低。值得留意的是，这种节能技术当时还少有人了解，但泰格公寓对比能效和成本之后大胆地采用了该技术，也放弃了太阳能热水技术。

4. CSO眼中"双碳"目标给建筑业的两大启示

本土企业中，设立首席绿色低碳官（又称首席可持续发展官，英文简写为CSO）极少见。2014年，招商地产设立了首席绿色低碳官的职位，胡建新成为中国首个CSO。在这个位置上，上要参与公司的顶层设计、制定战略路线，下要指导企业可持续的标准制定和实践，因为"绿色"需要系统的思维，在实际操作中，很难让每个人都能理解并落到实处。胡建新也坦诚地说，CSO的职位更多的是扩大了可持续理念的影响力，让他能从上至下地推动绿色举措。事实上，他提倡的许多东西，也已经渗透进了公司的企业文化和员工的日常行为，比如他常挂在嘴上的三字经（少吃肉、多吃素；少开车、多走路；少用灯、多通风；多动手、少购物）几乎成了大家的行为准则。

他的影响力甚至延续到了家中，在新房装修的时候，胡建新成功说服了家人在每个房间都安装吊扇，并在后续使用中获得一致好评。言谈之中，胡建新对这些"小事"引以为傲，因为当绿色成为一种自觉行为，甚至只是在更多人心中植下种子，都能成就一件"大事"。

提及中国"双碳"目标，在该领域深耕了20年的胡建新眼中，是对建筑业可持续发展极为利好的机遇：

一方面，践行绿色建筑不再仅靠自觉和提倡，而是必须要做的事，并且要追求更高标准、更高质量——从节能建筑、绿色建筑，到超低能耗建筑、近零能耗建筑，终极目标是零碳建筑。

另一方面，建筑减碳会更加看重数据表现，这要求项目提供更多可以量化的数据来衡量其可持续发展的成果。"净零"建筑与"双碳"目标紧密契合，业内将更加重视能耗数据，全国各级各地政府也不断地推出相应的政策来响应这一蓝图。在建筑业，零碳和零能耗建筑将成为发展重点。胡建新认为LEED Zero净零体系的推出恰逢其时，几个评估领域（能耗、碳、水、废弃物）也非常合理，但他觉得LEED净零在中国的知名度和普及范围还远远不够，应该有更多建筑加入"净零"的行列。

七、专访富华国际集团董事王镰：一场关于绿色经济与可持续发展的思考

　　坐落在长安街上、毗邻天安门广场的长安俱乐部（简称长安大厦），是北京人的时代记忆。其建设于1993年，正式开业于1996年10月，四季交叠，作为见证祖国荣光与辉煌的标志性建筑，长安俱乐部在2022年2月正式获得了LEED v4.1 O+M：既有建筑金级认证。由此，在2060年前实现碳中和的大背景下，国内存量建筑市场的低碳转型之路又新添一座里程碑式的成就之作。其后，与长安大厦同样隶属于富华国际集团（简称富华）的金宝大厦和紫檀大厦也相继在2022年5月荣获LEED既有建筑的铂金级认证。于是我们忍不住想探究一下，是什么让这家扎根中国内地市场30多年的港资企业，毅然决定将旗下重要的商业资产打造成绿色空间？借此契机，USGBC北亚区副总裁王婧，与富华国际集团董事王镰一同坐在金宝街的小院子里，畅聊未来。

1. 与LEED结缘，源自对于活力的追求

王　婧：我想请教您一下，富华决定将旗下的三个既有建筑打造成LEED物业的最重要的动因或者动力是什么？

王　镰：我们总是希望能走在时代的前列去创新。早在20世纪90年代，低碳绿色运营在

王镰女士（右）
接受采访
图片来源：富华国际
集团有限公司

国内尚未有明确定义之时，富华就已经在项目的建造中参考引入了当时较为先进的设计理念和节能举措。而经过30余年的发展，富华也已经在房地产开发上积累了丰富的经验，那么坐落在首都关键核心区的长安大厦，也随着时代的发展在健康和绿色空间方面对我们提出了新的要求。就如同人需要经常锻炼来保持健康，我们的建筑也一样，通过日常的维修保养，阶段性地改造和升级，能让它们在使用中保持最好的状态。我觉得，建筑可持续使用的意义不仅在于节约资源、绿色环保，也要让建筑焕发新的活力。我想这也是集团与LEED结缘的最重要的动因。

王　婧： **能将运营了近30年的老楼成功打造成绿色建筑，并不容易。富华都做了哪些绿色举措、攻克了哪些难关？**

王　镰： 诚如你所说，对于已投入使用多年的建筑来说，整体改造并非易事。作为绿色建筑早期的探索者和实践者，以及北京核心区高端写字楼项目的持有和运营者，我们能更真切地感受到，人们对于绿色建筑的要求已经到了一个新的高度，大众关心的不只是PM$_{2.5}$是否超标，还有更广阔的环保视角，这跟我们项目运营和集团发展的理念相互契合，让我们对项目的改造有了更深层次的思考。长安大厦整体涉及的改造类别达十余项，不仅要考虑到当下的使用场景，也要让建筑在未来的使用中保持良好的性能。回溯到项目启动焕新的2015年，彼时PM$_{2.5}$是大众口中热议的话题，空气品质作为衡量空气质量的重要标准，在温度、湿度、气流速度及洁净度等多方面有着严格的要求。

获得 LEED v4.1 O+M：既有建筑金级认证的长安大厦

图片来源：富华国际集团有限公司

响应大众需求是一方面，我们也不想只满足于人们体感上的舒适，而是想要把更多的内容落实在可衡量的标准上。带着对自身的高要求，在LEED体系的导引及第一太平戴维斯（顾问公司）的专业协助下，我们有针对性地从新风改造入手，更新新风机组，高效净化室内空气，使PM_{2.5}颗粒过滤精度大大提高；采用新型材料更换了外幕墙及屋面，最大限度地增强保温性，减少人工照明，实现建筑的节能减排，长安大厦于是也成为距离天安门最近的LEED金级认证大厦。在此之后金宝大厦及紫檀大厦也先后获得了LEED铂金级认证，对于我们来说，这也意味着在创造城市未来价值的目标上更进一步。

2. 两种社会责任下的双重身份

王　婧： 除了在绿色建筑上的成就以外，富华在公益慈善上也从未停步。能否和我们多分享一些富华落实企业社会责任的故事？

王　镰： 确实，我们一直强调的这份企业责任感也驱使着富华聚焦到更多常人不曾注意的细节上。企业想要有长远的发展，必须要承担社会责任——富华把环保、绿色、健康视作企业责任的一部分，其实也是来源于我们自始至终追求的一种匠心精神。以富华打造的中国紫檀博物馆为例。1999年，中国紫檀博物馆正式成立，这是中国首家规模最大，集收藏研究、陈列展示于一体的紫檀艺术专题类博物馆，它的诞生也为中国博物馆界填补了这一领域的空白。中国紫檀博物馆长期致力于中国传统文化的传承与保护，并取得了令人瞩目的成就。2011年，中国紫檀博物馆申报的"紫檀雕刻"技艺被国务院列入第三批国家级非物质文化遗产名录；2012年，中国紫檀博物馆被北京市政府授予北京非物质文化遗产生产性保护示范基地。这就是富华所追求的匠心精神的现实写照。中国紫檀博物馆不遗余力地传播中华文化，将其推广到全世界。它接待了来自海内外数十万的参观者，开启了世界范围内的"紫檀文化之旅"，不仅让世界关注到了中国的传统文化，也成为中外文化交流的重要载体。薪火相传，绵长不息。2020年，在中国紫檀博物馆建馆20周年之际，中国紫檀博物馆横琴分馆在广东珠海横琴落成，通过与故宫博物院联手举办《紫禁之辉——故宫宫廷家具文物展》等大型展览，进一步地推动了中国传统文化和紫檀艺术的传播。

王　婧： 文化传承确实也是我们LEED体系所看重的部分之一。贵司董事长陈丽华女士曾说过"小善为民大善为国"，我想这也展现了富华的核心企业文化了。

王　镰： 是的，我们会发现在国内，成功的企业在发展过程中都会形成具有自身特色的企业符号，而富华与其他企业相比，身上独有的文化标签让其成为众多企业中独树一帜的存在。陈董事长一直把"小善为民大善为国"当作企业发展的信条，不管是在文化上还是在绿色环保事业上，我们一直坚持具有富华特色的公益之路。文化的传承和绿色环保事业，看似云泥之别，实则殊途同归。一个是精神上的传承，一个是人类发展上的持续，我们站在更高的视角，也有了更广阔的视野。我们认为，相对于大众的公益，文化保护和绿色环保何尝不是另一种公益事业呢？作为企业经营者和文化传播者双重身份，我们认为绿色环保是企业的责任，而文化的传承和保护则是富华的使命。

3. 碳中和时代下的房企探索之路

王　婧：近几年，与房地产相关的企业都离不开两个关键词："碳中和"与"韧性"，在您看来，商业建筑的低碳或者零碳之路，是否呈现出因国家设立了2060年前实现碳中和的目标而呈现拐点向上的姿态？

王　镰：是的，2020年9月宣布的中国的碳中和目标，对中国乃至全球绿色经济发展具有较为积极的影响。富华作为一家多元化发展企业，一直保持着与祖国的建设发展同频共振，集团写字楼运营板块也毫不例外。比如，我们整体开发运营的北京金宝街作为北京核心街区，在首都核心区建设"首善金融示范区"的目标下，承载了建设"高端金融聚集区"的重要职能，在这引凤筑巢的过程中，富华长久以来的低碳环保理念及一系列切实的工作得到了入驻企业尤其是国际企业的认可。而随着人们对绿色建筑认识的加深，LEED认证对于租户的吸引力也随之加强，符合国际企业"全球一致"的环境标准，对于吸引国际品牌来说具有重要意义。以获得LEED铂金级认证的金宝大厦为例，能吸引到知名金融企业瑞士信贷等企业的入驻，离不开其在健康绿色空间环境上的用心打造。

　　而从另一面来看，绿色认证对于楼宇空间使用企业的吸引力增加，也有利于商业写字楼整体租金的提升。我看到仲量联行出过一份行业报告[①]，截至2021年上半年，经过LEED认证或国内绿色建筑认证的物业，在北京、上海、广州、深圳和成都均有可观的租金溢价。相比于同区位、同楼龄的非绿色认证办公楼，绿色建筑的平均租金可以高出10.0%~13.3%。

　　从对$PM_{2.5}$的要求，到今天对健康、韧性和安全的需求，时代和社会环境的发展也促使我们要比用户想得更多，对项目做出更具有前瞻性的设计和更高水准的运维。我举一个例子，金宝街另一写字楼项目华丽大厦目前也已经纳入东城区重点楼宇升级改造项目名单，富华已聘请知名团队完成了对华丽大厦外立面、幕墙、公共空间及非触碰式电梯等方面的规划设计，后期将协同衔接东城区楼宇改造节奏，完成改造，升级焕新后的华丽大厦也将加入到申请LEED认证的行列。

　　除了这些，富华在低碳环保领域里的探索并未止步于此。我们在北京通州城市副中心运河商务核心区打造的北京国际财富中心，以"低碳引领者"的姿态出现在大众面前。能成为北京城市副中心第一个集屋顶光伏、新型储能、虚拟电厂为一体的综合智慧能源项目，靠的不仅仅是其低密度、高绿化、自然亲水的优质生态，还有它能超越同类型园区的节能设计理念。北京国际财富中心这个项目除了运用光伏发电系统、高效节能环保外幕墙和门窗外，还采用地源热泵、雨水收集等系统，这对于节能减排及环保的意义是非常重大的。我们下

① JLL. Valuing Net Zero & ESG for offices [R/OL]. (2021-04) [2022-09-06]. https://www.us.jll.com/content/dam/jll-com/documents/pdf/research/jll-global-valuing-esg-net-zero-office-buildings-valuation-insights.pdf.

一步的计划也是将对项目进行绿色建筑认证申请，认证成功后，不仅是北京城市副中心零碳清洁能源利用示范区及我国综合智慧能源行业零碳服务的新标杆，同时也是运河商务核心区内融合金融科技、财富管理、绿色建筑、低碳节能为一身的国际一流财富管理办公区域。

在中国"双碳"目标下，富华也会顺应趋势为企业提供优质、可持续的办公空间和设施，坚实并拓展建筑物可持续化发展元素，全力打造领先市场的低碳智能商务街区，并希望与LEED认证体系一道，合作共赢，共同推动构建绿色经济。

双碳背景下的建筑逐绿行动：
LEED
在中国

Green Building Actions in the
Context of Dual Carbon:
LEED in China

八、专访领展执行董事兼行政总裁王国龙：亚洲REIT领头羊的长期主义

作为房地产证券化的重要手段，房地产投资信托基金（REITs）在全球的影响力正在逐渐扩大。根据美国房地产信托协会（NAREIT）的数据，截至2021年底，全球共有865家REITs活跃在41个国家的市场上，总市值可达约2.5万亿美元。

在投资者的眼里，REITs侧重于长期收益表现的特性让其备受青睐——而要成功做到这一点，REITs要确保在他们经营或持有的房地产运营中做出明智的选择。NAREIT发布的《2022年房地产投资信托基金行业环境、社会和公司治理（ESG）报告》[1]中提到："越来越多的REITs将ESG置于其业务的最前沿"，而行业先锋们也都已经开始专注于创新实践。

管理REITs的企业是如何将可持续发展和ESG策略纳入其投资及经营策略的？我们对此好奇已久。这一次，我们有幸走近亚洲市值排名前列的REIT，领展房地产投资信托基金（简称领展）——根据港交所的数据[2]显示，其市值已超千亿港元，投资物业总估值超过2200亿港元，资产组合覆盖了中国一线城市及海外的零售、办公及物流设施。

通过USGBC北亚区副总裁王婧与领展执行董事兼行政总裁王国龙的对话，我们将了解这个亚洲REIT领头羊的"长期主义思维"。

王国龙
领展执行董事兼行政总裁

1."长期主义的营运方式对我们至关重要"

王　婧： 相较于传统地产开发商，运营房地产投资信托基金是否意味着更注重"长期主义"及"企业社会影响力"？

王国龙： 作为亚洲最大的房地产信托基金管理者及专业地产投资人，我们希望确保所持有的物业能够长期维持稳定的高租用率，以为投资者提供有竞争力的回报；在

---

① NAREIT. REIT Industry ESG Report 2022[R/OL]. (2022-07)[2022-12-08]. https://www.nareitphotolibrary.com/m/7bc63b6a754488f0/original/Nareit-ESG-Report-2022-7-20-22-pdf.

② 香港交易所. 领展房地产投资信托基金(823) [EB/OL]. [2022-12-08]. https://www.hkex.com.hk/Market-Data/Securities-Prices/Real-Estate-Investment-Trusts/Real-Estate-Investment-Trusts-Quote?sym=823&sc_lang=zh-hk.

此基础上，我们更要为物业价值增值，以确保日后当我们决定退出时，这些物业不愁没有买家。因此，维持良好的物业素质，好好服务我们物业所在的社区，这种长期主义的营运方式对我们至关重要。领展的业务策略是收购、提升及持有优质资产，同时通过持续优化，使它们成为高效且具有韧性的投资组合，为投资者及其他相关持份者（例如租户、消费者和商业伙伴等）缔造最大的长远利益。我们也深信，优秀的企业必须能在创造经济价值的同时，积极正面地响应社会的要求与挑战，承担企业社会责任。这意味着我们必须深入了解业务所在的社区，并与持份者建立牢固而持久的关系。

王　婧： **2022年6月，与平日在财报中合并披露相比，领展首次在ESG表现上发布独立报告《可持续发展汇编2021/2022》，这种改变意味着什么？**

王国龙： 我们一直致力于成为一家可持续发展的企业。自从2005年领展在香港上市，我们就一直践行有关ESG的原则。此外，香港交易所也在持续提升对在港上市公司的ESG信息披露要求，比如2019年香港交易所就《环境、社会及管治报告指引》引入"不遵守就解释"原则，并在2021年11月刊发企业管治及"环境、社会及管治（气候信息披露）指引"。

我们每年固有的综合年报由《策略报告》以及《管治、披露及财务报表》组成，2022年中发布的《可持续发展汇编2021/2022》则汇报了集团的可持续发展进程，旨在补充领展综合年报的内容。通过提供我们在可持续发展策略的更多实践详情，阐述我们在环境、社会及管治下各个可持续发展重点范畴的方针及表现，该汇编报告能够凸显我们在这方面所作的贡献，让公众认知到领展负责任、具透明度的营运方式。

需要明晰的是，无论是我们的综合报告还是可持续发展汇编报告，都是依据可持续发展报告全球最佳实践编制，也遵守了全球报告倡议组织发布的《可持续发展报告标准》中的核心要求、国际综合报告框架及香港联交所上市规则。

在我们看来，这样具有结构性的报告系统，一方面可以提升企业应对变化的能力——它帮助我们评估现有营运水平，从而做出有效改善，同时可以通过预防性的措施，降低我们的ESG风险；另一方面，报告也提供了充足的透明度，可以使外界了解我们的进度、监督我们的工作，并为我们提出具有建设性的意见。

2. "我们更希望在商业和生活社区内推动可持续的生活方式"

王　婧： **我们了解到领展每年都会将相等于上一个财政年度之物业收入净额最多0.25%的款项，拨捐给领展"爱·汇聚计划"，主要用于支持"青少年培育""共融及活龄社区"和"环境可持续发展"这三大范畴，它们是如何与领展的企业战略相关联的？**

王国龙： 领展在全香港15个行政分区拥有130项资产，其中大部分位于人口稠密的地区，影响十分广泛。这些社区商业设施每天都会直接或间接地服务数以百万的香港市民，为他们提供日常生活所需；而领展的社区商业物业组合内有数以千计的商户，当中大部分是小微企业，而它们也正是香港经济的支柱。从这个角度来说，领展也是支持香港社会经济发展的重要力量。能力越大、责任越大，我们更希望在推动营运经济效益以外，让我们的工作及服务获得广大市民的支持。通过领展庞大的商业伙伴、商户、员工及居民网络，我们推广公益服务、加强市民与社区的联结，并进一步通过与社区的合作创造共享价值，为社会带来积极影响。领展"爱·汇聚计划"从2013年开始启动，它支持社会福利机构在青年赋权、资源管理、长者活龄生活方面提供创新解决方案，在不到十年的时间里，已有超过1200万人从这些社会服务中获益。

以"青少年培育"为例，我们希望帮助青少年向上流动，为社会的未来培养更多中坚力量。在香港，我们于2015年推出了"领展大学生奖学金"项目，奖励家庭三代中首代入读香港本地大学的学生。到2022年，我们已经授出1380份奖学金，投放总额达2760万港元。除赋予经济上的资助，我们也会为这些年轻人提供更多社会活动机会，比如所有奖学金得主会自动成为领展同学会成员，他们可以免费参与领展为同学会举办的多元化活动及工作坊，拓宽思维空间及视野；我们还会为他们提供志愿者活动的机会，鼓励奖学金得主帮助社区中有需要的群体，回馈社会。

在内地，领展也通过"爱·汇聚计划"，支持上海思麦公益基金会开展中等职业教育助学项目（物业管理班），资助四川省泸州市贫困家庭的学生在上海完成为期三年的中等职业教育，既帮助其获得一技之长，又能为城市提供技能型人才。

除了"爱·汇聚计划"，我们对于社会公益的投入与支持还有更多。在香港，我们将约6万平方米（近65万平方英尺）的物业以较低的价格（平均租金低于每月每平方英尺7.4港元）出租给了136家慈善机构和非政府组织（NGO）。此外，领展的社区商业设施已经成为社群的聚集地，也为不少和市民生活息息相关的社区活动提供了场所。利用广泛的地区网络，领展致力于加强跨代联系、建设健康社区，这与我们的企业发展战略是相辅相成的。

王　婧： 我们的LEED社区板块也十分强调宜人、生态韧性及对地球的影响，这一点也与领展所传递的理念不谋而合。您心中的宜居、绿色且居民友好的商业社区是怎样的？站在商业的角度，这样的项目是否也意味着一定是更富有升值空间的优质资产呢？

王国龙： 我们心目中宜居、绿色且居民友好的商业社区，需要善用社区营造的概念。在筹划、设计及营运管理公共空间的过程中，只有让公众感觉到愉快惬意、生活称心舒畅，他们才会全身心地投入社区。由此，人与人、人与地之间的情感联系才能建立起来。

要打造这样的理想社区并不容易，事实上，不少位处香港的领展商场都有一定的历史，因此我们需要花更多精力、时间及心思，在建筑结构限制下，把可持续发展元素通过运营优化及资产提升融入旗下物业中，令设施更节能、环保、现代化，以及可持续发展。

而在内地，深圳领展中心城就是一个既有物业资产提升的典范。举例来说，我们注意到许多区内居民喜欢在该商场的室外广场游乐，因此我们在筹备资产提升时，特别注重室外规划，当中包括室外活动及运动场地、静态休憩场景，希望契合领展中心城鼓励环境互动、社会互动的初衷，为居民带来美好的社区生活。

对领展来说，把ESG融入业务中并非以经济回报或资产升值为唯一的目的，我们更希望在商业和生活社区内推动可持续的生活方式。不过我们也深信，当我们真正把ESG元素融入业务运营当中，我们的业务就能实现长期的可持续发展。

王　婧：领展中心城是一个LEED及SITES双铂金认证的项目，在业内引起较高的关注，在决定对项目进行正式收购、借助LEED及SITES实现绿色升级、进入为期3年的改造这一系列的过程中，对于领展来说有什么起到关键性的决定因素或者事件吗？

王国龙：LEED铂金级认证是最高级别的认证，这项荣誉也是对领展中心城绿色建筑及建筑可持续性发展的最大认可。标准本身注重节水、节能、减少垃圾填埋和温室气体排放，也为建筑使用者本身创造更健康的室内环境，这些要求非常符合领展自身的战略。

目前国内拥有LEED铂金级认证的购物中心并不多，深圳领展中心城是华南地区极少数获得LEED铂金级认证的购物中心之一。领展中心城同时拿到LEED和SITES两项绿色建筑最高级别的认证，对于首次将资产提升的经验运用到内地项目上的领展来说，过程也充满挑战。但我们非常乐见越来越多人朝着领展中心城的"都市桃源"的属性来到这里，并且将领展中心城打造成"绿色商业"的优秀案例，为中国商业项目存量改造提供标杆性的参考。

王　婧：那么这两个绿色建筑及可持续场地标准在领展对旧物业升级改造的过程中，扮演了怎样的角色？

王国龙：个人与社会对环境的重视，使得绿色商业逐步兴起。LEED、SITES等绿色标准为商业提供了"可量化"的绿色认证国际语言，并成为评价我们的建筑和场地可持续发展、生命周期表现的"金标准"。

3. "我们深信绿色举措的成本增加所带来的长期回报和社会影响会高于投资成本"

王　婧：您如何看待项目升级过程中，因践行绿色举措而产生的增量成本？又是如何平衡这其中的投入与产出比的？

王国龙：对于领展来说，在规划资产提升工程时，短期的成本不是我们唯一考量的因素。

102　　双碳背景下的建筑逐绿行动：
　　　　LEED
　　　　在中国

　　　　Green Building Actions in the
　　　　Context of Dual Carbon:
　　　　LEED in China

我们会更乐意通过节能实践、采用新兴技术及采购可再生能源等方式，把可持续发展元素融入其中。在我们看来，实践绿色举措也为领展带来了新的商机，降低了企业潜在风险。从长远的角度说，这些举措加强了旗下物业组合的韧性，赢得了更多注重环境质量、关心气候变化的商户及消费者的支持。比如通过与合作伙伴紧密沟通，我们可以了解及防范不断变化的可持续发展问题，如气候变化带来的水灾问题等。实践绿色举措，可以帮助我们为有可能出现的风险做出规划及预防，减轻对业务造成的不利影响。至今，领展总共完成了94项资产提升工程。我们深信这些绿色举措的成本增加所带来的长期回报和社会影响，会高于投资的成本。

王　婧： 从领展的官网上，我们了解到领展制定了可持续金融框架并要求未来所有与可持续发展表现挂钩的金融交易在环境、社会和管治三方面至少包括一个目标；同时2016年领展发售了首支绿色债券、2019年又发售了5年期的绿色可转换债券等——您能否分享一些领展在绿色金融方面的成就？绿色金融除了为领展降低融资成本，还有哪些优越之处？

王国龙：早在2016年，我们就已经订立了领展绿色债券框架，阐述了如何审慎地选择所投资的绿色项目，并且汇报所筹集资金的用途。当年7月，领展成为香港第一家发行绿色债券的企业，当时的那笔5亿美元十年定息债券也是香港企业所能取得的最低息率之一。到了2019年3月，领展又成为全球及香港首个发行绿色可转换债券的房地产企业，该批五年期40亿港元可转换债券年利率为1.6%，也是亚洲房托基金取得最低利率之一。迄今为止，我们已完成超过270亿港元的可持续金融交易，其中超过三分之一的总债务是与我们的可持续发展绩效挂钩的贷款工具。

2022年2月，我们进一步发布了领展可持续金融框架，框架涵盖了筹集资金交易及与可持续发展表现挂钩的交易。这份最新的可持续金融框架，要求我们未来所有与可持续发展表现挂钩的金融交易在环境、社会及管治范畴均需包含关键绩效指标。领展是香港首家自身有此要求的房地产企业。

绿色金融可以推动增长，其较低的融资成本是我们可持续发展的驱动力。我们相信领展可持续金融框架能够强有力地支持我们的企业可持续发展目标，包括到2035年实现净零碳排放。

### 4.	"抵御气候变化与业务成就息息相关"

王　婧： 正如您提及的那样，2021年领展正式宣布了2035年实现净零排放的目标，提及将从可再生能源、采用新兴技术控制企业的温室气体排放。现在，这一目标推进得如何？

王国龙：伴随我们的净零排放目标，领展制定了一个稳健的净零治理框架，涉及五项方针：一是节能措施；二是项目内可再生能源发电；三是可再生能源采购（包括绿色能源和能源属性证书）；四是直接投资可再生能源；五是碳抵消。

　　具体到项目上，我们在2022年8月成功投得位于香港观塘安达臣道的首幅商业用地，拟在该用地发展社区商业设施（包括零售设施、鲜活街市及停车场）。这是领展首个由买地开始发展的社区商业设施，我们计划将最高水平的可持续发展标准融入这个项目的建筑设计中。在内地，2022年我们为领展购物广场（京通店）和领展购物广场（中关村店）的配电室升级了智能系统，应用大数据、云计算和物联网（IoT）技术，就用电状况和系统性能进行实时远程监控，从而提高能源效益和减少运营成本。

　　房地产行业最大的碳排放来源为用电，因此，领展的减碳策略在早期一直以减少用电量为主。在2021~2022年度，我们在香港的4个地点实施能源管理系统（EMS）试点，通过采用预测性数据分析进行能源优化，实现了3%~5%的能源节约。由于绝对能源减少是我们净零策略中不可或缺的一部分，我们计划将EMS计划进一步推广，预计至2025年会在另外50个物业完成安装工程。随着2035年净零碳排放目标的推进，我们计划于2025~2026年度把物业组合用电强度和碳排放强度分别减少5%和25%（与2018~2019年度基线相比）。

　　领展也在积极推广可再生能源发电及采购。我们在香港已识别出超过40项适合安装太阳能系统的物业，其潜在总装机容量约为3.7兆峰瓦（用于太阳能光伏领域的单位，等同于兆瓦），每年可生产约3500兆瓦时的可再生能源。2021~2022年度，领展在英国的项目The Cabot成功实现了100%可再生能源用电，业主及租户在这一年已实现了用电净零碳排放。

王　婧： **领展的净零排放目标是否和中国的"2060碳中和"蓝图有一定的正相关性？**

王国龙： 国家承诺在2030年前达到碳峰值、2060年前实现碳中和，这一目标体现出国家推动气候变化工作、绿色低碳发展以及加强生态文明建设的决心。香港特区政府也在2021年公布了《香港气候行动蓝图2050》，力争在2035年前把香港的碳排放量从2005年的水平减半，响应国家2060年前实现碳中和的目标。

　　领展的净零碳排放策略与国家碳中和蓝图的方向及路径是一致的。我们深知抵御气候变化与业务成就息息相关，因而在制定领展的净零碳排放目标时决定推进至2035年，希望运用自身的影响力、经验和技术，启发及推动商户、承办商、服务供货商等重新思考如何在自身营运中节能减排，尽快地携手应对气候变化的挑战。

王　婧： **领展的资产组合逐渐多元化，比如仓储物流及停车场等。这些资产的"绿色焕新"是否也在贵司的考虑范畴之内？领展在收购项目的同时，是否会考虑股权合作伙伴对ESG的态度或者用自身的可持续发展价值观去影响合作方？**

王国龙： 除了商场、写字楼和鲜活市场，仓储物流及停车场资产也在我们"绿色焕新"的考虑范畴内。我们目标于2025~2026年度，旗下物业组合的绿色建筑认证覆盖率达100%，现阶段也已经积极开展为旗下物业制定相应可持续发展绩效标准

104
双碳背景下的建筑逐绿行动：
LEED
在中国
Green Building Actions in the
Context of Dual Carbon:
LEED in China

的工作。

我们在审视潜在收购时，会倾向对建筑的环境性能及绿色建筑认证的状态进行尽职地调查。我们会优先考虑收购具有绿色认证的建筑物，或制定收购后资产提升和相关认证计划。以我们2021年底收购的柴湾物业为例，因该物业毗邻海岸，洪灾风险被识别为主要实体气候风险，不同业务部门于收购前均有参与讨论，以了解及评估该资产的脆弱性、缓解措施选项、成本及潜在保险风险。最终投资计划包括了洪灾应对措施、收购完成后的风险转移，以及确定必要的标准营运程序更新。

在停车场资产领域，我们刚于2022年11月初推出了电动汽车充电站计划，将在2024年底前于旗下各区停车场提供总计3000个电动车公众充电站，届时领展将提供全港最大的私营电动车公众充电站网络。

除了独资物业，领展近年也开展了策略及资本伙伴合作，在这个过程中会优先选择与我们拥有共同愿景的伙伴。以2022年收购的两个澳大利亚资产组合以及在中国收购的物流物业为例，我们与策略伙伴的共同目标是能为打造绿色、健康和智能建筑出一份力。此前，我们与合作伙伴为澳大利亚的办公室物业组合锁定了12亿澳元的绿色融资。未来，我们将继续与不同的策略伙伴为旗下物业引入更多可持续发展的元素，以推动资产的长远发展及提升其竞争力。

5. 打开"绿色商业"的新局面

王　婧： 领展如何确保自己旗下的资产富有韧性、高效且安全运营的呢？

王国龙： 如今商户及消费者愈发注重绿色及健康的生活环境。正如前面所说，我们计划在2025~2026年度为物业组合中所有建筑物取得环境、健康及福祉相关的建筑认证。基于我们的责任投资政策，对于新收购的项目，我们均会就其建筑的技术及环境表现、绿色建筑认证的状况进行尽职审查。我们会把楼宇的设备及服务水平提升至更高级别的可持续发展标准，或在考虑到现有资产及设备的生命周期过后，进行大型的资产提升项目并申请相关认证。我们还关注到气候相关的风险及机遇，通过提前计划应对措施、收购后的风险转移和营运程序更新等事项，让我们的资产具备应对未来趋势的能力。由于大湾区普遍面临较高的洪灾风险，我们已经开始在旗下物业的高风险区域内安装远程湿度传感器，能够在出现渗漏或洪水初期快速定位漏水点，尽量降低损毁及营运中断可能造成的影响。

王　婧： 以领展中心城为标杆案例，领展在内地是否有将更多既有项目进行绿色升级的意向及具体规划？

王国龙： 我们的愿景是成为世界级的房地产投资者和管理人，服务和改善社区居民的生活。领展中心城已率先打开"绿色商业"的新局面，也为更多内地商业地产的"绿色"转型之路提供了可参考、可借鉴的成功范本。目前我们正为广州的"领展·珠江新城项目"（前称太阳新天地购物中心，改造后焕新更名为广州天河领展广场）规划大型资产提升计划，估计第一期资本开支约2亿元人民币。这个项目将申请LEED、Parksmart等绿色建筑认证。我们期待经由资产提升后，"领展·珠江新城项目"能够焕然一新，成为满足当地居民期待的综合休闲生活及购物中心点。

6. 案例：中国首个LEED、SITES双铂金认证项目，深圳领展中心城的升级之路

位于深圳福田中心区的领展中心城，在2022年9月先后以高分斩获LEED和SITES认证，成为中国首个获得这两项绿色标准铂金级认证的项目。被"资产升级高手"领展妙手焕新后的领展中心城，已被视作业内"存量焕新"的标杆项目。也正因如此，领展中心城的升级融入了诸多匠心之举。可以这么说，可持续的理念川流于领展中心城的血脉，又以建筑和景观具象为福田中轴线上的"都市桃源"。

（1）存量建筑改造中糅杂的LEED细节

2007年开业的中心城是目前深圳里程最长的地铁商业街衔接项目，优渥便捷的交通条件奠定了其高客流量的基础。2019年3月，领展完成对中心城的收购，正式更名为"领展中心城"。随后，领展开始为项目计划升级改造，以LEED标准为目标，为项目注入可持续发展元素。作为领展于中国首个资产提升项目，项目带着崭新的面貌于2022年1月正式焕新启幕，并一举在7月成功荣获LEED BD+C：核心与外壳铂金级认证。

那些被消费者感知到的变化，也蕴藏在LEED认证细节中。比如广为人称道的"敞亮"感，主要来自玻璃天窗所带来的自然采光，不仅拉近了商场与外围环境的联系，加强了昼夜节律，让人的舒适感得以提升，也减少了商场对电力照明的依赖。

商场选用的室内材料也有助于提升项目清新、活泼的气质，比如用透明的玻璃围栏代替雕花围栏，让整体场景更加通透。现在，行走在其中的人们可以跟随商场的动线来感受"春夏秋冬"的四季主题变化，随处可见的绿植和垂直绿化提升了消费者贴近自然的体验。这些看得见的明亮与清新背后，还蕴藏着一些容易被忽略、但会对大众与地球的长期健康产生积极影响的细节。领展中心城在建造施工过程中，非常重视采购环节，并致力采用对环境、经济和社会具有正面影响的产品和材料，比如含有可循环成分的本地建筑材料。在焕新启幕后的运营阶段，物业管理部门依然延续了环保采购的政策，也持续跟踪和减少由建筑用户产生的废弃物，尽量避免这些废弃物直接被送到堆填区弃置。通过提供专门的垃圾分类收集区和完善的分类装置，废纸、纸箱、塑料、金属、玻璃、电池及电子废弃物等都能得到安全、妥当的处理。

若我们把眼光放在商场的整体区位上，还可以看到位于深圳中心轴上的领

106　双碳背景下的建筑逐绿行动：
LEED
在中国

Green Building Actions in the
Context of Dual Carbon:
LEED in China

展中心城有着天然的绿色改造优势——商场坐拥便捷的公共交通与周边配套设施，地铁1号线、4号线直达，可以促进绿色出行，减少因出行带来的燃油车使用和相关温室气体排放；此外商场也在物业设施上作了进一步减少环境影响的改进，比如设置拼车优先停车位、新能源汽车优先停车位及配套充电桩，以此鼓励人们多多拼车或使用新能源汽车等。

（2）一个SITES铂金级认证的深圳市中心桃源

越来越多人朝着领展中心城的"都市桃源"属性来到这里。无论是屋顶花园的静谧，还是下沉式广场的开阔，都吸引了周边居民及附近办公的白领日常来这里走走，这也正是领展中心城所期待的改造效果：让这里成为一个富有生态韧性及复原力的宜人社区。领展在收购中心城的初期，就决定将室外景观部分，以SITES为标准进行可持续的再设计与重新开发。

领展中心城出众的"都市桃源"形象，还建立在其超过1.8万平方米的绿化面积的基础上。领展中心城在改造前已有超过30%的绿化面积，这次改造又将绿化比例提升了10个百分点，整体绿化覆盖率达到了43.1%。这一切都是在不改变项目主体建筑的前提下进行的，主要通过在场地内提升垂直绿化的生物量密度指数（Biomass Density Index，简称BDI）。在升级完成后，领展中心城项目的BDI已由原来2~3提升至高于4。场地内运用了约36种植物，除了满足景观要求外，这些植物大多数是适合深圳当地气候的品种，有助于在都市环境中重建人与自然的联系，并提升场地生物的多样性。

为了减少项目改造工程进行时对生态的破坏，领展中心城对场地现状乔木进行修剪及保留，在满足设计意象图的前提下同时减少资源浪费。这也符合SITES得分点中维护现有生态系统服务与景观、减少资源使用、通过限制扰动现

领展中心城让人流连忘返的
室外景观
图片来源：保怡物业管理（深圳）有
限公司

有的合适植物和健康土壤来保护土壤健康的建议实施策略。

许多人喜欢在领展中心城的室外广场流连，这个让上班族在工作之余的时间休憩、家庭在假日时亲子游玩、附近居民在饭后休闲散步的胜地为不同客群提供了多样化的驻足场地，当中包括室外活动及运动场地以及静态休憩场景，既契合领展中心城鼓励环境互动、社会互动的初衷，同时符合SITES鼓励人与自然产生交互、和谐共生的理念。现在室外景观部分也经常成为商场市集、展览和嘉年华等主题活动的使用场地，更加丰富了领展中心城宜人社区的功能。

这片"绿洲"也秉持着以长远可持续的方式保护环境的宏愿。比如通过栽种健康植物为雨水提供过滤、渗入和蒸腾的机会，并结合可渗透铺装材料来减少场址降水径流量，从而减轻市政管网的负担以及对水生生态系统的负面影响。场地内有30%的原有材料被二次利用，成为大家可以看到的地面石材铺装材料，这样的循环举措可以延长基础设施的生命周期、减少资源浪费。场地设计中还融入了可拆卸性和适应性的理念，通过提供满足灵活性和适用性的设施（例如：张拉膜和可拆卸金属立杆、可移动成品花池和花钵），使场址中所使用的材料可根据需求进行调整，或经过翻新后再次利用，进而减少项目全生命周期内的材料消耗。

（3）边营运边改造，领展中心城的升级挑战

运营超过15年，中心城是深圳市中心最早建立的商场之一，它也承载了一代又一代深圳人的记忆。此次改造让人耳目一新，这离不开管理人在资产提升领域的经验、对可持续发展的认同和对租户与消费者的尊重。同时拿到LEED和SITES两项绿色建筑最高级别的认证，对于首次将资产提升的经验运用到内地项目上的领展来说，过程也充满挑战。

比如由于施工期香港团队及顾问不能亲身到现场审视进度、工厂停工影响材料供应等。针对沟通问题，领展中心城建立了内地区域中心项目部，并通过远程会议加强沟通和管理；而针对供货问题，项目团队也制定了相应的供货策略，确保供货稳定并配合工程进度。为避免影响附近居民的日常需要，领展中心城的升级工程采取边营运边施工的策略，这更考验跨部门的沟通及合作。为此，领展中心城的工程设计部建立了完善的内部管理沟通机制、制定了施工守则，帮助落实现场监工工作；物业部门也参与改造一线工作，协助现场的安全及监督。

那么，对于租户来说，改造意味着什么？

商场与租户彼此关联又彼此依赖，领展中心城在改造时也力图突破传统的租约关系，与商户建立更紧密的合作关系。对于一些老租户来说，敞亮的环境与合理规划的动线，为顾客提供了更好的购物体验；商场举办的各种展览、活动，带来了大量的人流，这些都有利于租户业绩提升。

而基于领展中心城对场内商户的重新规划，商户数量增加了20%，引入了诸多具有号召力的"首店"品牌，对于这些新品牌来说，选址于焕新后的领展中心城，也有利于打造品牌形象，便于之后的经营和推广。

第三章

锐意进取

3

一、腾讯：科技巨头的可持续责任

根据相关预测，到2025年全球数据中心总市场价值可能高达570亿美元，数据容量将超过175兆字节，依照已有的增长及能耗趋势，数据中心的能耗将占信息与通信技术（ICT）行业总能耗的33%，而如果不加以限制，到2030年，ICT行业将消耗全球20%的能源[1]，其中数据中心占据的比例也会更大。放眼中国，2019年LEED数据中心顾问（中国）委员会制作了一份《中国数据中心能源使用报告》[2]，报告预测未来5年超大型、大型数据中心会保持较高的稳定增长，平均年度增长率将接近5%，而2025年后数据中心总机柜数将是当前的1.6倍左右。

而伴随数据中心规模呈几何形增长，其对能源的消耗问题已然不再只是简单的令人担忧。"做正确的事比把事情做对更好"，怎样才能去做正确的事情呢？全球知名创投研究机构CB Insights指出，展望未来，数据中心有两种减少能耗及碳排的关键方法[3]。

1. 提高数据中心内部的能源使用效率

2019年7月，LEED数据中心顾问（中国）委员会一行应邀前往位于深圳的腾讯光明数据中心，对其能源使用效率（PUE[4]）测量技术模型以及实测数据进行了评估。最终得出结论，实测年度PUE值为1.26（2018年1月1日~2018年12月31日）。最低的月均PUE值达到1.23，最热月度PUE值控制在1.29以下。

深圳地区湿热的气候条件对于数据中心PUE控制极具挑战。那么，腾讯数据中心为何可以实现如此低的PUE值呢？

（1）创新技术架构，注入节能基因

腾讯深圳光明数据中心采用第三代数据中心技术——微模块数据中心（TMDC）。TMDC内，通过"HVDC+市电直供"提高电源输出效率；同时采用"列间空调+精确控制"提高制冷系统能效。

微模块内的HVDC系统，是支持节能休眠模式，监控会自动开启需要工作的电源模块数量，并使电源系统在任何负载情况下都可以工作在最高效率点附近，即高压直流可以在全负载范围内都达到94%以上效率；而市电直供支路基本是100%供电效率，因此"市电+HVDC"综合供电效率为97%，比最高效率为94%的传统UPS高出不少。

微模块内采用N+1台列间精密空调，可以根据负荷需要，实时调整运行数量及风机转速进行精准送风，列间空调紧靠IT机柜进一步缩短送风距离，也大大地减少了阻力及冷量损耗，并形成小冷池，达到很好的供冷效果，节能成效显著。

① Andrae S. G. A. Total Consumer Power Consumption Forecast [R/OL]. (2017-10) [2019-07-12]. https://www.researchgate.net/publication/320225452_Total_Consumer_Power_Consumption_Forecast.

② LEED数据中心（中国）委员会.中国数据中心能源使用报告 [A/R]. (2010-03-26) [2019-07-12]. https://active.clewm.net/B2XuiH?qrurl=http://qr16.cn/B2XuiH&gtype=1&key=3217616d1ddd9eb9b9012678b1b89df9c496e34514.

③ CBINSIGHTS. The Future Of Data Centers [R/OL]. (2019-01-24) [2019-07-12]. https://www.cbinsights.com/research/future-of-data-centers/.

④ PUE是什么？PUE（Power Usage Effectiveness，电源使用效率）值是国际上比较通行的数据中心电力使用效率的衡量指标。PUE=数据中心总设备能耗/IT设备能耗，PUE是一个比值，基准是2，越接近1表明能效水平越好。我国大多数数据中心的PUE（电源使用效率）仍普遍大于2.2，与国际先进水平（普遍2以下）相比仍有差距。PUE是怎么测量的？多年的技术沉淀，让腾讯数据中心提炼出了一套"基于TMDC供电架构的PUE采集模型"。通过该PUE采集模型，可以建立有效的PUE采集和监控机制，助力数据中心运营团队开展针对性的运营优化探索。

110

双碳背景下的建筑逐绿行动：
LEED
在中国

Green Building Actions in the
Context of Dual Carbon:
LEED in China

（2）后期精细运营，持续优化能耗

"三分天注定，七分靠打拼。"数据中心节能优化也是如此，技术创新为节能优化提供了可能，而持之以恒地创新运营，才能结出实实在在的成果。根据统计和测算，通过后期的持续运营优化，PUE可以降低0.06以上。

腾讯数据中心运营团队，立足现场，在保障系统安全稳定运行的前提下，将节能优化工作融入每天的工作中。根据多年的运营实践，总结了一套数据中心节能优化经验，以及对PUE影响较大的六大主要因素。

2．使用清洁能源

清洁能源的使用是代表未来可持续发展的重要方向。作为能源消耗大户的数据中心，如果能够率先成为清洁能源的采用者，或许可以加快减碳步伐。国际上已经有很多案例，无论是全球互联网巨头，还是科技公司，他们的故事均可以给我们启发。在全球清洁能源采购最多的企业中，亚马逊、微软、Meta、谷歌都位列排名前10的榜单。2018年8月，苹果公司在亚利桑那州改造了一座约12万平方米（合130万平方英尺）的太阳能电池板制造工厂。得益于此，新的数据中心用电可以使用100%的清洁能源。不仅如此，根据苹果2018年《环境责任报告》，2018年，苹果公司在可持续发展上达到了一个重要的里程碑：他们在全球的所有设施100%的用电量都来自可再生能源。随着政策导向的升级以及可持续发展理念的推广，相信清洁能源在数据中心上的运用将会更加广泛。

3．案例分析：腾讯天津数据中心项目

2021年3月，腾讯天津滨海数据中心4号楼获得LEED O+M：数据中心铂金级认证，成为中国首个获此殊荣的数据中心项目。仅通过回收利用服务器热量，腾讯天津滨海数据中心每年可以减少5.24万吨碳排放，这相当于种植286.4万棵大树，减排成效非常可观。在获得LEED认证之前，腾讯天津滨海数据中心已经运行了10年，10年间腾讯在绿色数据中心运营方面不断积累经验，最终收获了LEED铂金级认证这一专业认可。

（1）能耗满分之路

腾讯天津滨海数据中心4号楼项目在LEED能源与大气板块获得30分（满分38分），其中"优化能效表现"这一得分点更是取得了20分满分的成绩。腾讯天津滨海数据中心采用的是余热回收的节能技术，他们将服务器产生的热量回收，通过热泵把市政管网里的水加热到55℃，直接用于办公楼供暖，实现了降低碳排和服务于人的双赢。本次获得LEED认证的4号楼，年耗电量与标准设置的基

准建筑的耗电量相比节能23%，相当于减少27214.9吨二氧化碳排放。

（2）创新得分：健康管理

腾讯天津滨海数据中心4号楼的LEED认证在2020年8月正式启动，对建筑空间及工作人员的健康管理是全球建筑项目运维管理过程中的一大困难和挑战。为此，腾讯天津滨海数据中心准备相应的方案和应急措施，保证员工健康和数据中心安全。这一举措符合LEED认证的要求，项目日常人员流动和健康监控到位，最终帮助项目获得了创新（Innovation）得分1分。

（3）低碳出行率85.7%

在"选址与交通"板块中，腾讯天津滨海数据中心4号楼项目在"可替代交通"得分点上获得了满分15分，在LEED认证过程中，项目调查了所有员工上下班使用的交通工具，并鼓励员工采用电动车、自行车、公交交通出行，整个项目的低碳出行率达到了85.7%。腾讯天津滨海数据中心是腾讯第一个自建大型数据中心项目，本次获得LEED认证的4号楼，也是全球在LEED O+M：数据中心体系下获得认证的规模最大的数据中心之一。

2021年1月，腾讯响应中国2060年碳中和目标，启动了碳中和计划，承诺他们将用科技助力实现零碳排放。而数据中心作为能耗大户，早已成为其践行可持续发展的重中之重。除了腾讯天津滨海数据中心应用的余热回收技术，我们还能在腾讯其他数据中心项目中看到燃气冷热电三联供技术的落地，这种技术是在数据中心旁边建造一座燃气发电设备，其产生的电力供应数据中心，再将发电产生的高温热水和热气导入吸收式制冷设备，使其生产冷冻水给数据中心降温，余热还能在冬天给办公楼、居民区供暖。

应用节能技术是腾讯数据中心减排的方法之一，同时，他们还希望用同样的排放创造更高的性能。比如通过建造能耗优化更好、性能更强的云服务器，就能够在满足数据需求的同时，大大降低碳排放。此外，腾讯还尽可能地使用清洁的可再生能源，让数据中心"靠风吃风、靠水吃水"，用风电和水电替代火力发电。

科技向善的力量不止于此，腾讯自主研发的第四代数据中心T-Block，把办公、供电模块、IT模块、制冷模块、光伏发电都打包进集装箱，然后部署在任何地方，让我们可以用搭积木的方式组建一个超大的数据中心。这样"可复制"的数据中心节能效果也很瞩目：如果用T-Block搭建一个拥有30万台服务器的数据园区，一年可以节省2.5亿度电，相当于少烧8万吨煤。在实现碳中和目标的道路上，我们很高兴地看到越来越多企业与我们携手同行，发挥各自的优势，为可持续发展作出贡献。未来，我们也期待更多绿色力量加入我们，共同推进绿色事业的长足发展。

二、李锦记："民族之光"品牌不为众人所熟知的故事和文化传承

"李锦记"这三个字，你想必不会陌生。作为餐桌常备的酱料，它是日常烟火气里最有滋有味的一道锦上添花。但你可能不会想到，这个走过130多个年头、撩动亿万国人味蕾的酱料企业，也出现在了我们的LEED榜单上。

带着许多疑问，我们文字采访到了李锦记酱料（简称李锦记）全球制造副总裁莫国栋，并感受到了这个家喻户晓的品牌对践行可持续发展的决心。

莫国栋
李锦记酱料全球制造副总裁

1. 什么是"思利及人"？

LEED： 作为一家百年企业，李锦记为何会把"利他"和"造福社会"放在这么重要的位置？

莫国栋：1888年，李锦记创办人李锦裳于广东省珠海南水镇发明蚝油，由此创立了李锦记。历经130多年的发展，李锦记始终坚守"务实""诚信""永远创业精神""思利及人""造福社会"及"共享成果"的企业核心价值，推动企业将可持续发展贯彻到业务每个层面。其中"思利及人"作为最重要的核心价值，当

李锦记新会生产
基地实景全览图
图片来源：李锦记（新
会）食品有限公司

中有三大要素：换位思考、关注对方感受及直升机思维。得益于此，李锦记成为一个家喻户晓的酱料品牌，是"品质与信心"的标志。

李锦记认为做事要从宏观角度出发，设身处地从对方的角度考虑及体会对方立场，才能找到最妥善、共赢的方案，双方的合作才能长久。这种互惠共赢的思想也渗透在生产、经营的方方面面。李锦记"100－1=0"的品质管控理念，对产品卓越品质的追求和高度的社会责任感都源于"思利及人"这个核心价值。

2. 李锦记与LEED

LEED： **是什么因素促成了李锦记新会生产基地决定争取LEED认证？**

莫国栋：LEED认证体系作为国际社会认可的标准，也是一种行业权威的代表。李锦记很荣幸地成为全世界发酵食品行业领域第一家获LEED铂金认证的企业。近年来，李锦记自上而下地积极推进工业绿色转型，推动绿色制造体系的建设。这次李锦记酱料获LEED认证的项目位于广东省江门市的新会生产基地，是李锦记全球最大的生产基地，并曾于2018年获中国工业和信息化部颁发"国家绿色工厂"称号，是江门市首家获此殊荣的企业。一直以来，李锦记开展各项节能、环保工作，以高度的企业责任心和社会责任感去落实节能与环保举措，坚定地将绿色可持续发展理念贯彻执行。所以这次和LEED的碰撞，其实也是企业实践可持续发展目标的过程中必然的结果和大势所趋。

LEED： **在实施LEED认证的过程中，采取了什么革新措施吗？**

莫国栋：李锦记在生产过程中十分重视节能技术。在项目伊始，我们已经考虑了一套完整的节能环保策略，值得一提的是我们建立了人工湿地，深度净化已处理的污水，通过增加绿化指标减少热岛效应，按照开源节流的思路，通过场地雨水利用、中水回用系统、高效用水器具设计达到水资源的最大节约。另外，我们采用的地源热泵系统也非常特别，我们根据制曲工艺需热需冷的特点，使冷热能量自然平衡。同时，项目还充分利用了当地充足的太阳能资源，设置光伏发电系统，大大地节约对电和燃气的利用，这两项重要的节能措施最终让我们获得LEED节能满分。因此，项目的最大革新亮点就是光伏发电技术、地源热泵、人工湿地和中水回用技术（也是这一技术在发酵工程领域的首次尝试）。

LEED： **所以李锦记认为贯彻可持续发展举措是行业的大势所趋？**

莫国栋：当今的消费者，十分认可绿色消费的概念，也关注企业的可持续发展和社会责任。李锦记除了打造工业绿色转型以外，还一直热心支持各种环保举措，从原料采购、种植、生产到产品包装，始终推行"从农场到餐桌"的环保概念，以减少碳排放、提升产品内在价值。在生产过程中，我们致力使用可再生的清洁能源，以最大程度降低对环境的影响。

我们在产品的管理环节，通过包装设计、运输、产品使用及弃置等途径优化，增强环保意识。我们采用环保"3R"的概念，即减少原料（reduce）、物尽其用（reuse）和循环再造（recycle），力求实现用最少的资源浪费来提高产品包装的可持续性，具体的实施举措有：减轻玻璃瓶的重量、优化包装纸箱的设计从而减少用纸、更多使用软包装和大包装以及方便回收的易撕塑料瓶盖等。

3. 员工受益于LEED

LEED： 新会生产基地作为李锦记最大的厂房，这次的绿色转型最大受益者是谁？

莫国栋：我想除了优化环境以外，最有切身感受的还是我们自己的员工。我们每一个人都坚守"务实"的企业核心价值，在循序渐进的教育和培养过程中，对节能等方面的环保意识也逐渐地强烈起来。无论在办公室还是生产线上，员工都遵循环保"3R"理念。例如在厂区以骑自行车来替代汽车，员工的接驳巴士也是采用清洁能源，我们还鼓励大家使用可循环纸张等。此外，我们还努力将园区的环境打造得绿意盎然。园区内有一大片人工湿地，是员工们午休时和平日需要活动放松时的最佳去处。让大家更亲近自然，改善工作环境的同时也可以提高大家的幸福指数。正是得益于每一位员工的努力，公司才能履行企业社会责任，推动绿色建筑。

4. 李锦记的"希望厨师"

LEED： 我们在媒体上留意到，李锦记一直在做一个叫作"希望厨师"的项目，是否可以与我们详细介绍一下？

莫国栋：李锦记肩负着发扬中华优秀饮食文化的使命，于2011年创办了"希望厨师"项目，在全国经济欠发达的地区公开招募有志从事中餐烹饪的青年，并全额资助他们入读国家正规职业高中中餐烹饪专业。经过了将近十二年的努力，"希望厨师"项目已经惠及了全中国1100多名有志青年，也为中餐业培养了诸多未来人才。

我来举一个令我印象深刻的事例：来自四川省的张文福，养父在他15岁时不幸离世，他在政府的推荐下于2016年参与"希望厨师"计划，并凭借精湛的刀工及厨艺一举夺得多个奖项，包括成都市第二届"最强社团"比赛一等奖等。张文福担任班长，并且非常积极地参与义卖等各种公益活动，作为对社会的回馈，将爱心传递出去。他在2018年获全国"最美中职生"称号，并且在毕业后就职于高端餐厅。这个小故事，也最精准地展现了我们创立"希望厨师"项目的初衷——"思利及人"。

5. 老字号的绿色未来

LEED： 在绿色建筑领域，李锦记是否在未来有具体的规划和目标？

莫国栋：在绿色建筑领域上，李锦记会继续践行可持续发展的决心，并充分利用项目周围的自然环境最大限度地节约资源，保护自然环境免受污染。同时，公司将进一步加大低碳清洁新能源的使用，例如2019年开展的沼气发电项目等实现环境保护与可持续发展的目标。

除此之外，李锦记将继续致力于在各个方面节约能源并发展循环经济。展望未来，我们将在现有的绿色生产和运营基础上，通过完善环境保护措施和使用可再生能源，为中国实现可持续发展目标添砖加瓦。

116   双碳背景下的建筑逐绿行动：
       LEED
       在中国

Green Building Actions in the
Context of Dual Carbon:
LEED in China

三、大众：把租来的非传统办公建筑改造成LEED铂金级总部

　　在大家关于汽车的记忆中，"大众汽车"这个名字无疑包裹着浓厚的依恋和情结——作为与中国结缘最早的跨国车企之一，大众汽车已在中国市场扎根近40年，并持续保持着市场领先。对于一家历史悠久且底蕴深厚的传统汽车制造商来说，要实现根本性的变革及转型绝非易事。而现在的大众汽车正在向"可持续的软件驱动型移动出行服务提供者"全速迈进，在"goTOzero"战略指引下，他们致力于在2050年之前通过全产品生命周期的碳减排实现碳中和目标。LEED也在其绿色转型进程中扮演着重要的角色：从2017年获得银级认证的大众汽车集团亚洲未来中心，到2022年3月获得LEED v4.1 O+M铂金级认证的总部大楼"大众空间"（V-Space），大众旗下建筑空间的绿色发展史，也侧面印证了大众汽车集团在中国的可持续发展进程。

　　2022年5月，USGBC北亚区副总裁王婧与大众汽车集团（中国）亚太区房地产负责人斯戴芬（Stephan Hernandez）共同聊了聊这家汽车行业引领企业的绿色发展观。

斯戴芬（Stephan Hernandez）

大众汽车集团（中国）亚太区房地产负责人

1. 从选址开始，一栋LEED铂金级认证的总部大楼这样筑成

王　婧：位于北京北三环核心区的V-Space（大众空间），前身是百盛商场、后又被收购更名为中融信托广场，到2019年正式成为大众汽车集团（中国）新总部大楼，您可以分享一下这其中的故事吗？当初选择新总部的时候，主要从哪些角度考虑？

斯戴芬：在选址初期，我们的备选名单上有许多选择，其中一个就是当时还是购物中心的这座大楼。坦白说，我当时并没有很重视它，因为它并不是一个传统意义上真正的办公型建筑。但在我们实地考察之后，出乎意料地发现它并不是我们猜想的那种灰暗的、幽深的老式建筑，它的结构和建造以及开发商的规划都让我们眼前一亮。

　　当时我们评估了众多维度，比如交通就是最重要的考量因素之一。该项目

周边有两条地铁线，第三条地铁线也正在建设中，按照规划应该会在2023年完工。有了这些地铁线路，我们几乎可以顺畅地抵达北京其他地方。此外，由于我们坐落在三环路边，公交线路四通八达，我问过很多同事，几乎每个人都可以乘坐到直达的公交车上下班，我也不例外。这些多样化的公共交通能够方便我们的员工采用绿色出行方式进行通勤。

此外，由购物中心改造成的办公空间利用了原有结构，它的好处是可以减少拆除施工。最后，由于我们在改造的最早阶段就介入准备工作，因而获得了极大的自主权，可以向开发商及施工单位准确地提出我们的理念和要求。

王　婧： **我了解到中融信托广场在这次改造之前就获得了LEED金级认证，这是否也是你们的考虑因素？**

斯戴芬：　当我们考察项目的时候，其核心与外壳已经获得了LEED金级认证。对我们来说，这是一个加分项，我们很重视这个认证。在搬到这里之前，大众汽车在北京颐堤港有多层办公室区域，颐堤港应该是我们所接触到的第一栋LEED铂金级认证的建筑。也正是从那里开始，我们逐步了解LEED是如何运作、如何评估建筑可持续性的，它在我们心中埋下了LEED的种子。所以当我们得知这栋大楼已经获得LEED认证时，我们很高兴他们能有如此领先的低碳理念。装修之前我们也向他们表达了想对大楼再次进行LEED商业室内认证[V-Space在2019年获得了LEED ID+C（商业室内金级认证）]，由于双方在这一方面志同道合，也使之后我们对建筑的改造更容易推进。

王　婧： **那么之后是哪个部门主导并促使集团为这个总部大楼追求LEED O+M运营阶段的认证的？**

斯戴芬：　是我所在的RECA（亚太区房地产）部门中的Governance团队主导并促成的，我们也是对V-Space进行LEED运营阶段认证的首个驱动力。我们的Governance团队一直在倡导可持续的建筑、能源、资源节约等行动，也一直在探索可以在建筑上做些什么，而LEED认证为我们提供了一个机会。促成这次认证的第二个因素则是来自政府的补贴（V-Space所在的北京朝阳区针对LEED铂金级认证项目提供了20元/平方米的补贴），这有助于我们向管理层提议倡导绿色建筑，最终一切都进行得很顺利。就我个人来说，我很喜欢O+M这个认证体系。因为设计阶段的LEED认证似乎只是完成建造阶段的短期要求，如果后期建筑在运营阶段发生了任何变化，它有可能就不符合LEED认证的要求了。但是O+M认证体系更注重建筑的运营与维护，帮助我们检验和验证我们的建筑是否按照正确、真正可持续的方式在运转，这是一个持续改进的过程。

王　婧： **将一个可容纳2300名员工的多功能空间打造成LEED铂金级认证建筑绝非易事，过程中是否遇到困难呢？**

斯戴芬：　从基础条件来看，V-Space是一栋建于2008年的既有建筑，原有的建筑围护结构

双碳背景下的建筑逐绿行动：
LEED
在中国

Green Building Actions in the
Context of Dual Carbon:
LEED in China

和机电系统已不符合当前的市场标准。为了更加环保，我们采取了很多整改措施，例如在机电系统方面进行了升级和改造，还通过在玻璃幕墙内安装电动遮阳帘来提高热舒适性，并减少玻璃幕墙对空调系统的负荷影响，把V-Space改造成绿色建筑。

从投入上讲，V-Space毕竟是租赁建筑，我们不得不考虑所有改造和升级带来的成本。但这些是次要的，我们的首要使命是实现长期环保和碳中和目标。同时我们也把获得员工的理解和支持放在很重要的位置，所以我们不仅对相关工作人员进行了绿色节能培训，还对全体员工进行了节能宣传，广而告之我们取得LEED铂金级认证的成就，以提高员工的环保意识和对可持续性的理解。未来，我们也将继续深入探索V-Space在节能和环保方面进一步改进的可行性。

王　婧： **现在健康是建筑空间的必要考量因素，V-Space在维持良好的室内环境质量方面，采取了哪些举措？**

斯戴芬：　首先在硬件上，V-Space拥有功能强大且运行良好的暖通空调（HVAC）系统，能够保持室内良好的空气质量和热舒适性。系统最大新风量远远超过了标准风量（标准风量为每人每小时30立方米，V-Space系统最大新风量可达每人每小时90立方米），所有空气处理机组均配备了用于净化新风的$PM_{2.5}$电子净化器，它们与独立净化器和风机盘管回风口上的净化滤网共同净化室内的循环空气。

其次在日常维护上，每个工作日我们都会对室内$PM_{2.5}$、甲醛和总挥发性有机化合物等进行检测并记录。在室外空气质量不达标的情况下，V-Sapce 24小时室内$PM_{2.5}$的平均值可远低于世界卫生组织的限值（WHO的限值为每立方米25微克，V-Sapce 24小时室内$PM_{2.5}$的平均值可低于每立方米8微克）。

再者从室内环境和设施上来看，我们在办公室内布置了大量绿植，为员工提供了绿色健康的办公环境。同时我们所使用的办公家具也符合人体工程学，并采用了安全、环保、健康的材料。

LEED v4.1 O+M 铂金级认证的大众汽车集团（中国）总部大楼

图片来源：大众汽车（中国）投资有限公司

第三章
锐意进取

119

王　婧：对于旗下所有的房地产资产组合，大众是否有一个整体的可持续目标？

斯戴芬：在德国，大众自己开发了一个类似LEED的内部评价标准，但仅被用于工厂的认证，且目前只应用于德国，并不是一个国际性的适用标准。此外，每个国家都有不同的绿色认证体系，把国外的认证照搬到中国是件相当困难的事。

　　我想这也正是LEED能够被广泛采用的原因，它提供了一个国际性框架及透明的系统，帮助我们了解与建筑空间相关的整条供应链是否也能以对环境友好的形式运作，比如我们所应用的家具、材料等。对我来说，获得LEED认证即是一种信任，因为在它所要求的实践和程序下，建筑将会更加精益求精。

2. 转型中的大众汽车：可持续是需要"两全"的挑战

王　婧：现在各行各业都面临着气候变化的挑战，我们也看到许多企业像大众汽车一样，致力于实现碳中和，那么对于一家历史悠久的知名车企来说，变革是否更具挑战性？

斯戴芬：气候变化是一项关乎每一位个体的全球性议题，世界各国都在积极采取行动以应对日益严峻的气候风险。对于汽车行业而言，由气候变化导致的能源危机也关系着整个行业的未来。出行是人类的一项基本需求和权利，作为一名企业公民，我们既需要维持或提高全球范围内人类生存的质量，更要控制人为引起的气候问题。我想这是我们这个行业的共同挑战，但我们这一代人也掌握着引领变革的力量，对于大众汽车来说，变革是挑战更是机遇，想要持续领先，我们必须做得更多。

　　在这个大背景下，整个汽车行业正在经历从内燃机向电动汽车的转型。推动新能源汽车的生产与消费，是降低交通行业碳排放的关键举措。加上软件的不断创新，到2030年移动出行将实现自动化、数字化、智能化，且更可持续也更安全。

　　对我们来说，大众汽车集团和旗下各品牌可以发挥平台化的战略优势，使我们在未来移动出行变革中继续担当重要角色。

王　婧：如您所说，大众汽车可以在转型中发挥平台化的战略优势，那么集团具体是如何通过旗下所有产品线、供应链和合作伙伴的共同努力迈向"商业向善"的？

斯戴芬：我们在2019年发布了"goTOzero"战略，专注于四大行动领域，包括气候变化、资源、空气质量、环境合规。基于这一战略，我们已经启动了最全面的脱碳计划，目标是在2050年实现产品全生命周期的碳中和，其中就涵盖了供应链、生产制造、产品使用和产品回收利用等环节。

　　目前，我们所有在中国的工厂均采用了先进的能源解决方案和能效管理措施。我们也与中国的合作伙伴、供应商携手，制定了可再生电力使用路线图——到2030年，集团的燃油车和电动汽车供应商均将100%使用可再生电力。

王　婧：　**大众汽车集团（中国）总部，已经是大众汽车在中国的第三个LEED认证项目，我也想知道除了绿色办公空间/体验中心，大众汽车在中国还采取了其他哪些可持续举措？**

斯戴芬：　我们一直致力于通过有效举措全方位推进可持续发展。例如，集团位于上海安亭和广东佛山的两家 MEB（MEB模块化电驱动平台，专为电动汽车而设计，是大众汽车集团电动化攻势的重要部分）工厂已通过分布式光伏、直购电、可再生电力证书等方式实现100%采用可再生电力，并通过多种节能设备降低生产能耗。大众安徽MEB工厂计划在投产之初即使用可再生电力，同时采取系列节能措施以减少整体碳排放，包括使用蒸汽地暖以及选用低能耗生产设备等。

3.　更吸引未来一代的汽车品牌应该是什么样子的？

王　婧：　**Z世代作为新消费力量和生产力量，也是最关心可持续发展的一代人。他们的消费理念影响着各个领域的产品创新。大众汽车有专门针对年轻消费者的产品线吗？负责任的企业形象对年轻消费者能发挥何种作用？**

斯戴芬：　在塑造未来移动出行的道路上，我们通过不断开发面向未来的高性能创新产品来满足新一代消费者的偏好和需求，比如大众安徽将于2023年下半年投产的全新纯电动车型也是面向年轻用户群体的，它具备前卫独特的设计以及信息娱乐、互联互通及自动驾驶等智能化体验。对于年轻人关注的可持续发展的议题，我们的安徽MEB工厂计划在投产之初就使用了可再生电力，首款新能源车型所使用的电池将通过100%可再生能源生产。到2030年，大众汽车集团计划在中国推出的车型中40%将是新能源车型，未来将持续为消费者提供更加多元化的产品选择。

　　　　　　最后，我们也在不断通过践行企业社会责任来获得公众的认可。2021年，集团正式启动了公益林项目，计划10年间在中国北方包括武威、海北、酒泉、中卫、巴彦淖尔、乌兰察布和赤峰等10个生态脆弱的地区开展植树造林，种植约850万棵树木，以进一步防止荒漠化、恢复生物多样性，同时振兴当地经济并改善当地居民生活。公益林项目也是助力大众汽车集团实现低碳未来的有力举措。

王　婧：　**大众汽车集团（中国）的员工如何看待绿色总部？在您看来，绿色工作空间与人才吸引之间存在关联吗？**

斯戴芬：　2019年我们乔迁至这个新总部大楼，开启了在中国的全新工作模式。在设计之初，设计师们就努力将集团文化和全新的办公理念融入新大楼。除了从满足员工实际需求的角度规划选址和设计大楼内部空间以外，在设计中我们也尽可能地考虑开放性和可持续性，保证安全感、空间感、舒适性，促进效率以及提升便利性。与此同时，如何让大家对V-Space产生独有的归属感也至关重要，因为这有助于加强品牌及部门之间的合作。基于这些考量，我们是这样做的：为了提供安全、洁净、健康的工作环境，我们的新风系统贯穿整个建筑空间内部，经过过滤的新鲜空气在其中自由流动；每层楼的中庭和办公区域之间都设有风幕以保证办公区域新鲜空气的流动，每个房间都能保证空气流动和循环。大楼日常的供冷和供热均可实现区域独立控制，因此，我们可对不同区域进行单独的温度调节，而不影响大楼内其他区域。例如，为光照较多且温度较高的区域提供更多的冷量，而不改变其他区域的供冷量。

在开放性和可持续性上，V-Space提供了固定和灵活工位、正式或非正式的会议室等多样化的工作空间供员工选择，办公区高度可调节的办公桌、随处可见的绿植⋯⋯这些细节无不赢得了员工们的称赞。在以前的旧办公室里，我们有单独的管理层楼层，员工们则聚集在一起。但是在这栋大楼里，我们打破了这种设置，通过把管理人员和团队放在一起，打造了一种合作无间的氛围。

在我们看来，人才是塑造未来移动出行的核心。通过这些在建筑环境中的有效举措持续为员工赋能，使其以充足的信心和充分的准备迎接转型，是让员工与集团共同发展的关键环节。

4. "双碳"目标下，房地产负责人应具备怎样的思维？

王　婧： 您是如何看待"双碳"目标的？它是否会为中国汽车行业带来更多的增长和创新机会？

斯戴芬：中国力争2030年前二氧化碳排放达到峰值，2060年前实现碳中和，这很令人鼓舞。中国目前仍在经历快速的城镇化和工业化，在相对短的时间内实现这一目标极富挑战性。但与此同时，我们看到整个社会正在朝着这一共同的目标不断努力，人们对于绿色环保、低碳的生产和生活方式的重视程度和参与度日益增高。这些都是实现"双碳"目标的重要基础。作为这场全民行动中的企业公民，我们能做的首先是继续提高能源效率，努力使所有在中国的工厂使用100%可再生能源，以助力大众汽车集团实现碳中和目标；同时，我们有责任也有义务提供创新的电动化出行解决方案，加速交通领域的电气化进程，助力中国实现碳中和。

中国的气候承诺带来了新的发展机遇，尤其推动了如电动汽车、储能、光伏、风电等绿色创新技术的不断涌现和快速发展，这些创新技术将加快中国推动各领域降低碳排放。汽车行业的脱碳是实现碳中和的关键，中国电动汽车产业正在蓬勃发展，一方面，越来越多的消费者选择电动汽车；另一方面，科学技术的创新正在加速汽车行业朝着电气化、数字化和可持续发展的方向转型升级，这些都为我们带来新的动力和转型机遇。

王　婧： 作为一个企业房地产板块的负责人，在碳中和与可持续发展这个议题上，您对同行有什么建议或经验吗？

斯戴芬：我的建议是，任何项目都需要在设计的早期阶段将可持续理念融入其中。要将寻找和思考可持续的方法、技术的过程前置，进行合理的评估及应用。比如太阳能电池板是很好的可再生电力来源，但仅有绿电是不够的，如果建筑的外墙保温隔热性能不佳，那么建筑的能源依然会被白白消耗掉；如果我们没有对建筑使用者进行可持续的教育，那么我们所使用的昂贵的设备也会成为摆设。

　　建筑的可持续发展需要从整体设计上考虑，每个环节都需要配合。所以我们一定要将可持续目标在设计的早期就传递给每个人，从可持续的设计到可持续的运营，每个人都可以为减少建筑的碳足迹贡献一己之力。

四、星可颂：践行可持续绝不是营销噱头，是食品行业的必做之事

"民以食为天"，这句话生动地阐述了饮食文化在国民的日常生活中扮演着举足轻重的角色。食物和建筑一样，作为人类生存的必需品，同时也连接了人与人，并创造了无数口口相传的好故事，留下一代代人独一无二的味蕾记忆。

对不少食客来说，"可颂坊"意味着30年前把经典羊角面包引入国门的老牌烘焙品牌，如今，与可颂坊一脉相承的星可颂又在冷冻烘焙这一领域拓宽我们对西点的认知。值得一提的是，与美味共同成长的是星可颂始终贯穿经营理念的可持续行动。

2021年，星可颂位于上海松江的冷冻烘焙工厂获得了LEED金级认证，成为中国烘焙领域第一个"变绿"的工厂项目，也开启了"烘焙×可持续发展"的新篇章。借此契机，USGBC北亚区副总裁王婧与太寅食品集团财务总监、星可颂首席财务官关翠娴开启了一场对谈，探索这个致力于可持续生产、可持续供应链的食品行业领军者的初心与大局观。

关翠娴
太寅食品集团财务总监、星可颂首席财务官

1. LEED是一份易被认知的气候承诺

王　婧：星可颂是如何了解到LEED的？又缘何决定将工厂打造成LEED建筑？

关翠娴：LEED是衡量建筑可持续性的一项标准，它在全球都享有盛誉。如今的中国从建筑建造到运输生产的可持续发展和创新领域均走在前列，涉及其中的所有部门和行业均已开始行动。在烘焙领域，随着ESG原则在企业运营和金融方面的重要性日益增加，已经有越来越多的同行意识到可持续发展不再是一种附加的"选择"，而是"当务之急"。因此尽管此前LEED在烘焙领域的应用并不常见，星可颂作为行业应用和实践可持续发展理念的先锋者，也愿意敢为人先，并且始终在可持续发展进程中保持领先。可以这么说，LEED认证是我们面向世界和全行业表达这份承诺的一个更容易被认可和被感知的交流工具。同时，LEED也帮助我们在食品行业日趋流行的可持续发展趋势中占得先机，使我们的商业模式更加适应未来的需要。

LEED 金级认证的星可颂近
万平方米的松江工厂
图片来源：睿泽（上海）食品有限公司

王　婧：　2019年星可颂的松江工厂就已经规划启动，LEED认证是否从一开始就被规划
在内？另外，绿色工厂对星可颂的品牌来说又意味着什么？

关翠娴：　是的。绿色工厂是我们践行可持续承诺的具体表达。对我们来说，衡量企业成
功的标准有很多，我们不只关心利益相关者的投资回报率及利润，更在意我们
对所在社区和环境、对地球的影响。我们相信，这种坚守三重底线（经济、环
境和社会）的经营方式有能力、也终将带领我们达成企业的经营目标和使命。
最重要的是，它也将为我们的后代塑造一个更可持续的地球。身处一个资源有
限的世界，企业的商业目标中必须将资源的高效利用放在首要地位。尤其是在
当下高通胀和全球供应链压力不断加剧的情况下，这一目标变得更加具有紧迫
性。提高资源利用率、促进工厂的可持续发展，也是保护我们利润的杠杆之一。

王　婧：　我们看到建造工厂回收了80%的垃圾、减少了20%的水资源消耗和23%的能源
消耗，这些优秀的表现都是如何达成的？此外工厂又为何决定使用太阳能光伏
技术的？

关翠娴：　星可颂始终怀揣可持续发展目标，并致力在世界各地都建立拥有顶尖技术的工
厂。我们采购的设备，除了能够生产出一流的产品，还具有专门的节能节水设
计。比如我们使用的德国MIWE高科技烤箱，可以通过精确的温度控制和均匀的
热量分布来节约能源。同时，为了尽可能地减小对环境的影响，我们选用的
KOMA极速冷冻设备，采用了更高性能、低GWP（全球变暖潜能值）的天然制冷
剂——二氧化碳。

　　　　　安装太阳能光伏是我们对使用可再生能源、减少对污染性化石燃料依赖的
承诺，通过使用绿色电力，可以降低我们对环境的影响。《巴黎协定》要求全球
要在2050年达到净零碳排放，其中关键一步就是将从化石燃料转向可再生能源，
而太阳能是最广泛也最容易应用的一种能源，也是我们的首选。

王　婧： 在LEED认证过程中有没有遇到什么困难？星可颂项目又是如何攻克的呢？

关翠娴： 当我们第一次提出这些可持续发展的目标时，确实曾遇到过一些阻力——毕竟按照传统的管理思路来说，企业会更看重业务的盈利能力，对其他方面考虑较少。但我们的执行团队目标非常清晰，坚持认为有必要传递我们的理念，让绿色工厂成为行业中践行可持续发展的风向标。为此，我们做了大量的调研和沟通工作，设定了可持续发展的关键绩效指标，也明确地传达了这些目标背后的初衷，同时，我们也就这些举措对投资回报率的影响进行了让步。

在项目落成并运营了一段时间后，管理团队也认可对工厂进行LEED认证的重要性。他们在这个可持续运营的工厂中获得了很好的体验，而更重要的是，他们也看到了由此带来的诸多商业机会。

王　婧： 您前面提到了投资回报率的妥协，那么作为烘焙领域第一个为工厂进行LEED认证的企业，星可颂如何应对投入成本与收益之间平衡的难题？

关翠娴： 这确实是最困难的部分，在统筹建造设施预算的过程中，要使我们的工厂达到LEED认证的标准，总成本需要增加30%左右。但我们知道这是一项非常值得的投资，无论是财务层面还是在社会效益层面，这项投资都会给我们带来长期的回报。同时，LEED也是我们集团践行可持续发展的一个有力证明，我们对此深信不疑。

2. 根植于星可颂的绿色基因

王　婧： 星可颂所属的太寅食品集团，本身也在积极实践可持续发展。那么集团是否自上而下地对星可颂的可持续发展提出过相关要求？太寅食品集团又是如何推动其他不同业务的可持续发展的？

关翠娴： 没错，星可颂的可持续发展理念传承自太寅食品集团，集团的理念与要求适用于包括中国在内的全球所有企业。除了中国的星可颂，从澳大利亚、新西兰的生产设施到整个亚太地区的物流网络，我们都坚守这一理念。企业可以成为一种向善的力量，我们也努力证明我们可以为所在社区、城市创造可持续的未来作出贡献。

在实际运营中，每个隶属企业的负责人都带着责任感与主人翁意识，将这一理念嵌入公司战略和运营中，并传递给所有员工。"无法衡量则无法管理"——为此我们从2021年开始引入了一套数字化的可持续发展汇报系统（简称Diligent ESG），可以使我们的可持续发展目标和表现更加透明和可视。

王　婧： 除了松江的这个绿色工厂，您可以多分享一些星可颂在可持续发展层面的其他举措吗？

关翠娴： 其实我们从外部和内部两方面都采取了一些行动。对外，我们正在参与世界自然基金会的低碳制造项目（Low Carbon Manufacturing Program，简称LCMP），

① Z世代：由英文Generation Z翻译而来，指代1995~2009年出生的一代人。

希望用更加严格和勤勉务实的态度来减少业务对环境和社会的负面影响。此外，我们还在申请成为公益企业（B-Corp，是一个全球性的、严苛的企业认证，它认证以实现公共利益为企业目标的公司）。

对内，我们也在创造一个更加绿色的工作空间，比如通过就近招聘及培训教育来减少由于员工的通勤产生的碳排放，定期对员工进行可持续方面的培训和信息传递等。

王　婧：气候变化也在改变着食品业的格局，例如植物基食品就已经站在风口浪尖上。而Z世代①作为新消费势力的崛起，他们的消费理念也影响着各领域产品的变革。您如何看待大时代下食品业的可持续发展？

关翠娴：气候变化给我们带来了非常真实和日益严重的挑战。基于此，我们认为太寅食品集团所采取的可持续发展举措不是一种奢侈品或营销噱头，而是绝对必要的、面向未来的行动。现在，我们已经无法对气候变化影响的警告置之不理，气候变化及其对粮食安全的挑战，以及对人类作为一个物种在这个星球上的持续繁荣和生存的挑战是非常真实的，需要通过像我们这样的承诺和态度，以及技术创新和行动来解决。我们无法当作什么都没发生，保持现状、停滞不前。

Z世代对环境福祉的意识更强，他们对企业能否在可持续性方面满足其需求有更高的期待。作为有担当的企业，我们不仅要满足他们的期望，还要引领他们走向更美好的未来。行业在变化，我们则需要紧跟潮流，因为它带来了风险和机会，要求我们相应地调整商业模式。我们也通过比如新型绿色产品的销售来帮助整个集团建立对市场变化趋势和机会的认识。

3. 可持续供应链上，我们与每一个角色共同成长

王　婧：食品是连接人与人的一个载体，对食品生产企业来说，也需要不断接触供应链上下游，您是否感知到这个供应链上不同企业对可持续发展认知的差距？

关翠娴：有时候是的，我认为这个过程还需要进行更多的沟通和分享。我们在供应链的上游和下游，都会和很多不同的公司打交道，这些公司也会有各自的业务重点。我们要做的，是不断对外传达我们的可持续发展理念并寻找志同道合的伙伴。

星可颂会从中长期的视角来看待整个问题。如今企业对可持续发展的商业案例的认知已经越来越深，他们也非常清楚如果要在未来保持竞争力，必须要重新定位自己的业务。可持续发展恰恰是需要从长远角度看待的一个问题，你的投资可以获得长期的收益，但也可能要让出短期的一些利润。我们自身也处在这个阶段，所以我们希望在供应链上发现更多有共同认知的商业伙伴，并和他们一起合作共同发现新的商业机会。

王　婧：那么，星可颂是否也传达给供应商可持续发展相关的经营和生产理念？

关翠娴：是的，我们首要关心产品的质量，当然也会从长远的角度来考虑可持续性。我

们希望供应商们能够加入可持续的行动，长路漫漫，更需携手前行。我们把供应商当作长期的商业伙伴，会帮助他们挖掘业务运营中的可持续潜力。简单的方式包括提高能源效率和使用新能源；而如果有政府或银行的相关激励措施，我们也会和他们合作来获得这些扶持。同时我们也设定了可持续发展的"短—中—长"目标，跟踪他们的表现和进展。为了减少供应链上的合规①风险，我们也在努力寻求新的绿色供应链伙伴。

① 合规：是指遵守规则或符合规则。合规的"规"既包括法律、法规和监管政策，也包括行业规范、企业内部的规章制度和企业应遵守的道德规范、职业操守等。

王　婧： 前面说到供应商，星可颂的产品另一头连接着客户，有没有客户对星可颂的产品提出和可持续性相关的要求呢？

关翠娴： 有，尤其是大型食品服务连锁店，他们在选择供应商时，会把可持续性当作一个重要的因素，他们更愿意与拥有相同价值观的人做生意。食品制造业需要行事严谨、脚踏实地、产品为王，安全、质量、配料、价格都非常重要，可持续性某种程度上来说是一个附加的优势，当然致力于可持续发展也并不意味着对安全和质量的妥协，通过组织和技术的创新，可持续的实践可以提高效率、减少浪费，更进一步提升我们的竞争优势。

王　婧： "可持续生产"除了囊括了绿色工厂、原料、供应链等，还有非常重要的因素——人。星可颂是如何向自己的员工及生产线上的技术工人们传递可持续性理念的？

关翠娴： 目前我们所做的一切都需要员工来推动，通过激发思维方式的改变，员工们也会产生一些积极的变化。这些变化不会一蹴而就，从长远来看，促成变化的关键依然是持续地沟通和分享。2022年我们首次发布了碳中和目标和2021年的碳排放报告，我们还计划围绕"3060"目标开展每月一次的线上线下活动。

　　现在企业之间也在开展人才争夺战，根据研究，80%的千禧一代希望为那些关注其环境影响的公司工作。最近，我们对公司的网站进行了一些更新，更加突出我们可持续生产理念的食品公司特质，借助这些更新，我们希望减少管理层与员工之间的信息差，更好地赋能员工；我们还在打通员工和管理层之间沟通的渠道，让员工可以反馈更多信息；在行政的角度上，我们也在重整办公空间的布局，将员工的福利和可持续指标关联起来，让员工在星可颂工作地更健康、更舒心。

4. 我们非常笃定开展可持续的征程，会为我们带来越来越多的机会

王　婧： 您如何看待"双碳"目标？

关翠娴： 我们致力于支持中国的"3060"目标承诺，也相信这一目标是可以实现的，"双碳"目标得到了多方承诺，在举国同力的推动下，我们也一定能够实现经济发展和环境保护的双赢。为了响应"双碳"目标，星可颂也制定了自己的碳中和目标并付诸以实践。在这个领域，我们也在不断摸索、学习及调整，以期尽快达成目标。

王　婧：**"双碳"目标是否会为星可颂带来更多的发展契机及创新机遇？**

关翠娴：我想绿色工厂就是一个很好的证明，对工厂进行LEED认证首先是一个商业决定，其次我们也相信这个决定有利于公司的长期发展和繁荣，甚至对于太寅食品集团整体来说，这无疑也是一个正确的决策。开展可持续的征程会为我们带来越来越多的机会，我们尽最大可能平衡股东需求和所在社区以及环境的需求。

　　我们也作了一些案例研究，比如联合利华和雀巢等品牌，它们已经证明了可持续发展的努力能够创造切实的价值。举例来说，自2014年以来，联合利华旗下"以目标为导向"的多个产品品牌基本销售额的增长速度一直较高，平均比其他品牌快一倍以上。2018年，共有28个可持续生活品牌的业绩超过了69%，占整体增长的75%。我们希望通过借鉴这些成功企业的经验，积极推行企业可持续性的发展，从而对消费者行为和上下游合作伙伴带来积极影响。

五、喜茶：国内首个打造LEED绿色门店的民族茶饮品牌

喜茶，这个近乎家喻户晓的品牌，自2012年成立以来在竞争异常激烈的茶饮行业脱颖而出，成为行业的风向标。"善于翻陈出新""品控优质""年轻且有生命力"可能是你心中贴在喜茶身上的标签。如今，这些Tag又多了一个新亮点——"绿色门店"！

2020年12月，位于深圳的喜茶深圳海岸城环保主题店正式获得LEED ID+C：零售金级认证，成为国内首个将零售店铺打造成LEED绿色门店的民族茶饮品牌。

1. 灵感·再生

LEED： 国内茶饮品牌选择将门店打造成绿色环保的LEED认证店铺并不多见，是什么促成了喜茶成为国内首家拥抱LEED的本地茶饮品牌？

喜 茶： 喜茶是环保理念的坚定践行者，并始终保持引领新茶饮行业的环保实践。LEED认证作为全球认可的绿色建筑体系，其对建筑和环境设计、建造提出了国际标准，已在全球180多个国家应用。LEED认证所秉持的可持续、绿色、健康等理念与喜茶"灵感再生"的环保理念有很多共通之处。

随着喜茶环保实践策略持续深入，在打造绿色茶饮空间的同时引入LEED认证，是喜茶秉持环保理念的体现。我们也将持续通过科学选址与设计、优选建材、文明施工、精细能源管理为消费者创造健康舒适饮茶空间的同时，全程减少对环境的影响。

LEED： 我们留意到这家LEED金级的店铺被称为"环保主题店"，同时也是喜茶在国内的首家以环保为核心的概念门店。能具体介绍一下吗？

喜 茶： 自2019年6月起，喜茶就正式启动了环保计划"GREEN HEYTEA"，包括上线绿色环保纸吸管、鼓励使用自带杯、鼓励循环利用、打造绿色茶饮空间、实行垃圾分类等一系列活动。此后秉持着"让GREEN HEYTEA融入生活点滴"的美好念想，深圳海岸城环保主题店便孕育而生了。我们将"灵感再生环保"理念贯穿于主题店打造的始终，从选址与设计、建材与施工到能源管理，全程减少对环境的影响。喜茶深圳海岸城环保主题门店位于深圳南山核心区域的海岸城购物中心，附近交通便利、配套设施齐全，可减少交通出行带来的环境污染问题，这一明智的选址也让门店在LEED"位置与交通"得分板块获得了17分的高分（满分18分）。同时，喜茶通过门店机械设备节能选型、智能照明系统设计、节水用具选择等，实现了主题门店全年整体能耗降低17.7%；卫生间洁具用水量全年节约45%以上，高效的节水措施帮助门店在LEED"节水增效"得分板块中取得了11分（满分12分）。

尤为值得一提的是，喜茶海岸城环保主题门店在环保建材上的创新。为了能与消费者产生更多的连接与共鸣，以品牌影响力带动消费者加入环保行动，喜茶就地取材，回收利用门店运营过程中的废弃物生产环保再生材料。无论是店内使用回收红柚皮成分（45%）加人造石料热压成型的专属圆桌，还是用回收小票纸（10%）加人造石的砖铺成的墙面，喜茶将"灵感再生"理念融入环保主题门店的每一个设计元素中。

　　此外，喜茶海岸城环保主题门店在装修施工环节还进行了严格的绿色施工过程管理，现场做到有序施工、耗材分类存储、定期进行现场清洁，并将现场产生的废弃物分类处置、回收，最终实现施工过程中废弃物转化率达到81%，远高于LEED认证要求的75%。作为新茶饮行业开创者及推动者，喜茶力求通过自身的环保行动，引导消费者培养环保意识，引领行业的环保实践。喜茶不仅通过打造绿色茶饮空间与消费者产生情感连接，同时喜茶为人人参与环保创造条件，其推出的系列环保活动获得了消费者的积极支持，多个环保举措也收获了

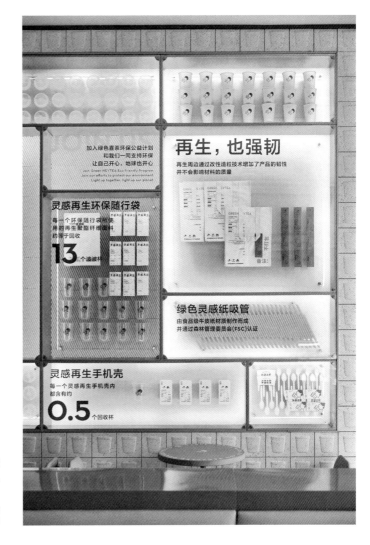

环保主题店铺
内的"绿色科
普墙"

图片来源：深圳美西
西餐饮管理有限公司

良好反馈。

例如2019年喜茶自带杯活动自实施以来，（截至2021年初）已累计减少超过3万个一次性塑料杯的使用；自推行环保纸吸管以来，已减少超过1200万根塑料吸管的使用；喜茶使用再生材料制作的"灵感"周边，也获得了消费者的欢迎和好评。2021年1月1日"禁塑令"正式生效前，喜茶就已经完成了全国所有门店中一次性不可降解塑料吸管、餐具、打包袋的替换，并在行业中率先探索和应用新型生物降解材料PLA吸管。

2．创新·担当

LEED： 喜茶作为新茶饮行业领导者对于企业社会责任、商业领导者应该有更高担当等话题十分重视。关于这一点，能否分享一二？

喜　茶： 站在品牌的角度，首先，创新为喜茶可持续发展提供了不竭动力。当在整个行业还在使用茶粉和奶精等原材料制作茶品的时候，喜茶就突破性地使用原叶茶与醇香芝士制作芝士茶，由此开创了整个新茶饮赛道。此后，我们始终坚持追求极致、灵感永驻的品牌精神，不断地创新研发产品、丰富品牌内涵，持续创造超出消费者预期的产品和体验，获得消费者好评。

其次，喜茶在实现自身快速发展的同时，与政府、员工、消费者、商业伙伴等相关方建立了互利共赢机制，实现共同的可持续发展。喜茶在全球门店共有1万余名员工，在带动就业上发挥了积极作用。

同时，喜茶通过建立可持续供应链，将社会责任和可持续发展融入产品及产业链运作，与同行和供应链的合作者共同推动行业和产业链的可持续发展。喜茶对天然、优质原材料的追求不断升级。以茶底为例，通过在贵州梵净山自建有机茶园，从源头开始对茶叶生长、采摘和拼配的每个环节严格把关，促进当地生态系统良性循环的同时，收获满足自身标准的好茶。在喜茶的引领下，越来越多的新茶饮企业升级原材料，通过打造好的产品，为消费者带来健康、安全的消费体验。

3．绿色DNA

LEED： 正如上个问题提及的，喜茶自带的创新基因已经深入消费者人心。这也同我们机构及LEED所提倡的理念不谋而合——始终将自我迭代作为品牌DNA及使命。就这点，是否有更多的"绿色故事"能同我们分享？

喜　茶： 我们推崇的"灵感再生"环保理念，渗透到门店的方方面面，从耗材的选取到整个空间的设计打造。同时通过鼓励使用自带杯、鼓励循环利用，实行垃圾分类等践行"灵感再生"环保理念把"灵感再生"的理念融入喜茶茶饮本身的设计中。

具体展开来说，耗材方面，在国家新版"限塑令"落地近半年前，喜茶就率先在新茶饮行业中反向推动供应链更新、选型、测试、改进、应用PLA（聚乳酸）吸管等环保材质产品。目前喜茶全国门店所使用的吸管、一次性餐具及打包袋都是由PLA制成。比如在执行"禁塑令"的海南，喜茶海南所有门店全面使用PLA材质制成的一次性塑料制品，包括饮品杯、杯盖、吸管、餐具、门店垃圾桶使用的塑料袋等，连杯盖上的小部件也不例外。

2020年11月开业的这家LEED金级店铺——喜茶深圳海岸城环保主题店，在门店空间设计上真正落实环保可持续的理念，回收利用门店日营运营过程中产生的废弃物变废为宝，生产出环保再生材料。比如环保主题店内墙面用的砖，是用喜茶华南区门店回收的小票纸添加人造石压制而成。在选定小票纸前，喜茶设计团队试过添加塑料、衣服合成，也不断尝试添加比例，先后试过添加50%、25%、15%，才找到目前时尚酷炫的最终成型效果。

同时，喜茶还通过产品服务、视觉设计和品牌内容创造等将"灵感再生"环保理念传递给消费者，引导消费者培养环保意识，形成环保习惯。2020年4月22日"世界地球日"，"喜茶×青山计划"塑料杯回收行动在深圳指定门店再次启动，回收800公斤喜茶塑料杯。2020年，喜茶环保计划升级为"绿色喜茶2.0"，将环保行动深入日常，活动中更换吸管、杯子等一次性餐具和杯盖、杯套、纸袋等一次性包材。此外，喜茶把"灵感再生"的理念融入喜茶的设计，使用再生材料制作喜茶"灵感"周边，包括灵感再生环保随行袋及灵感再生环保风雨衣。其中，每个灵感再生环保随行袋中的再生聚酯纤维面料约等于回收13个喜茶波波杯，每件灵感再生风雨衣的rPET成分需回收约21个喜茶波波杯才得以制成。

六、丰树：规模化打造绿色物流园　2050年实现净零排放

　　2005年，丰树集团（简称丰树）以物流物业投资为起点进入中国市场，经过近20年的深耕布局，中国已成为丰树最大的海外市场之一，其投资范围也扩大到办公楼、零售、综合用途、工业、住宅等多种类型。作为一家致力于可持续发展的全球地产开发、投资、资本和物业管理公司，丰树对可持续发展的投入始终伴随着业务进程。截至2023年8月，丰树已有超200个物流仓库注册了LEED，其中近已有30个物流园区共133栋高标准物流仓储建筑获得正式认证，直接助推仓储物流成为中国近两年LEED空间的"黑马"。

1. 可持续的投入，功不唐捐

LEED： 丰树此次规模化应用LEED认证，批量打造绿色物流园区的初衷是什么？

丰　树： 一直以来，丰树的基本经营理念始终是：立足可持续发展，并通过我们在房地产开发、投资、资本和物业管理方面的核心能力，为投资者创造持续的高回报和长期价值。基于这一理念，我们在环境、社会和公司治理（ESG）领域进行了一系列可持续实践，包括严格的公司监管、对环境保护和企业社会责任的承诺，以及提供持续稳定的回报。现在，"到2050年实现净零排放"已经是我们的可持续发展目标。我们在制定集团整体ESG战略时给出了11项可持续发展举措，包括在物流仓储建筑屋顶铺设分布式光伏、种植更多的乔木用于固碳、使用更加高效的节能设备和节水器具、增设新能源车位、雨水回收利用等，目前这11项可持续举措已经变成了丰树中国物流园的设计和建造标准。巧合的是，这些举措和LEED评估体系的九大方面非常一致。LEED是全球广泛应用的绿色建筑认证体系，通过进行LEED认证，我们可以全方位检视旗下物业的可持续性，从项目开发到运营都最大限度地减少对环境的负面影响。这些成果可以支持集团"到2050年实现净零排放"的目标，并助力实现我们对投资者创造长期可持续回报的承诺。

LEED： 在决定参与LEED认证的过程中，你们是如何说服相关利益方或者管理层做出最终决策？尤其是将已经投入使用的仓储项目进行绿色转型，这其中如何说服价值链条上的各方利益者齐心协力达到LEED标准？

丰　树： 在正式启动LEED认证计划之前，我们已经进行了将近一年的内部调研，最终集团各部门一致支持对物流开发项目进行LEED认证。一方面，本身丰树物流园区的设计和建造标准化程度相对较高，在这个基础上融入LEED的标准要求，有较高的技术可行性；另一方面，物流园区的数量和体量也较大，能从整体规模化的角度进行LEED认证也能给集团带来比较明显的经济收益。

　　此前我们已经注意到一些租户对可持续性的关注度越来越高，比如有些租

户会要求我们增设分布式光伏。我们所践行的一系列可持续举措，能帮助我们和租户一起打造更好的绿色物流园区。

LEED： 现在市场普遍对于绿色建筑/社区打造的成果表现出认可，但又对其过程中产生的经济投入、增量成本表现出担忧。丰树是如何在其中做出平衡和取舍的？

丰　树： 在考虑绿色化转型时，我们是从整体标准角度衡量的，因此增量成本也是我们比较关注的方面。比如某一项成本增加，对单个项目来说也许不算多，但是如果放到整个中国的物流园项目，那整体的增量就不是一个小数目。

　　　　因此，我们在投入和产出上会更注重"平衡"。即我们愿意为项目的绿色转型投入，但是这个投入必须是高性价比，并且对物流园实际运营有正向影响的。即便短期内不能看到回报，但只要是有利于社会长期的可持续发展的举措，我们也愿意增加投入。

　　　　我们理解绿色转型的投入并不能在短期内获得明显收益，但是随着我们的投资人和外部市场对于ESG、可持续发展、"双碳"目标的关注度持续提升，我们现在所做的事情会为资产的稳步增长打好基础。

LEED： 不同于办公楼、零售等较为大众的空间类型，物流园区的绿色设计、运营及转型，需要攻克哪些技术难关？

丰　树： 我们的物流开发建设是由集团开发部门负责的，因此在设计、施工及交付的过程中都遵循统一的高标准（比如统一的QA/QC标准，以及一套完整的培训体系），这种标准化的规范可以确保集团设定的可持续开发举措在我们的新项目上都能一一落实到位，对我们后续快速、规模化地进行LEED认证起到了关键性的作用。

　　　　而针对绿色运营，我们现在正在积极制定绿色运营手册和绿色租户导则。

丰树（慈溪）产业园八栋仓储建筑的屋顶已经安装了太阳能光伏设施

图片来源：上海丰树管理有限公司

接下来我们还会长期投入于让新建项目在运营期间维持其可持续特性、改造既有项目以提升资产的可持续性的表现等。我们所采取的这些可持续举措基于中国各地政府设定的环保和减排目标，积极支持中国的可持续发展战略，持续改善生态环境和民众生活。

LEED： 就绿色建筑实践而言，您能否分享一些丰树在中国以外市场的故事，例如新加坡的丰树商业城二期是如何被打造成LEED金级园区的？

丰　树：新加坡丰树商业城是丰树的旗舰项目，被誉为"未来的工作场所"，其校园式的工作环境符合甲级建筑标准，也应用了最先进的建筑管理系统。

在绿色实践方面，丰树商业城安装了区域冷却系统，以减少整体能耗；在节水方面，丰树商业城收集雨水用于灌溉，以节省水资源。最终，丰树商业城获得了新加坡建设局绿色建筑标志最高荣誉白金奖，二期获得了LEED金级认证。

2. 净零目标下，多措并举

LEED： 您提到丰树集团的可持续发展目标是"到2050年实现净零排放"，那么在中国布局绿色物流园区是否是实现该目标的一部分？目前在该目标下，丰树还做了些什么？

丰　树：是的，丰树"到2050年实现净零排放"的目标包括实现所有建造资产全生命周期脱碳。现在我们还处于"净零排放"之旅的早期阶段，正在部署新的环境数据管理系统，通过更好地科学追踪资产能源消费和碳排放的数据，支持丰树为位于全球的物业设定中长期目标、制定行动计划。针对位于中国的项目，我们正在安装更多的屋顶光伏发电设备、使用环保的建筑材料、采用LED灯具、增设雨水回收利用系统、提升园区绿化覆盖率和安装绿化微喷灌系统等，促进清洁能源使用和降低碳排放。

LEED： 我们留意到自2021年起，丰树加入了GRESB全球房地产可持续性评估计划，能否与我们分享一二与此有关的故事？

丰　树：2021~2022财年，丰树承诺制定"到2050年实现净零排放"的路线图，将ESG融入所有核心业务决策，包括通过节能和节水举措推动变革，在所有资产组合中增加使用各种可再生能源等。我们最新的可持续发展策略还包括将丰树的产品和服务与全球同行进行对比，基于此，我们决定参与2022年"全球房地产可持续标准（GRESB）"的房地产评估，并获得了3星评级（最高为5星）他们收集了全球房地产基金和公司在ESG业绩和可持续发展最佳实践方面的信息，对于我们来说是很好的参考。

LEED： 与可持续融资相关的绿色债券、负责任投资相关的话题，最近在国内也广受关注——在这一领域，您能否分享一些丰树的故事？

丰　树：　截至2023年3月底，丰树集团包括旗下房地产投资信托共获得可持续融资48.2亿新元。本财年，丰树物流信托获得马来亚银行授予的1亿新元可持续发展挂钩贷款，以及华侨银行和三井住友银行授予的两笔总计13.5亿港元绿色贷款；丰树工业信托获得韩国产业银行授予的1亿新元可持续发展挂钩贷款；丰树泛亚商业信托获得三井住友银行、大华银行、星展银行和汇丰银行授予的五笔总计4.56亿新元绿色贷款，以及发行了1.5亿新元绿色债券。

LEED：　丰树的业务遍及全球13个市场，在制定ESG相关战略和举措方面，是如何兼顾集团目标和本地实际的？

丰　树：　丰树集团已经成立了由高管组成的可持续发展指导委员会（Sustainability Steering Committee），基于集团董事会制定的可持续战略框架来设定具体的目标，管理、支持和监督集团所有业务的可持续发展进程和成果，并向董事会汇报。而在具体的市场，我们会成立当地的团队，比如在中国我们就成立了专门的ESG团队，根据中国国情和业务实际来制定具体的可持续举措，并确保高质量完成。

3. 宜人片区，与人共建

LEED：　我们在谈论建筑或者片区对于周边环境的影响时，经常会强调其宜人性、生态韧性及对地球的影响，您觉得绿色且宜人的片区是什么样的？站在商业的角度，这样的社区是否是更有升值空间的优质资产呢？

丰　树：　我们始终致力于将可持续发展实践融入业务运营中，为利益相关者创造长期价值。对于我们业务运营所在的社区，我们会提供环境和企业社会责任相关支持，帮助整个社区提升福祉。重视可持续发展的物业，不仅会帮助我们的租户节省能耗开支，也可以响应和支持他们不断变化的业务需求，从长远来看，这对我们和租户是双赢的结果。

LEED：　我们在丰树的官方信息中留意到，丰树将公司在企业社会责任领域的投入和公司业绩挂钩——每年当集团所得税及少数股东权益后之利润（PATMI）每达到5亿新元，即拨出其中的100万新元支持集团的企业社会责任计划，您如何看待企业运营中的"长期主义"及"社会责任感"相关话题？

丰　树：　丰树集团的企业社会责任框架，是以援助个人和造福社区两大目标为指导原则的。即通过支持教育和医疗保健项目来援助个人，并借由艺术和环境可持续性来造福社区。所有企业社会责任项目均需考量是否具有明确的社会影响、是否能长期参与以及为员工提供志愿服务机会。截至2022~2023财年，丰树拨付的支持企业社会责任项目的资金累计已经达到达3920万新元。从具体行动上来说，丰树北京志愿者连续多年为天津星童融合孤独症康复中心捐赠学习用品和教学设施。

　　　　为了"到2050年实现净零排放"的目标，除了自身的举措，我们也非常注重提升利益相关者的环保意识和参与度，并运用最先进的技术实现净零目标。对人与社区的投入以及互动，与我们的可持续发展策略是一脉相承的。

LEED： **丰树在可持续报告中提到在总部有员工绿色教育这一模块，那在国内是否在接下来的计划中考虑将员工绿色培训纳入其中？**

丰　树：2021~2022财年启动的"员工绿色倡议"活动也是丰树可持续发展战略的一部分。2022~2023财年，集团位于全球13个市场的940多名员工发起了35个环保活动，包括种植植物、升级改造和回收再利用以及行为改变。我们正在编制内部可持续发展学习资料，并将于近期推出。我们认为，员工对可持续发展的认知和理解，对集团实现净零排放至关重要。今后我们也将继续向员工提供ESG相关培训。

138

双碳背景下的建筑逐绿行动：
LEED
在中国

Green Building Actions in the
Context of Dual Carbon:
LEED in China

七、港资开发商：在中国内地的绿色拓展脚步从未停歇

2060年中国要实现碳中和的计划，已然深入人心。甚至不少人预言，这一宏伟目标将影响我们每一个人未来几十年的选择。在迈向2060年碳中和目标中的中国绿色建筑市场上，港资老牌开发商们构成了非常亮眼的群像，他们在中国内地的绿色拓展脚步从未停歇，而且走得越来越快、越远。在这篇文章中，我们以港资开发商们在2020年内地的绿色足迹为切入点，回顾他们的可持续表现。

1．深耕内地

自香港开埠至今已有180年，房地产业始终是其经济发展的重心及民生焦点。港资背景的老牌开发商，相较于国内的地产开发商，拥有更悠久的商业板块拓展历史、更深厚的企业文化累积及运营商业房地产的技能，他们在中国内地的深耕也发力已久。

一线城市的地标级建筑，不少都是由港资背景的开发商打造的。开发速度相较不算迅速，但品质优良，有业内人称其为"以时间造就精品"。这从2020年新增的LEED既有建筑认证项目清单中也可见一斑。

新鸿基地产在上海开发的环贸广场和国金中心、嘉里建设的上海嘉里不夜城、恒基兆业旗下位于北京的环球金融中心、九龙仓集团位于成都的国际金融中心，都在2020年成功实现绿色转型，正式获得了LEED O+M：既有建筑的认证，且都是铂金级。

由此可见，高品质的物业、高规格的运营，是经得起时间和市场检验的。

2．环境、社会和治理（ESG）

港资开发商偏爱LEED的原因，除了其认可这一全球被广泛运用的绿色建筑评估标准的成熟度以外，还与港交所从2019年开始逐步收紧环境、社会、治理等方面的政策有关。2019年5月港交所发表了题为"环境、社会和管治报告指引和相关上市条例"的咨询文件，并强调董事会在ESG相关事务上的领导力及其问责性。在2019年12月18日，港交所发表了相关咨询意见的总结文件，并宣布新规定会显著改善香港的ESG管理及披露的监管框架，使港交所成为在亚洲推动ESG披露的先锋。

这对在港交所上市的开发商具有深远的影响，因为他们必须加强在绿色建筑和可持续发展方面的努力，以免落后于同行。

此外，在绿色金融方面，港资开发商也已走在了前驱位置，努力推动了全球绿色债券、信贷、基金、保险、第三方认证等绿色产品的迅速成长。从2016

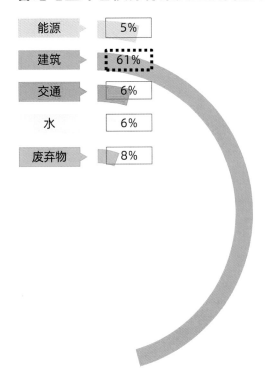

2020年新增LEED认证项目
港资开发商一览

7 嘉里建设
1996年上市
（港交所：0683）

3 恒基兆业
1981年上市
（港交所：0012）

3 瑞安房地产
2006年上市
（港交所：0272）

2 恒隆地产
1954年上市
（港交所：0101）

2 香港置地
1994年退市
（曾在港交所第二上市）

2 新鸿基地产
1972年上市
（港交所：0016）

1 九龙仓集团
1921年上市
（港交所：0004）

1 香格里拉集团
1993年上市
（港交所：0069）

1 新世界发展
1972年上市
（港交所：0017）

No 2020年新增LEED认证项目数

参与 LEED 认证的港资开发商
图片来源：USGBC

香港地区绿色债券募集资金投向版块

能源	5%
建筑	61%
交通	6%
水	6%
废弃物	8%

香港地区绿色债券比例分配图
图片来源：USGBC

年起，领展、太古地产、恒隆地产等房地产开发商已经开始使用绿色债券、可持续发展表现挂钩贷款等绿色金融工具融资，绿色建筑认证成为帮助证明其绿色绩效的有力工具。例如：领展报告显示，领展房地产绿色金融占集团总体融资约四分之一，未来有望占整个贷款组合比例大半数；同时其绿色金融框架要求其发展中或运营中的物业都拿到或即将拿到香港绿色建筑环境评估或LEED认证。

同时，建筑是全球绿色债券募集资金投向的第二大板块，仅次于能源。根据气候债券倡议组织数据，2019年全球绿债发行的30%投向建筑业，而香港市场有61%的绿色债券投向建筑，远超其他所有板块。

以在可持续战略领域走在前沿的太古地产举例，自2016年起，其就制定了"2030可持续发展愿景"，即在2030年之前成为可持续发展表现领先全球同业的发展商。他们提出五大策略支柱，分别是社区营造、以人为本、伙伴协作、环境效益和经济效益。2021年1月8日，更进一步宣布参与由科学基础目标倡议组织（Science Based Target initiative，SBTi）及联合国全球契约（United Nations Global Compact）联合发起的"Business Ambition for 1.5℃"（企业雄心助力1.5℃限温目标行动）联署运动，承诺订立更进取的可持续发展目标，以实现公司致力营造具抗御力的可持续发展活力社区的长远愿景，旨在响应香港

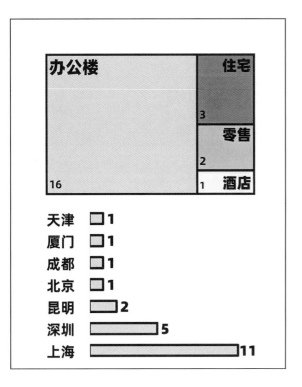

2020 年新增 LEED 认证项
目空间类型及城市分布
图片来源：USGBC

及内地分别致力在2050年及2060年前实现碳中和
的目标。

3. 多元及转型

港资开发商在内地的绿色产业布局上，不仅只
针对一二线城市、也不再只盯着甲级写字楼。拿
2020年新增的LEED认证项目举例，其已经拓展到
住宅、零售及酒店板块，且除了上海、北京和深圳
以外，还进入了成都、天津、昆明、厦门等城市。

2019年恒隆地产在进军武汉市场并宣布打造其
品牌旗舰项目——恒隆广场时，就曾重点强调过进
军内地城市的决心，其战略布局的核心在于形成
强大的辐射力，以恒隆综合体为核心打造自给自
足的生态系统，零售业态能吸引办公楼及公寓租
户，同时周边的办公楼、公寓租户也是商场的主要
消费者。

其还强调了要将人性化体验、商业生态、可持续发展相融合，打造都市活
力社区，以此增补城市商圈高端写字楼项目，并融合商业地产与绿色智慧，为
当地注入可持续发展的商业思维。

港资开发商们都已经意识到了时代赋予他们的使命及挑战。这场"绿色风"
及行业转型势在必行。而LEED，作为一套健全而迭代完善的绿色建筑评估体
系，也必将在其中扮演重要的角色，让我们一同拭目以待！

八、本土民企：在"商业向善"中崛起的可持续发展意识

2022年1月，以排名中国及全球富豪榜和500强企业闻名的胡润百富首次从企业可持续发展角度出发，评选出了最符合联合国可持续发展目标的100家中国民营企业，发布《2021胡润中国民营企业可持续发展百强榜》[①]（简称2021年度可持续发展民企百强榜）。

榜单的调研范围为"胡润中国500强民营企业"，上榜企业总价值达到56万亿，相当于中国全年国内生产总值的近六成。这份着眼于本土财富创造者们在"商业向善"领域取得的成绩的可持续榜单，可谓另辟蹊径。

在阅读榜单的过程中，我们惊喜地发现不少熟悉的身影——他们是LEED认证的参与者，而LEED已成为其响应联合国可持续发展目标的关键手段。

1．可持续民企百强Top 10，LEED占多少？

根据榜单，在这100家上榜企业中，参与LEED的企业占到20家。其中更让人瞩目的是，可持续发展领域表现最靠前的10家企业里参与LEED的企业占到60%。

排名	企业	参与 LEED
1	伊利	—
2	华为	—
3	碧桂园	√
4	海尔智家	√
5	中国平安保险	√
6	复星国际	√
7	阿里巴巴	√
8	比亚迪	—
9	腾讯	√
10	格林美	—

注：排名来自胡润百富《2021胡润中国民营企业可持续发展百强榜》

其中，碧桂园作为榜单排名最靠前的房地产企业，已经为旗下一个住宅项目申请LEED v4.1版住宅认证，而海尔智家、平安保险、复星国际、阿里巴巴、腾讯均有LEED认证项目。

① 海尔：海尔开利冷冻设备项目是一个工厂项目，其在2019年5月获得了LEED BD+C：新建建筑认证级认证。作为中国家电行业的领军企业，海尔已经连续4年发布企业社会责任报告，并在产品、服务、公益领域不断践行绿色

① 胡润百富. 胡润研究院首次发布《2021胡润中国民营企业可持续发展百强榜》寻找最符合联合国17个可持续发展目标的中国民营企业 [EB/OL].(2022-01-10) [2022-03-15]. https://www.hurun.net/zh-CN/Info/Detail?num=F7KNG76JK893.

142　双碳背景下的建筑逐绿行动：LEED在中国　Green Building Actions in the Context of Dual Carbon: LEED in China

发展的理念。绿色工厂作为产业链上的一环，成为海尔节能环保领域上的又一硕果。

② 中国平安保险：由于其在应对可持续发展挑战方面所投入的时间和努力，中国平安已经三度入选标普全球①《可持续发展年鉴》。在可持续发展战略的推动下，中国平安将ESG的核心理念和标准全面融入公司治理及管理架构中，升级绿色金融行动，绿色建筑也是其中的重要方面。除深圳平安金融中心以外，其持有的杭州平安金融中心 A、B、C座，北京丽泽平安金融中心A、B座均获得了LEED认证。

③ 复星国际：外滩金融中心（BFC）是复星"蜂巢城市"核心代表作之一，其曾经在2017年获得LEED BD+C：核心与外壳金级认证，又以97分的高分于2022年2月获得LEED v4.1 O+M：既有建筑铂金级认证。2019年，复星国际设立了董事会辖下环境、社会及治理（ESG）委员会，并成立了ESG工作小组，全面提升ESG管理水平，以期促进业务的长远及可持续发展。2020年，复星国际首次入选了恒生可持续发展企业基准指数，凸显了市场对复星国际在可持续发展领域工作的认可。

④ 阿里巴巴：杭州淘宝城是阿里巴巴在杭州的总部大楼，这个颇有大学风格的办公建筑在2013年获得了LEED BD+C：新建建筑认证级认证。除了杭州淘宝城，位于上海的虹桥阿里中心是阿里巴巴的上海总部，也在2021年1月获得了LEED BD+C：核心与外壳金级认证。阿里巴巴早在2007年就公布了首份社会责任报告，作为电商巨头，阿里巴巴也在不断地应用自身影响力及技术能力推动产业链和合作企业的可持续发展。2021年12月，阿里巴巴发布了《阿里巴巴碳中和行动报告》，目标于2030年前实现范围1②、范围2③碳中和，以及范围3④碳排放强度较2020年减半。值得注意的是，报告中还提到"未来，所有自建园区都将达到LEED（金级）认证"。此外，其在2021年发行了20年期可持续发展债券所得款项净额近10亿美元已经用在涵盖绿色建筑、能源效益、疫情危机应对等领域的12个ESG项目上。

⑤ 腾讯：2022年2月，腾讯正式宣布了其"净零行动"，承诺到2030年实现自身运营及供应链碳中和。在其公布的碳中和路线图中，LEED被写入楼宇节能板块。除了深圳腾讯滨海大厦，成都腾讯大厦、腾讯北京总部大楼、腾讯天津滨海数据中心4号楼也获得了LEED认证。

2. 行业细分：哪个领域更偏爱绿色建筑？

在这份可持续民企榜单中，医药保健行业企业进入百强最多，有13家；其次是以阿里巴巴、腾讯为代表的大众网络服务行业，有10家；汽车、房地产行业各有7家企业进入百强。

从LEED参与的角度上看，参与的行业分布略有不同。百强榜单中20个参与LEED的企业里，家电3C行业最多，占5家（海尔智家、美的、联想、TCL、小

① 标普全球（S&P Global）可持续发展评估是国际上最具影响力与公信力的企业可持续发展评估之一。

② 范围1指企业自身生产、运营产生的直接碳排放。

③ 范围2指企业购买能源产生的间接碳排放。

④ 范围3指企业价值链上下游产生的间接碳排放。

米），房地产（碧桂园、世茂、富力、融创中国）及大众网络行业（阿里巴巴、腾讯、字节跳动、京东）各占到4家，金融行业占3家（中国平安保险、泰康保险、阳光保险），交运物流（顺丰）、能源（新奥）、汽车（吉利）、综合领域（复星国际）各占1家。

（1）家电3C行业

除了海尔智家，美的、联想、TCL、小米均是LEED参与企业。这些家电3C企业的LEED认证项目空间主要是工厂和办公楼。

① 美的：位于苏州的美的吸尘器制造基地在2019年6月获得LEED BD+C：新建建筑金级认证，这家工厂也是美的将绿色理念融入产品与制造，持续为社会提供领先的绿色产品与解决方案的实践之一。2019年，美的集团入选首批工业和信息化部工业产品绿色设计示范企业名单，2021年美的集团发布了其响应"3060"目标的绿色战略，承诺到2030年集团绿电占比达到30%，并打造全流程绿色产业链。

② 华星光电：TCL华星光电第6代柔性LTPS-AMOLED显示面板生产线项目落户在武汉光谷，认证面积532,582平方米，并于2019年6月27日正式获得LEED铂金级别的认证，这也是2019年唯一一个取得铂金级认证的工厂项目，并以当年面积最大的铂金级项目获得USGBC年度"行业先锋大奖"。除了武汉TCL华星光电项目，深圳TCL华星光电G11项目也获得了LEED铂金级认证。

③ 联想：联想总部（北京）园区一、二期分别在2016年和2018年获得LEED BD+C：新建建筑金级认证。联想集团在2009年加入了致力于推进企业可持续发展的全球最大组织——联合国全球契约组织，并且在业务、项目、程序及活动中践行联合国可持续发展目标，他们在优质教育、性别平等、体面工作及经济增长等领域践行承诺，比如在气候行动上，联想承诺2020/2021财年实现温室气体排放较2009/2010财年减少40%，在其2018/2019可持续发展报告中，联想提到"不仅提前一年完成目标，更是在2018/2019财年超额完成目标并实现全球减排92%。"2020年9月，联想公布了更为进取的2030年碳减排目标，这一目标符合"科学减碳倡议"（SBTi），承诺到2030年将减排范围1和范围2内的碳排放量与热能和电力相关的碳排放量减少50%；将减排范围3价值链条中的碳排放强度降低25%。

④ 小米：小米移动互联网产业园在2021年4月获得了LEED O+M：既有建筑铂金级认证，这是小米在北京的办公总部。作为一家智能设备制造企业，小米强调创新在可持续发展和解决全球问题中的作用，将环保融入其产品设计中，比如2020年，小米就将10T（手机）和小米10T Pro（手机）系列包装的塑料消耗量减少了60%。同时，小米在社会与环境责任方面与供应商伙伴密切合作，维护生态环境的健康。

（2）房地产行业

世茂、富力、融创中国均是上榜的LEED参与企业，他们也是房地产领域的绿色建筑先行者。

① 世茂：位于福州晋安区的世茂鼓岭文化小镇在2019年2月获得认证，是中国首个LEED社区：既有（试行版）认证项目。作为一家大型投资集团，世茂一直致力于绿色环境可持续发展，打造绿色建筑与社区。其承诺100%新开发项目按照绿色建筑基本级开发，获得包括LEED、SITES在内的多重绿色建筑体系认证。

② 富力：海南富力·红树湾在2014年就获得了LEED Homes认证级认证。富力地产致力于打造可持续发展的绿色低碳住区，从选址、购地、策划、设计、工程、销售、售后服务一体化开发过程中实现绿色可持续发展。

③ 融创中国：融创中国位于无锡的崇安澜庭·壹号院项目A、C栋在2022年1月获得了LEED v4.1版住宅金级预认证，体现了融创中国在住宅绿色可持续发展领域的发力，现在，越来越多的房地产企业运用LEED作为其住宅产品差异化的工具。除了这一住宅项目，无锡融创茂商业综合体项目也获得了LEED认证。

（3）大众网络行业

① 字节跳动：字节跳动位于北京中国卫星通信大厦的办公室在2017年9月获得了LEED ID+C：商业室内金级认证。

② 京东：京东位于北京的总部大楼二期在2020年3月获得了LEED BD+C：新建建筑金级认证，除了办公楼项目，京东还有仓储物流项目通过LEED减少物流链碳排放，其位于安徽合肥电子商务产业园的14、15、16、17号仓库在2021年12月也获得了LEED认证。

（4）金融行业

在金融行业，LEED也成为泰康保险、阳光保险寻求可持续发展的重要工具。

① 泰康保险：泰康人寿北京健康管理研究中心在2017年8月获得LEED BD+C：新建建筑金级认证，此外，上海泰康之家申园在2016年获得了LEED ND第二阶段银级认证，北京、广州的泰康之家项目也都是LEED认证建筑。

② 阳光保险：由阳光保险集团开发的阳光保险金融中心位于北京CBD区域，这座超高层建筑也是阳光保险集团在北京的全新总部，在2022年1月获得LEED BD+C：新建建筑金级认证。

（5）交运物流、能源及汽车行业

① 顺丰：深圳顺丰总部大厦位于绿建林立的前海区，在2020年7月获得了LEED BD+C：新建建筑金级认证。顺丰2021年发布了其碳排放目标白皮书，承诺在2030年实现自身碳效率相较于2021年提升55%；同时，为打造气候友好型

快递，他们将在2030年实现每个快件包裹的碳足迹相较于2021年降低70%。

② 极星：极星是吉利汽车与沃尔沃汽车共同创立的汽车品牌，吉利汽车在2021年度可持续发展民企百强榜单中位列26位。极星成都生产基地在2020年3月获得LEED BD+C：新建建筑金级认证，除了这个生产基地，极星上海办公室也在2018年获得了LEED ID+C：商业室内金级认证。

③ 新奥：新奥集团是一家专注于新能源的企业，本次位列2021年度可持续发展民企百强榜的第23位。其位于河北廊坊开发区的新奥智能大厦在2013年获得LEED BD+C：新建建筑铂金级认证。这个7000多平方米的大楼集成了20余项新能源技术、建筑被动节能技术和主动节能技术，并进行了智能控制，大厦所需电力主要来源于沼气发电和光伏发电，体现了新奥集团在清洁能源领域的实践。

146　　双碳背景下的建筑逐绿行动：
　　　　LEED
　　　　在中国

Green Building Actions in the
Context of Dual Carbon:
LEED in China

九、物流地产：贴上"可持续"这一关键标签

得益于高速增长的电商需求，物流地产已成为地产行业"黑马"，备受资本瞩目。近年来，物流地产的迅猛发展，还伴随着另一个关键词：绿色可持续。以LEED为例，根据USGBC北亚区办公室发布的中国LEED认证项目年终总结报告，"仓储和物流中心"LEED项目已连续4年保持增长，2022年中国LEED仓储物流类注册项目同比2021年增长了330%，表现出了惊人的增长势头。

LEED物流中心（顾问）委员会秘书长、上海太平洋能源中心主任许鹰，聚焦物流地产这匹"黑马"，梳理了绿色物流地产发展趋势。

特邀作者：许鹰

LEED 物流中心（顾问）委员会秘书长、上海太平洋能源中心主任

1. 源起：仓储和物流中心如何成为LEED的体系分支？

现在，仓储和物流中心已经成为LEED BD+C：建筑设计与施工评级系统中的重要分支，同时也适用于LEED O+M：建筑运营与维护评级系统，涵盖了仓储和物流中心这类建筑从新建到既有运营的全生命周期。

但追根溯源，针对仓储和物流中心这一特定用途的建筑类型的专门体系，2013年在LEED v4更新时才将其真正纳入其中，而在此之前，USGBC与相关顾问委员已经进行了七年的调研。2006年，可持续设计在工业建筑中已经得到应用，市场也对这一变革寄予厚望，希望工业用途的建筑也能够更节能、获取更多日光、提高热舒适以及拥有更好的选址。在这种趋势的推动下，一家建筑师事务所（KSS Architects）得到美国商业房地产开发协会（NAIOP）的支持，开始着手研究如何将可持续设计理念应用到仓储和物流中心类型的建筑中，因为LEED在不同的建筑类型中应用更加广泛，所以他们选择LEED作为对标的标准。

这家事务所将这一特殊的空间类型与其他建筑区分开来，并定制了具体的、能与LEED的得分意图相结合的可适用性举措，最终撰写了一份报告，和NAIOP一起呈现给了USGBC。这个起源故事非常直观地告诉我们，工业领域的可持续开发是由市场自主推动起来的，而能够领跑行业的正是那些能够快速响应市场

LEED v3（2009）	LEED v4
LEED 新建建筑 LEED 核心与外壳 LEED 新建建筑：零售 LEED 医疗空间 LEED 学校 LEED 住宅	LEED BD+C: 核心与外壳 学校 零售 医疗空间 住宅 多住户住宅中层 **数据中心** **酒店** **仓储和物流中心**

LEED针对新建建筑在LEED v3（2009）和LEED v4之间的迭代变化，字体加粗部分为新增分支

图片来源：USGBC

的需求并迅速作出改变的机构或组织。

在LEED这个全球被广泛应用的绿色建筑及城市评价体系中，针对仓储和物流中心这一特殊的建筑类型特别设立了一个分支，也充分表明了"绿色仓储和物流中心"正是市场的大势所趋。并且更重要的是，LEED为有意愿的企业提供了一条切实可行的路径，帮助其实现"绿色焕新"。

在全球，诸多知名品牌已经将LEED应用在其仓储和物流中心，物流行业巨头安博、易商和普洛斯等几乎已将LEED作为"标配"。安博从2006年开始设计和开发应用获得LEED认证的建筑，2014年，基于他们的建筑体量，安博采用LEED Volume（批量认证）去认证他们的物流设施，成为全球第一个参与LEED Volume（批量认证）的物流地产提供商。在零售业，我们熟知的耐克、可口可乐、欧莱雅、雀巢等品牌也都将LEED体系应用于他们的仓库。

2. 绿色物流地产在中国：厚积薄发

中国的LEED物流中心起步并不晚，但前期发展较为缓慢，直到近几年随着物流地产的崛起迎来一波高峰。中国第一个注册LEED的仓储和物流中心是耐克位于江苏太仓的物流中心，2011年这个项目获得LEED铂金级认证，也是中国第一个获得LEED最高级别认证的仓储和物流中心。

从总数上看，截至2022年底，中国区LEED物流参与项目已经达到454个，而2022年全年新增的LEED物流参与项目达到了224个，更是跻身2022年中国区LEED参与主要空间类型的前3名。物流地产积极参与LEED认证，让LEED在中国走进越来越多不同的建筑空间类型，形成了日趋多元化的局面。

从地域上看，在这十余年里，绿色物流地产已进中国近20个省级行政区，覆盖了50多个城市。江苏作为传统的长三角物流中心主导了绿色物流地产的兴起，以超130个注册项目名列中国LEED物流榜单榜首。近年来随着粤港澳

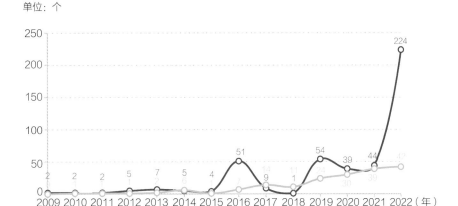

単位：个

数据时间：截至2022年12月31日。

中国 LEED 物流参与项目年度变化趋势

图片来源：USGBC

大湾区热度的提升，大湾区的绿色物流地产也发展迅猛。广东借势成为后起之秀，其注册LEED的仓储和物流项目已近50个，其中以广州、深圳、佛山、惠州、东莞、中山这六大城市为主力军，占中国仓储物流类注册项目总数的11%。

那么，是谁在推动中国绿色物流地产的发展？

我们分析了参与其中的企业。根据截至2022年底的中国LEED物流参与项目信息，尽管外资企业超过50%，一些立足于本土的中国品牌和企业也开始将旗下物流空间进行绿色升级，比如大家熟知的京东已经有三个仓库获得LEED认证，万科旗下的万纬物流也参与其中。未来，相信随着中国本土可持续发展意识的进一步提升，当绿色消费、绿色选择成为主流，绿色物流地产也会成为本土企业增加品牌价值的一个绝佳工具。

3．未来：可持续会是物流地产商的竞争优势

2020年5月，仲量联行研究部发布了一份主题为《擎动未来十载：中国物流地产市场格局演进》的报告，报告提出未来十年，中国物流地产市场在继续扩张的同时，也将面临更加复杂的市场格局，并预测了中国物流地产市场在未来十年的三大驱动力，具体如下。

第一：从长期来看，中国消费市场提质扩容将保持向好态势。与过去相比，中国消费增速有所放缓，但长期看消费规模仍将稳步扩大。这对于物流地产的影响是，随着消费市场提质扩容以及消费结构优化升级，物流地产投资者和开发商必须适应零售消费市场的新变化，从而相应调整其投资策略。

第二：中国大力推进城市群发展，为物流地产市场带来新的城市机遇。以城市群和都市圈为核心的区域经济发展格局将成为支撑未来经济高质量发展的

主要平台，同时也是推动区域消费市场和投资市场进一步发展的重要保障之一。

第三：科技赋能将成为物流企业降本增效的助推器。自动化和智能化的物流科技可以有效地提升高标库①的空间利用率和作业效率。这一趋势将有效地推动庞大的非高标库租户群体考虑升级为高标库。

这些未来物流地产的主要驱动引擎，涵盖市场、政策以及科技三个方面。由此也可以看出，物流地产的发展机遇非常广阔，政府和企业都会加速推动物流地产行业的整体升级。

有机遇就有挑战。未来或许会有越来越多的企业躬身入局，带来物流地产行业日益激烈的竞争，这也给开发商们提出了新的问题。过去，开发商们专注于通过优质的地理位置以及高标库来提升竞争力；现在随着市场驱动力的变化，开发商们要想应对竞争，寻找新的溢价方式，或许还需要在更多层面"武装"自己。基于他们的研究，仲量联行提出了开发商和投资者可以采取的五种前瞻性的战略解决方案，其中就包括"可持续性和员工健康安全"。之所以可持续变得如此重要，一方面是越来越多的企业开始注重"经济、社会、环境"的三重底线，并把可持续发展纳入企业发展策略，以提升自身运营效率，更获得资本青睐和市场认同。

另一方面，消费者、租户也将对消费产业链上的仓储物流设施提出更高的要求；同时，各级政府近年来对绿色建筑的重视及投入也有所增加，仓储物流作为其中重要的建筑空间之一，也应及时调整策略，融入这场"绿色新潮流"。

此外，随着未来人工成本的增加，人的健康与使用体验也会是建筑空间的一大衡量指标，可持续的仓储和物流中心也会成为企业给员工的隐形福祉，成为吸引人才的一大"利器"。

4. 中国绿色物流地产案例

乐歌常熟物流中心项目与南通物流中心项目均分一、二期建设，其中常熟项目一期已在2018年获得LEED金级认证，二期也在2020年获得LEED银级认证。南通物流中心项目一期已在2019年获得LEED银级认证，二期同样于2020年获得LEED银级认证。

乐歌常熟和南通物流中心项目实施了一系列的创新高效的节能环保措施，主要包括仓库屋面选用浅灰色彩钢屋面材料，地面为浅灰色混凝土路面，降低热岛效应；场地安装地埋式一体化雨水回用系统，项目室外选择了耐旱型本土植物；项目设计了室内新风热回收机组；合理利用库区顶部自然采光，结合高效LED照明技术，另外项目还充分利用了物流仓库大面积屋顶安装太阳能光伏发电系统。

位于广州市从化区的易商从化德迅物流中心，在选址阶段就因地制宜地利用了项目周边的开发环境，并以提升项目品质与资产价值为导向，采用了多重节能环保措施：在场地的停车位中安装了电动汽车充电桩；安装地埋式一体化

① 高标库，即高标准仓库，一般指库内净高大于9米、周转场地在25米以上、带有卸货平台和消防喷淋的仓储建筑。以上四个必要条件缺一不可。

150　　双碳背景下的建筑逐绿行动：
LEED
在中国
Green Building Actions in the
Context of Dual Carbon:
LEED in China

乐歌常熟项目   乐歌南通项目

图片来源：乐歌物流咨询（上海）有限公司

易商从化德迅物流中心
图片来源：上海益商仓储服务有限公司

雨水回用系统，收集屋面雨水净化后用于绿化灌溉、道路冲洗和冲厕；项目还采用了高于国家一级节水标准的高效节水洁具，实现了57%的节水量。可持续发展的目标贯穿了易商从化德迅物流中心项目的全生命周期，致力于减少设计、建造、运营、拆除各阶段对环境的影响，项目采用绿色施工方案，控制扬尘和水土流失，选择含可回收成分的本地建材，实现室内外环境品质和空气质量双重环保目标。现在，易商在中国已有多个LEED认证项目，比如LEED金级认证的苏州宝进研一期工业园、无锡物流园、上海青浦物流园、杭州临平物流园、昆山玉山物流园等。

十、数据中心：新基建时代的绿色先行者

在中国，数据中心是国家新基建重点发展的方向之一。2020年初，数据中心首次被列入加快建设的条目。再加上中国境内基础设施领域公募REITs（不动产投资信托基金）试点已正式起步，中国的公募REITs从仓储物流和产业园区开始，成熟后必将走向数据中心、长租公寓等国家政策鼓励领域，这也将利好数据中心的长期发展。

特邀作者：程小丹
LEED 数据中心顾问（中国）委员会秘书长、中科仙络董事长

1. 数据中心越来越多，它们的环境影响更不容小觑

数据中心是耗能大户。举一个非常现实的例子，葡萄牙球星罗纳尔多每次在图片社交网站Instagram上发布一张照片，他的1.88亿粉丝总共需要消耗24兆瓦时（MWh）的能源，这相当于消耗2万4千度电，按中国的人均用电量换算，可以供400个中国居民使用1个月时间。[①]网友在手机或电脑上的每一次点击，都离不开数据中心的支持。而这些数据平均每11个月就会翻倍，无疑数据中心会越建越多。从能耗角度来说，数据中心的耗能不容小觑，这主要来自服务器本身需要的电力支持，以及为了保证服务器正常运转（避免高温停机等）而需要的冷却系统消耗的能量。

其中，处理冷却问题是降低能耗的关键。传统数据中心会使用空调系统冷却，而对现代超大型数据中心来说，水冷却则是更为常见的方法，但是水冷却也引发另外的问题，比如仅在2019年，谷歌就为美国三个不同州的数据中心申请或获得了超过87亿升的水。这也让数据中心成为耗水大户。

如果作一个建筑类型之间的横向比较，作为能源密集型建筑的数据中心相比办公楼，它的耗电量和制冷量需求更多。事实上，数据中心的能源消耗量可能是办公楼的40倍之多。一些模型预测，如果不加以限制，到2030年数据中心的能源使用量将吞噬全球电力供应的10%以上。

① 数据来源：按照国家能源局公开的信息，2019年前8个月，中国的用电量约为47422亿千瓦时，按照13.95亿人口计算，这一时间段中国居民平均每月用电量约为62度。

2. 绿色数据中心，早已行动的先行者

打造绿色数据中心的呼声由来已久，早在2005年，位于美国马里兰州的房利美技术中心作为兼顾办公和数据中心功能的综合性建筑，就获得了LEED认证，就应用了LEED BD+C新建建筑体系获得认证级认证。

直到2013年，LEED推出了v4版本，突破性地新增了诸多针对不同建筑空间类型的分支以满足不断变化的市场需求，而数据中心毋庸置疑名列其中。

这也为众多行业内有远见的企业提供了一个帮助其数据中心寻求可持续发展的有力工具，LEED作为绿色数据中心的建设运营标准迅速地受到了市场的青睐。

2017年，微软公司与USGBC合作，承诺他们将在LEED v4 BD+C：数据中心的框架下，应用LEED Volume（批量认证）[①]，以LEED金级认证标准去建设及运营他们自有的数据中心。

这一次合作也掀起了技术与可持续发展结合的热潮。元（Meta）、谷歌（Google）、苹果（Apple）、数字房地产信托公司（Digital Realty Trust）、欧洲和亚太地区数据中心（Global Switch）、知名云基础构架和移动商务解决方案厂商（VMware）、知名数据运营商（Equinix）等行业领袖都已将LEED作为数据中心的建设运营标准。

3. 打造绿色数据中心，我们关心这些问题

国际上广泛使用能源使用效率（PUE）作为评价数据中心能耗的关键指标，它是数据中心总能耗与IT设备能耗的比值，这个值越接近于1，则表明非IT设备耗能越少，也就意味着能效水平越高。一些高效的数据中心公司已经能将其数据中心的PUE控制在1.2以下。

中国数据中心的能耗表现稍显落后，根据中国信通院的数据[②]，2019年底，全国对外服务型数据中心平均能源使用效率值大约为1.6，但相比2013年的能源使用效率值2.5已经实现了质的飞跃。目前，各地政府在审批数据中心项目时，也会把目标能源使用效率作为附加条件，这也反映出整个行业可持续发展意识的提升。

此外，全球也在寻求打造绿色数据中心的其他有效路径。2020年8月，工业和信息化部等部门组织开展了2020年度国家绿色数据中心推荐工作，除了继续关注能源使用效率这个能耗指标外，还将可再生能源使用比例、水资源使用率、绿色采购等方面纳入考量，这也和LEED评价体系有很多异曲同工之处——比如使用LEED框架可以更容易地评估数据中心的能源模型和预测设备的节能效果。

正如前文所说，数据中心采用水冷却的方法会对水资源造成巨大消耗，而有了LEED冷却塔节水得分点和整个项目节水得分点策略考量，就可以让这些耗

① Microsoft. Building and Operating Greener Datacenters: Our Commitment to LEED Gold[EB/OL]. (2017-11-08) [2020-08-27]. https://blogs.microsoft.com/green/2017/11/08/building-operating-greener-datacenters-commitment-leed-gold/.

② 吴美希，郭亮."新基建"数据中心能否摘掉"能耗大户"的帽子？[OL]. (2020-06-01) [2020-08-27]. http://www.cbdio.com/BigData/2020-06/01/content_6156905.htm.

水大户重视并解决节水问题。

超高能耗也让数据中心运营的前瞻者们从源头上注重清洁能源的使用。亚马逊和微软等云厂商,都已经承诺旗下数据中心100%使用可再生能源。中国本土企业也紧随绿色之风,2020年秦淮数据集团发布了国内数据中心行业首个ESG报告,其中提到秦淮数据将成为中国首家承诺向100%可再生能源转型的互联网科技企业,旗下秦淮数据中心也正在追逐LEED认证的过程中,这份承诺正在迈向实践之路。

值得一提的是,数据中心行业也逐渐意识到应关注"人"的健康。由于数据中心属于关键基础设施,依赖相关运维人员保障数据中心的正常运行。此前,数据中心普遍被认为是用于支撑IT设备的场地,很少重视运维人员的工作环境。现在,数据中心行业也逐渐意识到人员也是数据中心正常运行的重要组成部分,需要为他们提供更安全健康的办公环境。从室内空气质量到热舒适度、声学表现、室内照明、自然采光、良好视野等方面的关注,使LEED数据中心在节能节水的同时,更体现了人文关怀。

4. 中国LEED数据中心发展趋势及案例

近年来,我国各个行业信息化程度的逐步加深,中国数据中心的市场规模也越来越大。每年都有两位数以上的增长,且大型数据中心的数量也越来越多。中国第一个LEED参与的数据中心是广州汇丰大厦数据中心,其在2010年8月获得LEED金级认证。

从数量上来看,截至2022年底,我国已经有133个数据中心项目参与LEED认证;此外在绿色节能政策的导向下,LEED数据中心参与项目在近三年内也呈现迅速增长的态势。相信随着新基建的推进,我国LEED数据中心参与项目将百花齐放。

从地域上看,由于诸多跨国企业在中国香港的落地,香港地区的LEED数据中心注册数量占比最高,达到35个;其次是上海,有17个;北京、江苏等地也同样受到数据中心选址的青睐。更值得注意的是,随着越来越多数据中心开始注重使用可再生能源以及运用"自然冷却"以降低能耗,河北、贵州及内蒙古自治区凭借其自然及气候优势渐渐成为绿色数据中心的热门选址。

中国领先的科技巨头们也在引领数据中心可持续发展的潮流。腾讯正在为其新建成的四个数据中心总部大楼申请LEED BD+C认证。此外,腾讯还准备为其多个数据中心申请LEED O+M可持续运营认证。相比BD+C着重数据中心的设计和建造角度,这一体系更关注数据中心可持续运营。这一点也反映了中国本土科技公司在可持续发展上的开创性尝试。

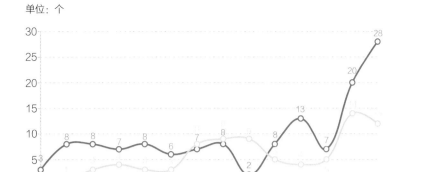

单位：个

数据时间：截至2022年12月31日。

注册项目　　认证项目

中国 LEED 数据中心年度变化趋势

图片来源：USGBC

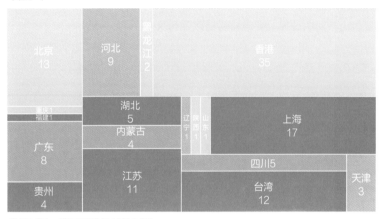

单位：个

数据时间：截至2022年12月31日。

中国 LEED 注册数据中心分布

图片来源：USGBC

5．案例分享：北京中云信顺义云数据中心

2020年7月，北京中云信顺义云数据中心获得LEED BD+C：数据中心金级认证。该数据中心位于北京市顺义区赵全营镇兆丰产业基地，建筑面积40000平方米，基于LEED标准严格设计建造，最终获得总分为70分的突出表现。

它在节约能耗部分表现尤为突出，节约能源费用达42.2%，项目采用高效的离心式冷水机组，超大容量的蓄冷罐可供满负荷离线供冷8小时，实际运行能源使用效率值为1.3。同时采用高效的节水器具及节水灌溉措施，并且在施工前期就向总包单位明确各项目标，如尽量减少施工废弃物的产生，提高材料的回收利用率，要求使用的土建材料尽量选择本地材料，减少因运输产生的二氧化碳排放量。

6．案例分享：国家东南健康医疗大数据中心机房1号楼

2020年7月，位于福建的国家东南健康医疗大数据中心机房1号楼也获得了LEED BD+C：数据中心金级认证。该数据中心是应福建省政府批示，承载福建省及周边省份2亿人口健康医疗大数据，为临床科研、基因测序、健康管理等产业发展提供海量存储和大数据分析能力，支撑政府、医疗机构、科研机构、企事业单位的基础资源和数据服务需求。在设计上，东南健康医疗大数据中心"八角大楼"的外形颠覆了传统数据中心的方块形象，围合形成的中心花园提供了舒适的视野和活动空间。

在可持续设计上，该数据中心采用了以下措施：

• 场地铺设雨水回用系统，用于灌溉和道路冲洗，减少用水；

• 冷却塔的补充水采用高效除垢技术，多次循环使用冷却水，减少因水质硬度造成的补充水的浪费；

• 采用高效节能设备，节能率高达24%；

• 施工过程中，尽量考虑本地材料，减少运输成本，施工产生的废弃垃圾也尽量转送给回收公司，促进材料的回收利用。

十一、实验室：同济教授眼中的绿色发展观

美国佐治亚大学的一项绿色实验室项目曾显示[1]，实验室所消耗的能源是普通办公楼的5~10倍，并且会产生数量惊人的塑料垃圾和危险的化学物质。这似乎揭示了科研的过程，即使是致力于可持续发展的研究，其本身也并不一定是可持续的。随着中国2060年碳中和目标的提出，国内实验室的绿色转型已刻不容缓。目前，中国累计超过60个实验室注册了LEED认证，并有近50个实验室已获得正式认证。借此机会，USGBC北亚区市场转化与拓展总监徐辰波对LEED实验室顾问（中国）委员会筹备的总协调人——同济大学机械与能源工程学院刘东教授进行了专访，以对话的方式探讨中国绿色实验室的发展。

刘东教授
同济大学机械与能源工程学院

1. "实验室的设计牵一发而动全身"

徐辰波： 刘东教授您好，很荣幸采访您。通常我们都认为实验室是一个比较专业且特殊的建筑类型，您是实验室领域的专家，所以想请您说说实验室和其他建筑最大的不同在哪里？

刘　东： 我们一般把建筑分成两大类，一类是民用建筑，一类是工业建筑。民用建筑又可分为住宅和公共建筑，工业建筑则是指服务于工业生产的建筑。而实验室非常有特点，它是介于民用和工业建筑之间的这类建筑。

从本质上说，实验室应该是工业建筑，它的产品就是数据。无论我们是做科研，做常规检测，亦或是做教育教学，其实都是想通过实验室来获得真实或者相对可靠的数据，所以实验室理应依据工业建筑的标准。但很多实验室坐落在大学校园中，离人们居住生活的区域很近，所以不能只是简单按照工业建筑的排放标准来要求实验室。

其次，实验室里的人员会影响室内环境质量的要求。如果实验室能实现全自动无人化操作，那么主要考虑的是实验环境污染物的浓度应满足实验要求，

---

① KOERTH M. Science Has A Sustainability Problem [OL]. (2019-06-19) [2021-03-30]. https://fivethirtyeight.com/features/when-trying-to-save-the-world-also-trashes-it/.

对人员保护的要求可以适当降低。但如果有常驻实验操作人员的话，需要按照"就高不就低"的原则，同时满足人和实验工艺的要求。所以实验室比普通的工业建筑和民用建筑都要来得复杂，尤其是科研类的实验室。

最后，实验室的能耗强度非常高，与公共建筑相比，实验室的能耗强度可以高出一个数量级范围。所以实验室应该要有一个独立或者是与之相适应的专门标准。

徐辰波： 既然您提到了校园，我想到了一个特别有意思的新闻：北京大学和清华大学附近都有地铁站，北大的地铁站离校园很近，大概就几十米，而清华距其地铁口有500米以上，有报道说原因之一是清华不想让他的实验室仪器受到地铁振动的影响。您如何看待这个现象？实验室的建造又有哪些专业要求？

刘　东：对，这个很有意思。由于清华和北大的学科特点设置不一样。针对实验室选址这一方面，包括其附近的公共交通、市政道路、地铁等的影响都是需要纳入考虑的，而且具体的限制要求会非常明确。比如某种类型的实验室，为了达到相应实验要求，在多少米的范围内不允许有什么装置。对于一般需要满足足够电磁屏蔽基础条件要求的实验室，其30米范围内不能有大功率的电器，100米内不能有主干道，250米内不能有地铁，500米内不能有磁悬浮。这是正在执行的国内通用规范，在国际上也是这么要求的。

还有一些实验室为了不受外界影响，甚至是在地下建设的。比如，华南有国家大科学装置，它就是建设在地下七八百米深的岩石层，可以避免电磁辐射的干扰，但同时又带来新的挑战：一是实验室通常要求室内温度在21~23℃，但是在那个深度的岩石层中，温度有30℃甚至更高，这就需要将多余热量排走；二是地下的氡浓度高于地面的卫生标准要求，所以必须从地面将清洁空气引入，

实验室的设备与环境

图片来源：图片社区 unsplash, Testalize摄. https://unsplash.com/photos/9xHsWmh3m_4.

去稀释空气中这些有害物质的浓度，以使得它能在一个安全的范围内。由此可以看出，实验室有很强的专业性，所以它的设计牵一发而动全身。

2. 化学实验室暖通设计"就高不就低"

徐辰波： 您提到实验室有不同的类型，那当我们启动LEED实验室顾问（中国）委员会筹备工作的时候，您觉得我们首要的对象应该是哪类实验室？

刘　东： 实验室从立项、设计、建造再到运维管理的全生命周期中，会涉及很多部门。目前，这些部门都是按照自己的想法去理解相关要求，所以相对是割裂的。而国外的大学一般都设有环境、健康、安全（EHS）部门负责实验室管理。相信在不久的将来，我国大学也会设立EHS的体系，学习国外的经验和方法。所以，目前我们可能先去从量大面广的化学实验室开始，并且从涉密角度来看，通常化学实验室比生物实验室的要求更低一些。

从业务类型来看，我们应先从检测类实验室开展工作，而将科研类实验室留待未来再去探索。科研类实验室的目的是去探索未知，并尽可能地去探索科研边界的活动。因此，它和检测类实验室比起来具有更大的不确定性。如果管理不善的话，科研类实验室可能具有更大的危险性。所以，在通过对检测类实验室梳理并完善全生命周期管理体系后，我们再去探索科研类实验室的管理，这是一个比较合理的研究规划。

徐辰波： 那您能说说化学实验室暖通系统设计的特点吗？它与普通建筑相比有哪些不同？

刘　东： 一般的暖通设计都是舒适性空调。舒适性主要考虑到温度和湿度，并且同时考虑二氧化碳浓度民用建筑不超过1000ppm（即百万分之1000），那就必须要有新风。而室内污染物会考虑$PM_{2.5}$和甲醛等，一般现有技术也能控制妥当。所以对舒适性空调来说，我们更多考虑的是热湿负荷以及耦合的问题，再以"就高不就低"这个原则进行设计。

而化学实验室的暖通设计，除了考虑冷负荷、热负荷或者湿负荷以外，还要再加一个概念叫污染负荷。污染负荷我认为包括两部分：一部分为气体污染物，另一部分是颗粒污染物。然后将这四个因素耦合在一起，可以按照"就高不就低"的原则进行设计。所以，实验室的暖通系统由于考虑的因素更多，其控制系统会更复杂，能耗也会更大。

3. 污染物过滤与热回收

徐辰波： 您刚刚提到化学实验室所面临的污染负荷，能否具体讲讲哪些技术可以应对呢？

刘　东： 一般，我们做实验都会在一个有通风柜或者排风的区域里进行。假设有一个实验操作柜台，在柜子前面1.5米、旁边各1米、高度是2米的空间，我们称之为工作区。在工作区里的空气流速不能超过0.15米/秒。对比家用空调,要求是热天不超过0.3米/秒,冷天不超过0.2或者0.25米/秒。而有些工作区的空气流速甚至要求不能超过0.1米/秒。所以针对实验室的暖通设计,我们不但要考虑冷热怎么送进去,还要考虑气流组织,以确保实验操作人员不会吸入被污染的空气。针对生物实验室而言,吸入被污染的空气意味着你有可能已经吸入病毒或细菌了。这也正是我刚才提到的,委员会的工作应先从相对简单的化学实验室来考虑,后面再扩展到生物实验室这一块。

徐辰波: **那实验室内的污染物通常都有哪些?我们应该采取怎样的措施进行监控?**

刘 东: 事实上,实验室内的污染物是比较复杂的,我以土木类实验室举例。通常都认为这类实验室内一般只有些粉尘,但对于涉及防火研究的实验需要燃烧防火材料、保温材料和一些建筑材料,所以会产生相当多的气体污染物。在管理完善的实验室里,实验使用的排风柜有三轮检测,第一轮是制造检测(as manufactured):会将产品放到特定的实验室以测试产品性能;第二轮是安装检测(as installed):以测试安装质量;最后一轮是使用检测(as used):类似年度例行检查。这样才能确保排风柜的性能表现是符合标准要求的。

徐辰波: **在满足实验室特殊需求的前提下,您觉得有哪些技术能降低实验室的能耗?**

刘 东: 这还是有不少的。比如,我们如果能对实验室的工艺流程有所了解和熟悉,那么对于一些化学品使用强度不大的实验室,比如刚才提到的排风柜的排风就不必排到室外了。用可靠的技术手段将粉尘,尤其是有害气体进行吸附过滤之后,可以直接排在室内再进行循环,这就是一项非常好的技术。但它的前提条件是有非常可靠的传感器以及有效的过滤手段。

   由于我也是中国《无风管自净型排风柜标准》的主编之一,知道我们对过滤器的更换是按照卫生标准要求的。首先,将污染物分普通毒性和较强毒性,如果过滤器中的普通毒性污染物达到卫生标准浓度的50%,就必须进行更换;而如果较强毒性污染物达到卫生标准浓度的1%,也必须更换。

   其次就是如何有效地利用实验室排出空气的能量。实验室的换气次数普遍在6~12次/小时,在一些排风柜密集的实验室能达到几十次甚至上百次,这也是其能耗高的原因之一。在夏天,这些经过处理后排出的空气温度为25~26℃,而在上海的室外大气温度达到34℃,如果利用得当,这是一种有效的热回收措施。我们可以将这些排出的空气先用于空调的再热,然后再去预冷新风,这样它就有一个很好的应用。

   获得LEED认证的某著名制药类外企研发中心在这方面就运用得很不错。根据他们提供的资料显示,这项技术虽花费百万,但预计三四年时间可回收成本。这既能产生显著的节能效果,又可以起到很好的平衡作用。

160

双碳背景下的建筑逐绿行动:
LEED
在中国

Green Building Actions in the
Context of Dual Carbon:
LEED in China

4. LEED × 实验室管理

徐辰波： 您刚提的技术对运营的要求很高。通常在商业地产，我们都认为设计团队能力会比较强，而运营团队能力相较一般。目前实验室的运营人员能力能匹配这么精细的设计吗？

刘　东：这其实很有意思。实验室这块的情况和公共建筑不太一样，因为实验室都是有工艺要求的，而绝大部分的民用设计院并不掌握这些。比如BA系统（楼宇设备自控系统），设计院通常会给专业的自控集成公司来做，手术室净化间也是这样。大部分的工作由集成单位完成，有些甚至是设备商提供技术、提供图纸，因此设计院在这方面的能力需要加强。与此同时，我们还要制定一些标准。我正在主编《化学实验室通风系统设计与安装》国家标准图集，在这个图集的制定过程，就要邀请一些设计院、系统集成公司还有比较优秀的设备制造企业都参与其中。我们希望能够规范化起来，包括标准实验的流程、具体的参数、具体控制项等。然后以国家标准图集的形式表现出来，这个对设计院来说会是一个很好的辅助设计工具。

徐辰波： 的确跟公共建筑很不一样，看上去由于前期设计能力的缺失，导致方案都采取的是承包商甚至是设备商的建议。而当实验室交付给使用者的时候，他可能很了解如何做实验但并不了解实验室的设计及工艺，最后是否会存在交付质量无人监督的现象？

刘　东：这是有可能发生的。在这一块，公共建筑目前的设备验收普遍应用国家标准，包括能效测评去作保障。而对实验室来说，目前这块存在着非常大的提升空间。因为不少人的态度是对付过去就行，或者只是参照普通的舒适性暖通系统做检测，甚至不做检测。其实这里面会非常复杂，排风柜只是局部通风，但整个房间还要做全面通风检测，因为需要将所有的室内污染物都控制好，所以这也是我希望能够将LEED与实验室管理结合起来的主要原因。比如LEED认证就很重视调试，而实验室更应该加以重视。实验室的核心概括起来就是安全、舒适、节能。首先是安全，没有安全一切都免谈；其次是舒适，指实验室内的实验动物或植物，或者是实验人员能够高效率地工作；最后在满足安全和舒适的前提下，使用合理的能耗。我接触LEED认证已经有十多年，总的来说，LEED认证是非常客观的，这是一个重视流程、重视文件且重视过程的客观标准体系。所以我希望能够借鉴这些方法论，为行业做点事情。

5. 实验室的绿色未来

徐辰波： 目前大家都在讨论2060年碳中和目标，而建筑业产生的碳排放占到全社会总量的40%左右，建筑业应该如何应对这样一个挑战？

刘　东：我们都说要减少二氧化碳排放，但其实现在有种技术是将二氧化碳作为生产原料并制造出有高附加值的碳纤维等产品，所以有时候我们需要改变下角度去看问题。碳中和对于建筑业其实会是一个非常好的机会，通常建筑都被认为是能源需求方，但如果技术措施得当的话，建筑可以成为能源的生产者。例如，光伏技术的不断发展，发电效率可以从原先的12%提升到22%，并且成本也在快速下降。所以建筑光伏一体化既能响应分布式能源发展的需求，也可以让建筑自给自足，降低对外网的依赖风险。同时我个人对风热一体化以及中深层地热能的技术应用都很有信心，一些项目已经应用起来，以后有可能率先实现零能耗。校园有很大的潜力，因为校园的建筑密度不是很大，且用能强度也比公共建筑要低。如果能合理地应用可再生能源，例如建筑屋面及立面光伏等，就能满足能源供给的需求了。

徐辰波： 您提到了要多应用光伏，但光伏在晚上是不产生电的，那目前的储能技术能否解决这一问题呢？

刘　东：你提到的这个问题的确是客观存在的。储能技术事实上对于新能源的应用是非常重要的，我们国家目前的弃风弃光比例和总量还是挺高的，如果储能技术能够发展得好，就能提升可再生能源的利用率。目前我们和国外大学就在合作研究新的储能技术的应用，采用了相变材料，材料相变温度在﹣30~800℃。而且它是盐基材料，这样安全性就能得到保障。并且通过验证，其充放次数可以达到48000次，如果使用得当，预计有超过十年的使用寿命。

徐辰波： 我关注到从2007年您就开始参与国内实验室的研究，那么在经过十多年后，您觉得国内的实验室行业的总体发展现状是什么样的？

刘　东：首先，国内实验室管理者的专业程度距离世界先进水平存在相当差距，尤其是在关心实验室中操作人员安全这方面，需要学习国外领先实验室去积极地创造安全舒适的环境；其次，设计院的能力亟待提升，由于实验室的设计是比较有技术难度的，除了一些实力很强的国有设计单位，很多设计院尤其是民用设计院在这方面的能力仍有很大提升空间。最后，要说说设备制造企业。企业的任务是创造利润，而当用户和设计院没有相应认知能力的时候，企业就会去追求超额利润，并且可能忽视后续的设备运营管理。如果说实验室设计建造能力距先进水平差15年的话，对实验室运营维护的理念可能要落后20~30年。

2020年8月5日，中国应急管理学会成立了安全生产工作委员会，由于这个学会的依托单位是国家行政学院。安全生产工作会的115个成员绝大部分来自各应急厅委的政府工作人员，其余来自大学。按照大家的各自分工，我们主要的任务是负责构建中国实验室安全体系，所以我接下来的一部分重点工作是想把实验室安全的问题先解决。

徐辰波： 那我们是否能得出这么一个结论，如果重视前期，哪怕当时多花了钱，但是从长远的生命周期来看，是有利于整个实验室和整个行业发展的？

刘　东：可以这么理解，我们肯定是要从建筑全生命周期或者全过程去考虑问题。在前期，尤其在设计阶段花的精力或者说投入得越多，其实是为后面的安全性、舒适性和高能效打基础的，也就是我们说的"磨刀不误砍柴工"。目前，国内实验室发展非常快，2019年的全国科研投入达到了2.22万亿左右，2020年达到2.44万亿左右。而科研的投入大部分是用来建造实验室，这样的话实验室的建设会持续增长，因此制定合适的管理体系是十分有必要的。

① 世界经济论坛. Global Lighthouse Network [OL]. [2021-11-02]. https://initiatives.weforum.org/global-lighthouse-network/home.

十二、工厂：可持续革命浪潮底下的"灯塔"

"全球灯塔网络"（Global Lighthouse Network）①是一个旨在推进制造业进行第四次工业革命转型的领先社区，2018年世界经济论坛与麦肯锡公司联合发起了这个项目，并不断甄选世界一流的制造工厂，表彰它们不断提高效率和生产力的成就。截至2022年底，共有132个工厂加入全球灯塔网络，中国占到34%。值得注意的是，2021年世界经济论坛首次为3家"灯塔工厂"赋予了新的称号——"可持续发展灯塔"，这代表它们在可持续发展和生产效率方面取得了突破进展。

工业制造类的建筑，跻身可持续革命浪潮的弄潮位置，早已不是新闻。据USGBC北亚区办公室的相关统计数据，2020年获得LEED认证的工业制造项目数量在中国排名第三，仅次于办公和零售类项目。但工厂似乎与普通人的生活依然有些遥远，而把"机械的流水线"推向低碳前沿的背后，其实藏着不少智慧的头脑和启发性的故事。为此，我们特别邀请陈重仁LEED Fellow（代表LEED专业人士的最高荣誉），从行业发展到个案解析，剥茧抽丝，为大家深度解析绿色工厂的过去、现在和将来。

特邀作者：陈重仁 LEED Fellow
台湾绿领协会理事长、澄毓绿建筑设计顾问有限公司总经理

1. 全球"灯塔工厂"中的LEED身影

2021年全球灯塔网络首次评选出的3家"可持续发展灯塔"工厂中，就有1座获得了LEED认证，是位于美国刘易斯维尔的爱立信5G绿地工厂。它在2021年4月获得了LEED ID+C：商业室内金级认证。这家工厂实现了100%使用场内太阳能装置提供的可再生电力以及公用电网提供的拥有绿电认证的电力。同时，通过投资高效的机械和电气系统，使得工厂的运营能耗比同类建筑减少24%。

再看中国，中国的"灯塔"工厂中也不乏LEED认证项目，比如宝洁位于太仓生产基地的护发产品生产工厂、美光科技台中A3晶圆厂、强生医疗爱惜康工厂、秦皇岛中信戴卡创新中心、友达光电台中L8A厂及L7B厂和西门子位于成都的数字化工厂等。全球灯塔网络开始将可持续作为一个新的评选标准，预示了

164   双碳背景下的建筑逐绿行动：
LEED
在中国

Green Building Actions in the
Context of Dual Carbon:
LEED in China

一个明显的趋势——制造业在追求技术革新的同时，已经把降低环境影响作为重要评估指标。究竟是什么原因呢？我们可以从多方面剖析一下。

2. 工厂寻求绿色发展的动因

工业部门是全球财富和经济社会价值的重要组成，同时也会产生占到全球约21%[1]的碳排放。值得注意的是，工业也是温室气体排放增长最快的来源之一——自1990年以来，工业流程产生的温室气体增长了187%[2]。这主要是由于制造过程需要大量的能源、加工生产过程会产生温室气体，以及对空调制冷需求的增加。作为制造业的空间载体，工厂这一建筑类型也相应地产生了大量的碳排放。

面对气候变化危机，工业部门已开始行动，比如提高能源效率、运用清洁能源等。在这种趋势的推动下，许多行业领先企业意识到自己有责任去做些什么。这些业内企业的声音让USGBC察觉到LEED可以与工业制造空间有更紧密的结合，由此也推动其成立了第一个针对工业设施的LEED用户小组（LEED User Group）[3]，巴斯夫、高露洁、英特尔、玛氏、宝洁、丰田等知名品牌都曾是这个用户小组的成员。小组成员们也以实际行动落实了可持续发展，比如从2011年开始，英特尔就将"所有新建建筑获得LEED认证"作为其践行企业社会责任的策略之一。高露洁则在其2020年11月发布的《2025年可持续发展和社会影响战略》中提到其企业目标——全球100%运营项目获得TRUE认证，并在2025年前将为所有新建制造基地获得LEED认证。

除了企业可持续意识的觉醒，其将工厂打造成绿色低碳项目的大部分原因，还应归功于市场对"绿色供应链"的要求和重视。绿色供应链管理是一种基于市场机制、以降低产品全生命周期环境影响为目的的环境管理手段，它要求产品从原材料采购、加工、包装、仓储、运输、销售、使用到报废处理整个生命周期减排降耗。工厂作为供应链上的重要一环，也要遵守绿色供应链的要求，LEED认证就是一个直接、有效的工具。品牌客户与绿色供应链的要求，也带动着行业上下游的供应商、合作伙伴一起呼应和行动，由此，越来越多项目加入绿色工厂行列。

最后，我们也观察到业内呈现的一种良性竞争态势，当业内出现标杆项目并收获显著效果时，其他企业为了不落后于同行，也会紧跟步伐、加入绿色转型大军。

3."中国智造"，向"绿"发展

立足国内，近年来中国进行了飞速的产业转型：高新科技产业蓬勃发展、电子科技厂房林立各地，这已然是不可阻挡的趋势。然而这些工厂产生的碳排放量也相当可观，节能减碳以及提高再生能源使用率是这些耗能大户的必由之

① 美国环保署. Global Greenhouse Gas Emissions Data [OL]. [2021-11-02]. https://www.epa.gov/ghgemissions/global-greenhouse-gas-emissions-data.

② ANDERSON A. et al. A New Industrial Revolution for a Livable Climate [OL]. [2021-11-02]. https://www.wri.org/insights/decarbonize-us-industry.

③ USGBC. LEED in Motion: Industrial Manufacturing [R/OL]. (2016-06) [2021-11-02]. https://readymag.com/usgbc/industrial/lugif/.

路。在中国，工厂寻求绿色认证还有以下两种驱动力：

一是在碳达峰与碳中和的"双碳"目标下，制造业的转型刻不容缓，其中已有明确可实现路径的绿色工厂打造环节被自然凸显；二是工厂低碳化可以提高产品的国际竞争力——产品卖到国外，除品质、价格之外，碳排放量的检视也是一条重要标准。

因此，工业建筑与LEED结合意义重大。不论是在新建工厂的设计中引入LEED标准，还是将既有的工厂转型成LEED运营标识项目，都可以把高耗能、高耗水、高污染的工业建筑转化为对环境影响更小的绿色建筑。

从地域分布上看，截至2022年底，中国已经有260多个LEED认证的绿色工厂项目，覆盖了26个省级行政区。其中，台湾以62个项目数位居全国第一，江苏紧随其后（61个），上海排名第三，拥有23个LEED认证工厂。

台湾是LEED全球十大市场之一，与其他市场LEED认证由商业地产（尤其是甲级写字楼开发商）来主导不同的是——台湾有近65%的LEED认证面积是由制造业企业通过自身企业工厂的认证来驱动的。这与台湾的经济结构相关，在20世纪70年代之后，台湾的半导体、集成电路产业迅猛发展起来，以台积电、台达电、日月光、友达光电为代表的高科技企业顺势而生，而这些台湾企业也逐渐通过绿色建筑为员工提供更健康的工作环境、注重企业营运效率、降低企业碳排放。

近几年在LEED绿色工厂领域江苏一直紧跟台湾之后，江苏拥有苏州这个"工业第一城"，诸多世界500强企业在苏州投资设厂，形成了高科技企业、高端制造业的聚集。强悍的工业实力带动了绿色制造的蓬勃发展，仅苏州一城就拥有了江苏省近60%的LEED认证工厂。

再来细分这些绿色工厂背后的企业。跨国企业的全球绿色策略在国内有着集中的体现，例如西门子、施耐德、辉瑞、英特尔都是中国LEED认证工厂的参

单位：个

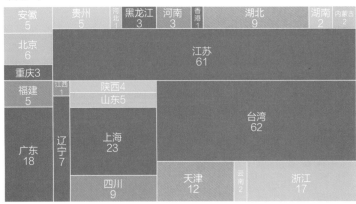

数据时间：截至2022年12月31日。

中国 LEED 认证工厂分布

图片来源：USGBC

① 友达光电. 自主承诺：为新建厂房引入LEED认证 [EB/OL]. [2021-11-02]. https://csr.auo.com/tw/environment/factory/leed.

② Chamber方式是一种在高端半导体产业比较常见的环控方法。它是指把需要严格环控的关键制程集中在一个由玻璃、金属隔板建造成的小空间中，Chamber外围空间则无需耗能太高，由此减少建筑空间能耗。Chamber空间中不能有人，所以只有高度自动化的工厂才可以采用这种设计。

与者；也有一些消费零售品牌，如可口可乐、高露洁、宝洁、联合利华、耐克在国内的工厂也在打造LEED认证项目。此外，越来越多的中国本土企业也加入绿色制造的浪潮，比如华星光电、海尔集团、李锦记等，而随着中国2060年前实现碳中和目标对各行各业提出更具体、更切实的要求，我们相信会有更多的本土制造企业加入进来。

4. 以案例剖析工厂项目认证难点

工厂项目进行LEED实践并不容易，以友达光电台中L8A厂、L7B厂为例，该项目早在2009年就获得LEED金级认证，是全球第一个获得LEED认证的光电面板厂。也是从这个项目开始，友达光电承诺为所有新建厂房引入LEED认证①。

在实践中，高科技电子厂的耗能，一半以上都来自生产制程设备的消耗，因此节能设计的重点在于降低生产设备耗能，例如采用Chamber方式②将需要严格环控的生产空间最小化，提高制程中必要使用的超低温干燥空气温度，这些举措的结合使用，可以大大提高节能成效。

当时采取LEED举措的主要困难有两点：一是在本地没有先例。在那之前只有台积电取得高科技厂房的LEED认证，但是光电厂特性跟晶圆厂不同，业主方也没有经验，因此前期困难就集中在摸索该产业形态的生产厂房如何实践节能策略上。二是时间紧。厂房规模非常巨大，引入认证时设计已经进行了一半，这也增加了执行上的困难度。业主对可持续发展的认知为项目认证提供了前提，并给予了大量的支持，在友达光电公司的项目负责人与顾问团队的协作努力下，项目突破了技术与时间的障碍，顺利取得了LEED认证。

LEED工业设施用户小组的成立是LEED聆听市场反馈的典型案例。随着工业制造类空间对可持续发展越来越重视，市场的反馈也会激励LEED作出更好的优化。目前，LEED尚没有开发针对工业制造类建筑的专门版本，如能尽早推出相应的"工业制造"版，工厂项目就可以有更加适宜的标准可以参考。尤其是对占据全球制造业领先地位的亚洲来说，工业制造版的LEED体系可以进一步地协助工厂建筑减少碳排放，助力应对气候变化的挑战。

一、零售类：内地餐饮行业第一家获得绿色建筑最高认证的门店

许多人说，当星巴克的杯身穿上圣诞华服时，也就意味着一年又即将过去。星巴克，已然超脱一个咖啡店品牌本身，汇入大多数人的日常，成为记录生活的一种仪式感。而现在，这份日常正在悄悄发生一些变化。

1. 为什么可持续浪潮涌进了零售门店？

截至2023年6月底，全球已有超过17000个零售店铺通过LEED进行绿色转型。零售已经成为世界第二大绿色建筑空间类型。这股浪潮，绝非空穴来风。正如2019年获得LEED ID+C：零售铂金级认证的星巴克甄选上海烘焙工坊，这座旗舰门店在最初的设计之时就充分考虑到对于环境的尊重和影响，以及最重要的"顾客的体验"，被赋予了持久长青的生命力。

星巴克曾宣布到2025年，要在中国市场开设9000家门店。然而，星巴克一直以来所致力追求的，并不仅仅是中国速度，而是每一家门店可以提供给顾客的独特体验，是如何更好地承担对社会和未来的责任。成为最酷的绿色门店，正是星巴克的不渝追求并引领的新潮流。

2. 发现没，你挚爱的品牌正在悄然变绿！

位于南京西路的星巴克臻选上海烘焙工坊是在开业两周年之际收获的这份特别的生日礼物——成为内地餐饮行业首家获得LEED铂金级认证的门店，也是截至目前星巴克中国唯一一家。为应对全球气候变化，建筑对能源和资源消耗产生的巨大影响已经被越来越多的人和企业所重视。让建筑更绿色，也成为有社会责任感的企业追求的目标。但在打造殿堂级第三空间的过程中，要攻克的难关可能比想象中更多——全球近10%的铂金级LEED认证建筑中，其中仅有1%的零售店铺能摘得这一桂冠，由此可见上海烘焙工坊是名副其实的行业标杆。

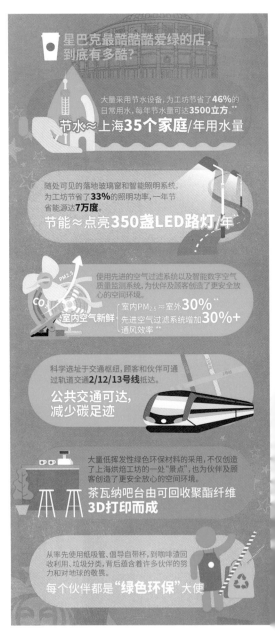

星巴克最酷酷酷酷爱绿的店，到底有多酷？

大量采用节水设备，为工坊节省了46%的日常用水，每年节水量可达3500立方**

节水≈上海35个家庭/年用水量

随处可见的落地玻璃窗和智能照明系统，为工坊节省了33%的照明功率，一年节省能源达7万度。

节能≈点亮350盏LED路灯/年

使用先进的空气过滤系统以及智能数字空气质量监测系统，为伙伴及顾客创造了更安全放心的空间环境。

室内空气新鲜 「室内PM2.5<室外30%**」
先进空气过滤系统增加 **30%+** 通风效率**

科学选址于交通枢纽，顾客和伙伴可通过轨道交通2/12/13号线抵达。

公共交通可达，减少碳足迹

大量低挥发性绿色环保材料的采用，不仅创造了上海烘焙工坊的一处"景点"，也为伙伴及顾客创造了更安全放心的空间环境。

茶瓦纳吧台由可回收聚酯纤维
3D打印而成

从率先使用纸吸管、倡导自带杯，到咖啡渣回收利用、垃圾分类，背后蕴含着许多伙伴的努力和对地球的敬畏。

每个伙伴都是"绿色环保"大使

LEED 铂金级星巴克门店的绿色举措
图片来源：星巴克企业管理（中国）有限公司

170

双碳背景下的建筑逐绿行动：
LEED
在中国

Green Building Actions in the
Context of Dual Carbon:
LEED in China

3. 在哪里，为你匠心打造的绿色体验？

　　这家上海烘焙工坊是星巴克在上海的第二家LEED门店（第一家是其位于上海世博城市最佳实践区的"网红"金级门店）。而现在，上海烘焙工坊承载着国内独一无二的LEED铂金级认证的绿色成就，上海绿色图鉴上又多了一个最酷的打卡点。

LEED × 上海烘焙工坊
图片来源：星巴克企业管理（中国）
有限公司

　　星巴克用行动力证了其从未改变的使命——对伙伴感受、顾客体验以及环境可持续发展尽全力担负应有之责。

二、办公楼：亚洲金融大厦获LEED铂金级认证

① 联合国.联合国环境署报告：未来10年全球碳排放量每年须下降7.6%才能实现1.5℃温控目标 [OL]. (2019-11-26) [2019-12-27]. https://news.un.org/zh/story/2019/11/1046361.

作为亚洲基础设施投资银行（简称亚投行）总部大楼，位于北京朝阳区的亚洲金融大厦从建设到竣工都备受瞩目。这个大楼由北京城市副中心投资建设集团有限公司投资建设运营，它有着形似鲁班锁、俯似中国结的炫酷外观，也有着和亚投行的价值观相辅相成的内在：2019年10月，亚洲金融大厦获得LEED BD+C：核心与外壳铂金级认证。

1. 当减碳迫在眉睫，先锋者的努力激发更多希望

为实现《巴黎协定》制定的全球变暖温控目标——1.5℃，我们正面临越来越大的压力。2019年11月联合国发布的《2019年排放差距报告》表明，全球的整体碳减排力度须在现有水平上至少提升5倍。也就是说，从2020年开始，每年需减少7.6%的温室气体排放，才能在未来10年中达成1.5℃目标所要求的碳减排量①。这些数字让人望而生畏，但是身边的故事却带来机会与希望。

2. 应对气候变化，亚洲金融大厦如何实践绿色建筑

走进亚洲金融大厦，自然光线从四面八方穿透，让人备感舒适。这是因为亚洲金融大厦7个中庭采用景观玻璃取光和立面玻璃幕墙相结合，可以实现白天大厅全自然采光，完全不用灯具照明。

在能耗方面，亚投行标准层办公区采用单元式双层内呼吸幕墙加电动遮阳系统，其能耗远低于现行公共建筑节能标准。同时，北京亚洲金融大厦也是一座以智能为亮点的绿色办公楼。其配备的智能照明系统，可以降低30%的电能消耗；智能天窗可根据温度、风速、雨量等条件自动开合，实现通风与室温控制；楼内的温度、湿度、$PM_{2.5}$值等可实现分区调控，最大限度地保证人体舒适度。亚洲金融大厦内有10处空中花园，分别种植热带、亚热带植物等，让整个

亚洲金融大厦外观
图片来源：亚洲基础设施投资银行

① 朱月红. 亚投行国际"朋友圈"不断壮大外媒：为全球可持续发展添翼 [N/OL]. 人民网，（2019-07-25）[2019-12-27]. http://world.people.com.cn/n1/2019/0726/c1002-31259021.html.

② POOLE B. AIIB prices US$2.5bn debut global bond [OL]. (2019-5-15) [2019-12-27]. https://ctmfile.com/story/aiib-prices-us2.5bn-debut-global-bond.

办公空间兼具艺术性和实用性。项目还应用了BIM技术，实时采集各系统动态数据，进行智能化管控。比如大厦电梯借助数字化人流模拟分析，采用自动化派梯系统，可以实现安防闸机与电梯选层同步进行，等候时间不超过30秒。采用像BIM这类技术对推进建筑可持续发展、应对气候变化提供了行之有效的途径。

3. 推进可持续发展，绿色办公楼只是一小步

作为亚投行的大本营，亚洲金融大厦的"绿色"也是亚投行所奉行的三大核心理念之一。相比传统多边开发银行，亚投行更注重应对气候变化和基础设施的可持续性，推动各成员国可持续发展。从2015年正式成立至今，亚投行始终以资助基础设施项目来支持亚洲经济的可持续发展为使命。截至2019年7月，亚投行已批准18个成员的46个贷款项目，贷款总额85亿美元①，其中多用于发展可再生能源和绿色基础设施建设。在绿色金融领域，亚投行也日渐崭露头角。2019年5月，亚投行首次发行25亿美元全球债券，投资于可持续基础设施，发展跨境连接以及促进对亚洲新兴经济体的ESG投资②。今后，亚洲金融大厦还将承担起全国领先的绿色金融集聚区的角色，整合利用各种绿色金融资源，促进绿色金融成为建筑绿色发展新引擎。

三、办公楼：嘉里不夜城企业中心摘得亚洲首个LEED零废弃物认证

2019年上海开始实施垃圾分类政策①，旨在减少和有效处理城市垃圾，各行各业纷纷响应政策，踏上减废之路。2021年5月，上海嘉里不夜城企业中心获得亚洲首个LEED零废弃物认证，成为建筑领域节能减废的典范，也为上海垃圾分类2周年，送上了一份别样的礼物。

LEED零废弃物认证表彰获得TRUE零废弃物铂金级认证的项目。事实上，嘉里不夜城企业中心也在获得LEED零废弃物认证不久前获得了TRUE铂金级认证，成为中国首个获得此项认证的商业综合体。接连获得的两项认可，背后是企业从上到下对践行零废弃物的一致认知以及各方面的通力合作。

1. 垃圾分类背景下，如何达到91%的废弃物转化率

上海垃圾分类政策被称为"史上最严"，根据垃圾分类指南，楼宇内产生的垃圾将被分为干垃圾、湿垃圾、可回收垃圾和有害垃圾。针对不同垃圾需要有不同的处理方式，而嘉里不夜城企业中心实现了91%的废弃物转化率，实践起来并不简单，其中，建筑垃圾的资源化处理就是最大的难点。

在嘉里不夜城企业中心，建筑垃圾是占比最大的一类垃圾，尤其是租户内装产生的建筑垃圾。项目希望能够把这些材料回收并进行资源化利用，减少填埋。但由于建筑及装修垃圾物料种类复杂、硬度不一、杂质含量高，给资源化操作带来了不确定性。

① 中华人民共和国中央人民政府.《上海市生活垃圾管理条例》正式实施沪上垃圾分类迈入"硬约束"时代 [OL]. (2019-07-01) [2021-05-24]. https://www.gov.cn/xinwen/2019-07/01/content_5405044.htm.

2021年5月2日，USGBC北亚区副总裁王婧为嘉里不夜城企业中心正式授证，表彰其在建筑净零领域取得的突破

图片来源：嘉里建设管理（上海）有限公司

通过驻场物业管理统一协调并联系专业的清运机构，项目将租户内装产生的建筑垃圾运输到由政府指定的第三方分拣处理厂，经处理的废弃物可以转化为路基材料、路面铺装材料、非承重砌块砖等建筑材料，供有需要的项目使用。

除了建筑垃圾回收利用，项目还多方面实现了无纸化办公。针对企业内部员工，涉及人事使用的部分均可通过线上系统完成；对于租户而言，单元交付、退租、装修审图、各类申请、报修、账单以及日常的公告通知均可采用线上系统完成；关于零废弃物的培训也可利用线上平台开展。

此外，通过静安区的政府部门与新疆喀什当地的学校对接，嘉里不夜城企业中心将办公区域替换下来的闲置电脑、打印机和显示器等电子设备通过嘉里大通物流有限公司运往新疆。上述电子设备最终交予新疆喀什巴楚县当地的学校，作为教学设备再利用，使其再次实现了利用价值。

对于大楼内产生的餐厨垃圾，嘉里不夜城企业中心利用自身投资的微生物处理机设备将餐厨垃圾100%处理，减少了湿垃圾的运输需求以及运输过程中产生的碳排放。

项目还严格遵循环保采购政策，并对采购行为进行记录（均使用线上软件）和追踪，以确保企业采购行为促进零废弃物目标的实现。又比如大楼员工的制服，就是使用再生材料的织物制作的。

嘉里不夜城企业中心项目
图片来源：嘉里建设管理（上海）有限公司

2. 对净零废弃物的认知需要由上至下地推动

值得注意的是，净零废弃物的实践是一个长期的过程，并且需要大楼方方面面的参与，这需要理念的认同和行动的支持。在嘉里不夜城企业中心项目中，公司由上至下的推动是LEED净零废弃物认证的重要因素。理念的推广是最难的，在推广净零实践上，嘉里不夜城企业中心作了很多努力让大多数人知晓并接受。在项目高级管理人员的积极推动下，公司举办了多次企业内部及社区层面的理念宣传和培训活动，公司还要求客服人员在平日的工作中对大楼内的租户及周边社区的访客进行零废弃物的宣传。同时，高级管理人员也会不定期与租户公司的负责人、职员进行垃圾分类的讲解，使他们可以更深入地了解如何在日常实践中迈向零废弃物目标。

3. 惠及于人才能让"净零"深入人心

从高处看向嘉里不夜城企业中心的裙楼，触目可及的就是一片郁郁葱葱，不过少有人知的是，这份"秀色"真的"可餐"。嘉里不夜城企业中心的裙房楼顶，原本是一片种植草坪的花坛，后来项目用发酵过的咖啡渣与土壤混合，开始种植各类蔬菜。

这一举措不仅鼓励了大楼里的咖啡店——原本每天产出的大量咖啡渣被全部回收利用，真正实现了减废；同时这些蔬菜被赠予大楼内在减废方面表现良好的餐饮租户和附近的环卫工人。这些因为废物循环产生的收益，惠及到了每一位大楼使用者，也正是这样的实际回报，让人们对净零的理念理解更加深刻。

除了屋顶蔬菜，嘉里不夜城企业中心项目还呼吁大家将牛奶盒或其他饮料盒有效地分类投放，并建议在丢弃前能够进行清洗。通过与当地环保科技公司合作，上述饮料盒在分解后通过热压缩成型制作成可使用的凳子、桌子和书架等日常用品，并在项目T1首层对公众开放使用。

4. 企业的社会责任感让推动净零的成本很值得

嘉里不夜城企业中心在确立净零废弃物目标后，投入了诸多成本，比如增加了清洁人员、增设了垃圾分类及存储场地，在宣传净零理念时需要上门宣传、组织培训、张贴海报、举办活动等。

对于这些成本，嘉里认为很值得。事实上，嘉里一直把"栽培集团营业所在社区的福祉与发展"作为公司信念，将可持续发展及良好企业公民理念融入业务各个层面。当前，实现低碳建筑环境的转型是全球应对气候变化的首要任务，在全民碳中和的大趋势下，嘉里希望减少建筑生命周期的碳足迹，并持续推动理念普及和行为转变。在嘉里看来，实践零废弃物是他们为可持续发展作出贡献的重要决策，也是一个富有社会责任感的企业当仁不让的义务。

对嘉里不夜城企业中心来说，项目的LEED净零废弃物认证只是一个开始，之后，他们还将打造一个人人参与的净零废弃物大楼。比如设置塑料瓶智能回收机，鼓励大家将废弃的塑料瓶投入智能回收机内（回收的塑料瓶会被妥善处理），并对参与的用户给予相应的奖励，提高大楼内用户的积极性，最终实现人人参与。

四、美术馆：浦东美术馆的绿色艺术内核

2021年7月开放的浦东美术馆（MAP），曾一度"霸屏"国内各大社交媒体——入口处透亮且高挑的镜厅、近在咫尺的东方明珠景观位、一览黄浦江对岸的万国建筑博览群的露台……它的美不只在于现代和恢宏，还带有上海独有的底蕴和谦和，有人形容它是"陆家嘴的一行诗"。

如今，来访者们又可以从这首"诗"中解读出一层崭新的、属于现代文明的境界——2021年6月浦东美术馆获得了LEED BD+C：新建建筑认证级认证。由此，毗邻浦江东岸的这栋静谧的"白盒子"完美交融了美学与绿色，也将LEED空间从功能性升华到人文艺术性及观赏性。

1. "东邻起楼高百尺，璇题照日光相射。"——唐·白居易《劝酒》

上海浦东美术馆由2008年普利兹克建筑奖得主法国建筑大师让·努维尔（Jean Nouvel）团队设计，建筑主体占地1.3万平方米，总建筑空间面积近4万平方米，设有13个展厅，可展览总面积超过1万平方米。项目地理位置十分优越，地处上海金融中心陆家嘴黄金区块，街区开发密度高，交通四通八达，毗邻地铁2号线、14号线及数十条公交线路，可畅通地连接周边丰富的服务设施，为游客及参观者、馆内员工提供了极高的生活便利，也为其大力倡导的绿色出行赋予了天然的优势。

让·努维尔无疑是我们这个时代最具影响力的支持可持续发展的建筑师之一，其设计的阿布扎比卢浮宫和巴黎爱乐厅，都因在可持续设计方面的开创性

浦东美术馆外观
图片来源：上海陆家嘴（集团）有限公司

突破而备受瞩目。在国内让·努维尔所设计的上海恒基·旭辉天地就在2020年8月获得了LEED金级认证。在2017年的一次采访中，让·努维尔说："可持续发展比以往任何时候都更加必要……我们生活在一个不断深刻变革的世界，因此建筑师必须从根本上重新思考我们的建筑方式。建筑设计上要有新的表达方式，需要反映新的范式和技术的崛起。我们要把眼光投注到遥远的未来，我们所设计出的建筑需要经得起时间的考验。"[①]

毋庸置疑，浦东美术馆就是这样一栋以"历经时间考验"为目标所打造的建筑。让·努维尔认为，诗意的维度在浦东美术馆的表达中尤为重要——建筑与艺术在对话中永存，艺术与诗性在建筑中不断打磨彼此的意义。

浦东美术馆通体采用白色石材面层，既营造出建筑与周边景色的和谐统一感，也可以减少城市热岛效应，调节区域微气候。同时，项目充分利用有限的场地面积，打造出更多的绿地及开放交流空间，场地向西延伸至黄浦江面，并与沿江景观规划相互呼应；东侧的绿地是从浦东美术馆延伸出的一个艺术公园，同时也是举办室外音乐节、艺术节等重大户外活动的草坪公园，为人们提供更多与自然亲近的机会。

经过设计师的精心打造，浦东美术馆将自然采光和几何阵列融合起来，营造独特的光影空间。在设计中采用了"领地"（Domain）的概念，希望观众的参观之旅始于踏入建筑周边场景的那一刻。自美术馆二层侧门延伸而出的53米长的廊桥，与沿江景观规划衔接，充分表达了"领地"的统一感。与此同时，美术馆周围的绿化又如同"括号"一般将其包围，从浦西看，这里如同一块林间空地。

位于顶层的展厅可引入上部自然光，并配备三层窗帘系统改变透光度，配合不同的展览与表演内容，带来不同的光影效果。此外，为了展现黄浦江独特的视野景观，让·努维尔还大量采用了他标志性的框景手法。在建筑内部，从不同视角可以看见室外陆家嘴及外滩的景致。

2. "迢递高城百尺楼，绿杨枝外尽汀洲。"——唐·李商隐《安定城楼》

浦东美术馆由陆家嘴集团投资、建设和运营，打造初期就将自身定位于"国际文化交流平台"，承担着展览、美育、文创、国际交流等多重功能，致力于建设成为上海国际文化场馆新地标和国际文化艺术交流的重要平台。

项目在概念设计之初就已经确立了LEED认证的实施目标，并将可持续技术策略始终贯彻和落实于设计、施工和运营全周期。项目在"水资源处理"板块上表现十分优异，原因之一是其场地内设置了一个128立方米的雨水收集池，经处理后的水会回用于项目的绿化浇灌，再结合室内节水器具，达到了较好的节水效果。

此外项目还采用了全热回收冷水机组，回收冷凝废热，在系统效率大幅提升的同时还能够减少采暖热量需求所配置的锅炉容量，最终达到节省运行

① TERRAMAI. 6 FAMOUS ARCHITECTS SHARE THEIR TOP SUSTAINABLE DESIGN TIPS [OL]. [2022-07-28]. https://www.terramai.com/blog/6-famous-architects-share-their-top-sustainable-design-tips/.

成本的效果。项目还在屋面敷设了太阳能热水装置，提高了可再生能源利用效率。

考虑到浦东美术馆自有的独特属性及所展示展品的特殊性，项目在空调机组板块采用了多级连续调节的高压微雾加湿器加湿系统，展厅新风空调机组均设置袋式F5+F9两级空气过滤装置，并在室内设置二氧化碳及PM$_{2.5}$监测装置，保证了室内良好的空气品质。

这些绿色举措，都在确保场馆内不断轮换的展品被安全存放的同时，也保证了使用场馆的人的健康与福祉，不论是参观者还是工作人员。这也是绿色建筑所指向的最重要的目标之一。

3. "潜心画栋亦雕梁，恍如隔世散古香。"——唐·王勃《滕王阁序》

浦东美术馆除了打造一片供人精神享受的胜地之外，还肩负着表达并发扬中国美学的重大责任。据悉，国内现有的美术馆数量已超过600多个，多集中在一、二线城市。浦东美术馆是继香港H Queen's美术馆之后中国第二个绿色美术馆。

建筑本身就是一种艺术语言，浦东美术馆是在2021年7月8日正式对公众敞开大门的，迄今已举办过不少重磅展览，与国际合作的展览有英国泰特美术馆、法国凯布朗利博物馆、意大利那不勒斯国家考古博物馆、西班牙提森-博内米萨国立博物馆；此外，浦东美术馆也合作过不少国内知名的当代艺术家，如蔡国强、徐冰等。凭借这种方式，国内热爱艺术的参观者或者是普通游客，都能够亲身站在最前沿的艺术场域中，获得艺术上、精神上的熏陶及享受。而一年后美术馆成功摘得LEED认证则是为这份中国式美学又增添了一个立体形象的中国绿色故事。

由此，LEED在中国已不再只是商业空间的"标配"，已从功能型转向了兼具艺术人文性，更兼具健康、高效、可持续运营及美感的方向。这也是LEED在中国持续深耕并为之奋斗的目标：让更多人走进绿色空间、享受LEED建筑，也让更多建筑通过LEED肩负社会责任，助力中国2060年碳中和目标的早日达成。

浦东美术馆作为美与精神文明的载体，不仅仅是一个静止的建筑，它更是流动的时代的记录者，并将通过LEED延续这份可持续的绿色传承，为上海乃至全国的城市更新带来源源不断的绿色活力。

五、旅游景区：人间仙境九寨沟也拥有LEED建筑了

2021年9月，九寨沟景区迎来了时隔4年之久的全域开放。这个世界自然遗产保护地因如画般的水景、丰富生物多样性而举世闻名，2017年的一场地震让它受到了严重破坏，而当年10月，重建规划就已启动，"重生"后的九寨沟，将美丽再次展示给所有远道而来的游客。

一些重访故地的游客们或许会发现，"重生"后的九寨沟景区不但恢复了往日容光，还增添了一些焕新的人文性体验——比如承载游客交通接驳及保障性服务功能的立体式游客服务中心，造型独特、功能硬核，还是四川阿坝藏族羌族自治州第一个获得LEED金级认证的建筑项目。

1. 灾后重建的绿色门户，美观、实用与可持续并存

重建或许是比新建更难的过程。这次灾后重建，景区除了要恢复景点原貌，还希望通过更新服务设施、采用新工艺新材料等提升景区服务水平，为游客带来更多别样的优质体验。

坐落在九寨沟风景名胜区沟口，获得LEED认证的立体式游客服务中心是景区灾后重建最大的单体项目。作为景区的门户和标志性建筑，它的重要性和影响力非同一般。考虑到这些，项目的设计单位清华大学建筑设计研究院有限公司将"自然、舒适、高效、适用"作为项目的建设理念，在这个基础上把当地富有特色的传统文化融入其中。

可持续更是一个必要的考量因素。从自然环境上来看，九寨沟风景区群山与水系穿插，形成了宝贵的自然遗产与丰富的生物多样性。2017年的地震，损坏倒塌的建筑不可避免地对景区生态环境产生了负面影响；另一方面，文化旅游产业是九寨沟县的支柱产业，九寨沟县也是四川首批（也是唯一）入选"中国旅游强县"的县城。灾后重建既事关当地百姓的生产生活，又有助于景区自身和旅游产业的可持续发展。

游客们很容易识别到九寨沟沟口立体式游客服务中心的建筑之美——作为一个地景式建筑[①]，它的设计造型以不破坏原有的自然环境秩序为原则，建筑流畅的曲线在山林之间延伸，与九寨沟的山水形态形成呼应。

而这些美丽的线条背后，也蕴藏着各种实用性的巧思。比如原有的场地，西侧的山边比东侧的翡翠河畔高出6米，设计师利用场地现有高差将整体建筑分为上下层，平台层是主要的出发层，平台下层作为主要的到达层。这样既可以解决地下水位过高给施工带来的诸多困难，也可以快速地接驳游客，通过立交桥解决沟口区域交通拥堵的问题。另外，项目还为提升游客的旅行体验做足了准备，景区检票口从以前的7个增加到现在的35个，整个项目内分散设立了207个有等待提示的卫生间，为游客带来便利的同时提升了景区整体的运行效率。

① 清华大学建筑设计研究院有限公司. 九寨沟景区沟口立体式游客服务中心 [OL]. (2021-05-21) [2022-04-26]. https://www.gooood.cn/visitor-center-of-jiuzhai-valley-national-park-china-by-thad.htm.

2. 从景观到材料，现代化的游客服务中心如何贴近当地特色文化？

九寨沟长期以来就是藏民聚居地，其民俗仍保持着浓郁而古朴的特色传统。而沟口立体式游客服务中心的重建，也在细微之处蕴藏着传承当地民俗文化的匠心。

比如在游客服务中心罩棚前那个醒目的水状雕塑，除了寓意九寨的水，还形似藏文的元音；俯瞰整个游客服务中心，承载着宣传九寨沟人文自然亮点的展示中心是另外一颗文化元素"彩蛋"，它的外形犹如一棵即将舒展的植物幼苗，也象征着法螺（佛教举行仪式时吹奏的一种唇振气鸣乐器，也被视为祥瑞之物）。

九寨沟沟口立体式游客服务中心展示中心，其形态与代表当地圣物的法螺十分接近
图片来源：清华大学建筑设计研究院有限公司

在九寨沟沟口立体式游客服务中心的景观设计上，我们也可以看到项目对场地的敬重。在打造当地特色的"林卡"（林卡为藏语，汉语意为园林）时，项目非常重视原址原树的保护，最大限度地进行原地保留或同区移栽。并根据现状树设计水景，形成疏林草地景观，既体现了地方风情，又有效疏解了沟口集散广场高峰期间游客聚集的压力，并为游客和周边居民提供了休闲游憩的场所。这些匠心之举也符合LEED体系"可持续场地"版块的保护和修复栖息地的得分点，该得分点旨在保护项目所在地的原始生态环境。

最后，项目不只在设计上参照了当地传统建筑实例，在材料选择上也下足了功夫。游客中心采用了当地传统的建筑材料，比如智慧中心、展示中心以及两个罩棚的屋面就应用了就地取材的自然建筑材料石板瓦；室内则利用震后山体上滚落的木材进行装饰。行走在室外，还能随处看到由木垒、毛石、夯土墙构成的外墙，让游客们近距离感受当地的风土人情。

3．创新性的绿色设计，人本理念与环境效益的交织

如果说这些别出心裁的文化植入是九寨沟沟口立体式服务中心的"灵肉"，那么项目在结构和绿色建筑上的探索实践则组成了它的"筋骨"。强大的节能、高效内核让游客们感受到绿色设计的舒适体验，并提升了景区的环境效益。

从最抢眼的大罩棚说起，大罩棚下面有三棵形似绽放花朵的柱子，它们负责顶起跨度38米的大型不规则形态单层网壳胶合梁木结构；而在平台下的集散中心，36根钢结构开花柱[①]（是国内首次大规模应用钢结构开花柱，主要以拱形钢梁解决跨度增大后的受力问题，形成六个方向的连续拱，当六个方向的拱汇合在一起，就形成了开花柱）让置身其中的游客感受到整个空间的自然和舒适，减少了压抑感。

这种超常规的结构体系，结构即是建筑造型元素，无需装饰，既实现了功能，又节省了装修成本。值得一提的是，这座立体式游客服务中心采用的钢木混合结构，实现了高度的装配率，降低了建筑全生命周期的碳排放。

从室外环境上看，美丽的林卡景观也对环境产生了更多积极的影响。项目在LEED可持续场地板块获得了高分，其中在开放空间、降低热岛效应及雨水管理得分点都获得了满分。这得益于其45%的室外绿地率及40%的屋顶绿化覆盖率，另有22.81%的室外活动场地有乔木遮阴，这些举措可以有效地降低热岛效应，并为游客带来更加舒适的体验。

而在建筑的内部，游客们很容易就能在沿坡道观展过程中，感受到透亮的光线与室外的风景。建筑形体的优化带来了这些体验提升——70%的主要功能房间面积，可通过自然通风满足室内环境舒适度的要求，86%可通过自然采光达到室内照度要求。此外，项目还设置了室内二氧化碳、$PM_{2.5}$等室内污染物浓度监控系统，可以通过与通风系统的联动确保室内空气品质。

除了借助自然的力量，现代科技也为项目更高的环境效益加分。九寨沟沟口立体式游客服务中心在被动式设计的基础之上，还采用了高效的照明及空调设备，并结合热回收技术和智能照明控制技术，使得建筑年运行能耗参照ASHRAE Standard 90.1-2010（由美国采暖、制冷和空调工程师协会制定的一种建筑能源效率标准）节能18.9%，参照《公共建筑节能设计标准》GB 50189—2015节能34.18%。高效率的用水器具，以及场内雨水和中水回用，使项目年节水比例达到46.81%，满足了LEED节水增效的得分要求。

最后，作为一个地震后的灾后重建项目，项目吸取经验为突发的自然灾害作了韧性设计，其创造性地把游客服务中心和应急避难场所结合起来，为全国景区防灾避难的推广工作树立了典范。

九寨沟景区沟口立体式游客服务中心日承接量可达4.1万人，也就是每天都能够承载来自全球的4万多人亲临大自然鬼斧神工般的天然幕布，踏进代表另一种人类文明的绿色建筑。相信这样一座满载人文、自然元素的LEED认证游客中心，将以长存与焕新向每一位来访者述说着这里的绿色故事。

① 九寨沟景区沟口立体式游客服务设施，四川，中国 [J]. 世界建筑，2022(1):56-61.

六、校园：亚洲首个净零能耗项目，那玛夏民权小学图书馆

2021年亚洲诞生的首个LEED零能耗认证项目——那玛夏民权小学图书馆引起了广泛的关注。图书馆位于高雄市的那玛夏民权小学，由台达捐赠并灾后重建，除了开创了亚洲首个的先例以外，还有许多并不广为人知的故事。

坐落在俊秀山林中的那玛夏民权小学与大自然融为一体
图片来源：台达电子文教基金会

2022年初，通过USGBC北亚区副总裁王婧与台达电子文教基金会执行长张杨乾的这场对话，了解了这个突破背后的匠心。

张杨乾
台达电子文教基金会执行长

1. 最美绿色校园十余年的厚积薄发

王　婧：首先特别感谢张执行长此次接受我们的采访。祝贺那玛夏民权小学的图书馆项目能够成功获得亚洲首个LEED零能耗项目认证，再次为行业树立了一个净零标杆。据我了解，其实这个小学早在2015~2017年就已经成为台湾地区首座达到净

零耗能的校园，请问是如何做到的？

张杨乾： 位于高雄市的那玛夏民权小学，原本校舍在2009年莫拉克台风时被摧毁。当时台达及台达电子文教基金会就决定要协助重建，并委任本地知名的九典联合建筑事务所郭英钊建筑师设计监造。根据我们的要求，在设计之初就着重强调顺应当地气候，融入许多被动式节能设计手法，例如地面通风、天窗采光、建筑物遮蔽等，同时充分利用山区的充沛日照及通风条件降低建筑能耗需求，2011年校园一落成就获得了台湾地区本地绿色建筑标准EEWH钻石级认证。

　　如今校园已启用十余年，尽管学生人数不断增加，但配合台达配备的能源管理系统及先进储能设备，加上整合创能、储能和能源管理等多重技术，该校用电密集度却实现了不断下降，且连续三年达到净零能耗。因此在2021年，那玛夏民权小学先是荣获了LEED既有建筑铂金级别的认证，之后也顺利通过了LEED零能耗的认证，成为台湾地区最名副其实的绿色校园。

王　婧： 我比较好奇的是什么促使了台达决定在运营这所学校逾十年后，决定追逐LEED零能耗认证？

张杨乾： "重生"后的那玛夏民权小学，一开始就拥有比同等级校舍高达93%的节能效益。所以这个项目不仅吸引了许多专业团队实地观摩，更曾被媒体称为"台湾最美的小学"之一。2014年后，那玛夏民权小学开始被台达电子文教基金会带进联合国气候会议现场，成为多场周边会议及巴黎大皇宫展览的绿色建筑实践案例，获得一致热烈的回响。

　　然而，近年来地球升温幅度未见缓解，科学家呼吁未来温控目标应更改为更积极的1.5℃，台达也在思考如何更好地提升、放大那玛夏民权小学的减碳效益。同时集团另一栋知名绿色建筑，位于美国加州费利蒙市（Fremont）获加利福尼亚大学伯克利分校年度宜居建筑奖（Livable Buildings Award）的台达美洲总部，开始朝净零能耗的方向发展。于是台达基金会也开始收集那玛夏民权小学的自产能源与耗电数据，发现该校不仅节能成果优异，更有潜力成为能源自给自足的正能量（Energy Positive）建筑，因此就决定进一步争取LEED零能耗殊荣，最终有幸成为亚洲首座通过LEED零能耗认证的可持续校园。

王　婧： 学校在认证LEED零能耗的过程中是否遇见难题，又是如何攻克的？

张杨乾： 据台达内部估算，早在2015~2017年，那玛夏民权小学就曾达到过净零耗能，但之后因为师生人数逐年增长，连带提升能源使用量，这一净零成果未能保持下去。针对这一动态变化，我们计算能耗需求并配合添置新的储能设备，以确保能源自给自足，并且符合LEED零能耗的认证条件。

2. 受灾不离村的文化敬重

王　婧： 绿色校园作为台达集团及其创始人郑崇华先生所倡导的企业可持续运营及绿色

建筑战略中的一大板块，是如何在这个项目中被具体展现的？

张杨乾： 2009年的莫拉克台风，是台湾民众难忘的气候灾难，当年8月6日到8月8日的短短48小时，莫拉克降下了近3000毫米的惊人雨量，更在多地引发泥石流，夺走数百人的宝贵生命。很多人那时候才深刻感受到，原来"气候难民"（climate refugee）离我们并不远。

为安置灾民，许多单位曾在山下搭建临时建筑及居住场所，但台湾原住民对山上的故乡有不可分割的文化羁绊及强烈的乡愁意识。为实现当地村民"受灾不离村，离村不离乡"这一愿望，在设计重建的时候我们就决定校园除了要满足基本的安全功能和教学用途之外，还要兼具气候韧性。每当有灾难来临，学校中庭可转为避难大厅、每间教室可成为居住房间，配合该校的自主能源设备和储水空间，可供应超过一周的供电需求和生活用水，开阔的操场还能起降直升机。这一实用的功能至今已累计在泥石流警报期间接收过受灾群众6500人次。兼具气候调适功能的校园，不仅能够充分地实现村民离灾不离村的愿望，也让他们以后不用再为了灾情而离乡背井。

王　婧：除了气候韧性设计之外，在校园重建的过程中又是如何兼顾少数民族的传统文化和先进的节能设计理念的？

张杨乾： 在设计阶段，那玛夏民权小学就很重视当地建筑语言及部落文化。而我们委托操刀的郭英钊建筑师，曾在2006年打造广受好评的台北市立图书馆北投分馆，十分擅长营造融入地域场景与当地文化的环境友好空间。

玛夏民权小学图书馆拥有外观抢眼的木结构，造型灵感来自当地极具特色的盛开的曼陀罗花，建筑构造也融入台湾原住民文化元素，呼应了布农族的猎寮与卡那卡那富族（Kanakanavu）的男子集会所，暗喻这里是延续传统、传承知识的教育场所。建材也采用了当地材料——来自当地方圆50公里内的台湾柳杉，一来减少运输里程，二来也帮助地球"固碳"，让空间散发温暖的质感。

不仅如此，台达也邀请台湾原住民艺术家雕琢校内艺术展品，像是用台风后漂流木打造的太阳图腾，将部落文化融入建筑空间。事实上，洪水在原住民故事中有着双重意义，带来灾难和毁灭，同时创造新生。因此我们在校内许多墙面上呈现了数种不同的洪水传说，将显眼的建筑立面化为原住民艺术的展演舞台。

值得一提的是挑选重建基地的过程也颇具故事性。据说莫拉克台风发生前夕，有一位部落长者梦到祖灵背起了竹篓要离开，并警告族人灾难将至，要往高处逃生。而事后经多方协调以及委托地质专家调研确认安全后，我们找到的选址场地真的是位居高处的民权平台，施工时还在操场砾石地发现先人遗址——尽管听上去像一个神秘的传说故事，但也预示着在冥冥中，族人真的按照祖灵的指示，寻回了孩子们的笑声和文化传承。

王　婧：提起校园，那最重要的是身处其中的学生。在绿色校园里读书的孩子们，又是如何看待环保理念和气候变化议题的？

张杨乾：刚开始回到灾后重生的新校舍，第一眼看到造型有棱有角的木造图书馆时，很多学生都笑说："新图书馆看起来好像变形金刚，好酷！还有木头的香味。"校内还有两座200峰瓦（Wp）的移动式太阳能发电车，可以用电瓶储蓄太阳能，我们常常可以看到孩子们推着太阳能车四处移动，寻找最适合晒太阳的位置，形成了一幅"孩子们追着太阳跑"的美好画面。

　　　　2017年，台达电子文教基金会委托国外知名插画家，将该校历经气候灾变、成功重建的过程图像化，制作为《那玛夏的图书馆》亲子故事绘本以及适合社交媒体分享的多媒体动画。该书后来也成为幼儿园老师和台达员工每年说给自己孩子们听的故事，让下一代将学习内容转化个人体验和族群记忆，通过耳濡目染的方式在生活中习得珍惜能源、敬畏自然的观念。

　　　　日常教育方面，校内设有台达能源在线（Delta Energy Online）监测系统，即时呈现图书馆、教学楼、宿舍栋的能源使用状况，方便师生们理解、掌握，也随时提醒大家随手关灯、别浪费宝贵能源。一旦发生异常状况，也方便后续的诊断及改善。

3. 一栋自给自足的未来建筑

王　婧：我们再来聊一下获得净零能耗的过程。您如何看待因地制宜的实践举措以及顺应当地气候环境条件的被动式设计？

张杨乾：台达建造每栋绿色建筑时，最先采用的便是顺应当地气候的被动式节能手法：一来降低建筑耗能的基准线，二来善用各地的日照采光和通风条件。我们认为，绿色建筑除了环保、节能等硬性条件，更重要的目的，应该是让在建筑里头的使用者感到健康、舒适而且愉悦。现在也愈来愈多的人意识到室内空气品质及通风换气的重要性，因而更重视提高建筑的舒适感与健康程度。

王　婧：那玛夏民权小学作为自产可再生能源（太阳能发电系统）的绿色建筑，其具体实践效果如何？

张杨乾：小学所在的山区，周遭环境有充沛的日照资源。台达电子文教基金会从2020年8月起统计一整年的验证资料，算出该校再生能源发电量高达21503度电，已超过其总耗能（21323度电）。除了低碳的再生能源，我们也协助学校建置储能系统，搭配台达引进的功率调节系统（Power conditioning system）。当阳光充裕时，学校会优先使用太阳能转化的绿电，将多余电力存入储能系统。遇有灾害来临，一旦系统侦测到市电供应受阻，便会自动切换至避灾模式，同时启动不断电系统（UPS），从储能系统里取电。

　　　　校舍重生至今超过十年，经过一连串的摸索和更新，如今无论天气晴朗或灾难来袭，那玛夏民权小学都能仰赖绿电自给自足，示范了未来零碳建筑的可能样貌。

4. 绿色校园不是纸上谈兵

王　婧：在《跟着台达盖出绿建筑》一书上，我们还看到四川绵阳的台达阳光小学、四川雅安的台达阳光初级中学的案例，这两所学校也是汶川地震后的灾后重建项目。台达是否将那玛夏民权小学打造成一个成功范本，运用在更多灾后重建的校园项目中？

张杨乾：其实每栋建筑的设计都必须因地制宜。那玛夏民权小学虽是绿色建筑和可持续发展校园的标杆案例，但各地的重建需求和地理条件不尽相同，台达会重新评估，希望盖出最符合使用者需求以及顺应该地气候的环境友好的建筑。

　　　　事实上，台达电子文教基金会多年前就开始推动能源教育及绿色建筑课程，从美国引进"全校式经营能源教育"（K-12 Energy Education Program，简称KEEP）教材，并从2008年起培训自家企业员工，走入校园推广节能。当2006年首栋绿色建筑——台达台南厂启用，台达就对外敞开大门，把绿色工厂当成展示空间，让员工化身导览员，成为最有说服力的推广大使。

　　　　2009年起，台达自发性地举办"绿领建筑师工作坊"，集结业内顶尖的绿色建筑设计者担任讲师，培育有心投入低碳建筑的专业人员。2017年更携手当地气象局、台湾建筑中心共同创建"Green BIM建筑微气候资料平台"，协助建筑师掌握每处基地的常年气象资料，从源头减少建筑运行后的能源消耗量和庞大碳足迹。

王　婧：我们留意到台达还每年都举办国际太阳能设计竞赛？

张杨乾：是的，通过开放参观、企业志愿者、专业训练等多重模式，台达有系统地向社会推广绿色建筑理念，同时还冠名赞助"台达杯国际太阳能建筑设计竞赛"逾十年，肩负重要的人才培育任务。

　　　　2008年不幸发生的汶川地震，多所校园亟待重建。隔年启动的"台达杯"，便对外募集以重建杨家镇小学为主题的可行方案。最终从海内外194件参赛作品中，将山东建筑大学刘慧等人创作的作品"蜀光"评为一等奖，再经中国建筑设计研究院有限公司协助完善执行方案。2011年，以绿色校园面貌重生的杨家镇台达阳光小学正式启用，成为四川省震灾区第一所绿色校园。

　　　　2013年发生的芦山地震，又给巴蜀大地带来沉重打击。台达延续援助计划，在四川建造了第二所绿色校园——龙门乡台达阳光初级中学。尽管同样采取"蜀光"的设计概念，但也按照当地气候条件作了若干修正，缩短了学习曲线和磨合过程，让该校于2015年顺利完工启用。

　　　　相较于绿色建筑领建筑师工作坊的培训对象多半是工作过的专业人员，"台达杯"则更进一步深入教育现场，为学生提供实践应用机会，而非局限在纸上谈兵。至今，已有五件作品建设完工：四川杨家镇的台达阳光小学（2011年）、四川龙门乡台达阳光初级中学（2015年）、农牧民定居青海低能耗住房计划（2017年）、江苏吴江市的中达低碳示范住宅（2019年）、云南巧家县大寨中学台达阳光教学楼（2019年）。透过这套机制，台达为社会培育投入低碳建筑领域的众多"幼苗"。

5. 远见与收益均可兼顾

王　婧： 台达集团创始人郑崇华先生说过："绿色建筑可以环保节能，也能让使用者更健康舒适。同时，绿色建筑并不是昂贵的建筑，反而是利用本土天然的优势就地取材。"请问，您如何看待打造绿建筑过程中的增量成本问题？

张杨乾： 其实，从全生命周期及节能效益来看，绿色建筑并不算贵，反而是以顺应气候、就地取材、尊重自然的方法提高建筑的实用度与功能性，避免不必要的能源消耗和温室气体排放。

郑先生说过，曾有来宾参访台达绿色建筑时好奇地问："到底花了多少钱？"对方猜想的价格，竟是实际花费的两倍之多，得知真正数字后直呼："怎么可能！"殊不知，除了在设计及建材选择上用心，台达员工也在机电设备及自动控制系统上下足苦功，并将经验逐年积累起来。在这样的基础上，2006年首栋绿色建筑落成后，其后台达打造的30多栋绿色建筑，节能绩效及减碳效益也都跟着逐步提升，有些甚至还能挑战净零能耗。若从这些层面去思考，建筑初期的施工成本似乎不是最重要的问题了。

从数据来看，目前台达累计在全球各地已经打造出32栋绿色工厂及学术捐建的绿色建筑，另有2座高效率的绿色数据中心。2022年度经认证的17栋厂办绿色建筑及5栋学术捐建绿色建筑，合计节电量达2691万度，相当于减少15400吨碳排放。

王　婧： 台达是否还有计划继续在自用的建筑中应用LEED零能耗？

张杨乾： 在"环保、节能、爱地球"的经营使命驱动下，台达会从核心竞争力中运用产品、工厂与绿色建筑等三方面落实节能减碳。这次那玛夏民权小学获颁LEED零能耗，是台达推广绿色建筑的新成就。台达美洲总部2023年已成为美国加利福尼亚州费利蒙市首座、同时也是硅谷湾区第二座通过LEED零能耗认证的绿色建筑。零能耗认证要求建筑的发电量必须大于等于耗电量，而台达美洲总部原本就是LEED铂金级的节能绿色建筑，近年更陆续导入台达自身的创新绿色解决方案，同时透过新建的太阳能停车棚，搭配新设置的330度储能系统，优化再生能源使用，每年可产生超过140万度的再生电力，大于建筑自身用电量。

今后台达仍会以物联网、边缘运算、智慧安防、智慧照明、空气品质监测等楼宇自动化方案，协助提高建筑部门的能源效率和减碳效益，减缓气候变化带来的环境冲击。

王　婧： 企业肩负维护人类永续生存的职责，是否真如大众认知的那样需要投入许多额外经费？

张杨乾： 台达一直深信，能够帮助环境、改善社会的事绝对也会是赚钱的事业。除了推广绿色建筑，台达同样布局超过十年的低碳运输器具充放电技术、提高能源韧性的微电网、电网等级的储能技术，不仅有助应对能源危机和气候灾变，未来更有极大的产值潜力。2010~2022年，台达旗下各种高效节能产品，合计协助全球客户节约了399亿度耗电，相当于减碳2105万吨，如果没有客户的支持及采用，这些低碳解决方案也不会获得市场青睐。

诚如台达集团创始人郑崇华先生所言："有远见的公司，会善用环保节能的优势，创造公司本身与产品的价值，也会借由这样的特质，不断成长创新！"而绿色建筑之于台达，就是我们关怀环境、善尽社会责任同时驱动企业创新的最佳媒介。

七、住宅：万柳书院、前海嘉里中心、麦当劳道3号的绿色之道

进入发展快车道的中国绿色建筑市场，焕发出蓬勃的生命力。而绿色住宅，作为大势所趋更是备受瞩目。与此同时，随着近两年LEED更注重住宅体系的更迭和本土化，中国的LEED住宅也出现不少令人瞩目的优秀案例。

1. 颐和园旁的LEED铂金级住宅

2018年1月获得了LEED铂金级认证的中赫·万柳书院，是由中赫集团打造的高端住宅。它也是国内首个全盘（共14栋单体）悉数获得认证的住宅开发项目。

（1）位置，始终是住宅的核心价值

位置与交通是LEED认证体系中的首个得分板块，同时也是身为住宅项目最核心的价值所在。万柳书院的位置可谓得天独厚，其周边成熟的配套设施可以精确到以米计算：从北门步行12米即到巴沟地铁站，从南门步行2~3分钟就可以找到一个大型购物中心；距离颐和园不到2公里；周边还配有优质的教育资源、新兴产业园区、医疗资源等，从幼儿园到健身房，从购物场所到娱乐场所，这些丰富的社区资源都囊括在了万柳书院周边步行10分钟可达的范围内。这一便捷的区位交通，也为居民提供了绿色出行的可能性。

此外，其设计的用心之处还体现在各个细节之中。书院的管家介绍："住宅的围墙设计了5°的内倾角，以避免高墙给行人带来的压抑感，营造一种回家的安宁感。"

万柳书院项目坐落于北京海淀区传统高档社区腹地，被誉为京城的豪宅区

图片来源：中赫集团

（2）宜居的社区环境

权威机构[1]曾作过一份有关园林景观的访问调查，在对"买房时，您会对社区园林建设有所要求吗？"的回答中，有87.8%的被访者表示"会"。而在众多购买决策因素中，社区的园林景观仅次于价格和位置因素排在了第三位。

LEED认证体系的可持续场地板块，就是针对营造对人类和地球都友好的场址环境，其要素之一正是园林景观。在景观设计上，万柳书院选择了本地适应性植被，保证"四季皆有景"——让住户充分享受天气和季节的自然交替所带来的生活体验。这一设计同时也兼顾了另一个优点：减少了灌溉用水的需求，避免使用杀虫剂、除草剂等化学制品，以保障每位住户的健康和安全。

项目设计之初，中赫对万柳书院就有着这样的愿景：做百年建筑，将这片寸土寸金的地上空间全部还给住户。在整个设计过程中，设计师亦秉持这样的理念，最大限度将地面的房屋与绿化景观、活动场地巧妙结合。万柳书院设有100%地下停车，确保住户能够全然享受景致。尤为值得一提的是，地下车库的通风井和采光井皆被设计成兼具功能性与艺术性的景观小品；天井同时也是消防逃生通道，这些原本孤立的构筑物与景观融为一体，将实用功能与美观性发挥到了极致。

另外，万柳书院的排水设施也做得非常巧妙。"住宅内部的排水沟设有弧度，利用水流规律来减少水花四溅。每个一层下跃户型的庭院都设有排水孔，即使暴雨天气也不用担心积水问题。所有的雨水都会集中收集至地下雨水池，经处理后用于景观灌溉。"管家补充道。步道每隔十米左右会设置宠物厕袋，贴心地为住户和宠物提供了一份便利。

（3）健康舒适的室内空间

室内环境质量作为LEED核心得分板块之一，在体系中占据了22分的高分值。毋庸置疑，住宅项目对于室内的健康舒适的重视程度也可见一斑。万柳书院在这一板块也同样投入了巨大的精力。

① 空气品质

如今，新风空气过滤设备似乎已经成了品质楼盘的标配，但万柳书院在这方面更往前走了一步——在外，社区营造了一个气密性极佳的建筑围护结构，将污染物拒于家门之外；在内，组合新风、过滤、净化与加湿的整合系统，将污染物消除于无形之中。依照我国《室内空气质量标准》的规定，住宅和办公场所的室内空气新风量应达到人均30立方米/小时，而万柳书院则把这一标准提升为50立方米/小时，室内空气几乎可以实现平均每小时换一次。住户还可根据家中实际居住人数的不同，用自控开关面板自行调节新风量。除了新风和过滤，万柳书院采用的加湿器，将室内空气湿度控制在适宜的40%~60%。在这个湿度范围内，空气中的细菌寿命最短，人体肤感最佳。

在过滤方面，一重过滤通过采用高效电磁过滤网，吸附颗粒直径在1.0微米（$PM_{1.0}$）以下的悬浮颗粒。二重过滤采用PHI光电离子化空气净化器。在第一重

① 小区景观提升住宅"含金量"[OL].
(2004-07-25) [2020-12-29].
http://www.landscape.cn/news/
15191.html.

过滤的基础上，PHI净化因子继续沉降PM$_{10}$、PM$_{2.5}$以及更加细小的颗粒物，破坏甲醛、苯等有害物质的分子结构，作用于病毒、细菌等有害微生物的遗传物质等，根除空气中的污染源。同时，地下车库也配有新风系统。

②"声"环境

以外窗为例，万柳书院选用三层双中空双银Low-E镀膜玻璃，配套的密封胶条也是经过层层筛选，能确保原本环境就安静的万柳书院更为静谧。所有的分户楼板都会根据木地板和石材的不同铺设不同厚度的隔声垫，以隔离楼层之间的噪声。

③排水

在排水方面，万柳书院选择了国内住宅中少见的同层排水系统[①]，有效地解决了传统排水方式的噪声问题。

④清洁系统

壁入式中央真空清洁系统是房间的最大亮点。墙体内预置了吸尘孔，外接吸尘头即插即用，灰尘直接通过墙体预留的管路，进入位于杂物间的末端吸尘主机，避免除尘过程中扬尘的二次污染，并且最大程度降低了吸尘过程的噪声产生。同时，为了最大限度地降低行车噪声，地下车库的地面专门铺设了弹性与柔韧性俱佳的聚氨酯地坪漆，也兼顾了地面的耐久性。

⑤光环境

万柳书院的所有边户型，都做到了270°落地窗采光。中户型南北通透，保证所有生活空间都最大限度地获得自然采光。与此同时，三层双中空双银Low-E镀膜玻璃避免了过度的太阳辐射和眩光，在窗边看书也不会觉得刺眼和不适。即使是人工采光的部分，室内也全部采用防眩光的灯具，通过智能控制调节灯光亮度。房间内还设有人员感应控制的夜灯，方便住户在夜间的使用，也避免忘记关灯时的浪费。

⑥热舒适

灰色砖墙与双坡悬山屋顶是万柳书院建筑的形象特色，现代建筑手法勾勒出的东方意境与其项目名字相得益彰。整个住宅采用的是框架结构，并采用了双层外墙，在原本的墙体外留有10厘米的空气层，最后砌起我们所见到的砖墙，把墙体的保温隔热以及隔声效果做到极致。而这看似不起眼的灰色砖墙，实则能够随着光线、气候、时令呈现出灵动的变化。这也是开发商遍寻全球，才最终找到的手工烧制的暖灰色黏土砖，每块砖成品都经过1200℃以上高温烧制，其密度与耐久度远优于同类产品，保温、隔热、降噪等功能也更为突出。加上三层双中空双银Low-E镀膜玻璃和良好的密封性能，无论在夏季还是冬季，室内都能保持相对恒定的温度，不会出现温度不均和漏风的现象，特别在室内外温差大的时候，墙体也不会出现令人尴尬的结露发霉现象。

（4）日常生活VS.碳中和

可能很多人会有疑问，这样配置豪华的住宅注定是能耗大户，是否也就意味着巨额的水电费开销？而传统节能节水的住宅，是否只能以牺牲住户的生活

① 同层排水：同楼层的排水支管均不穿越楼板，在同楼层内连接到主排水管。如果发生需要清理疏通的情况，在本层套内即能够解决问题的一种排水方式。

品质为代价?

针对这一大家普遍的困惑，我们进一步深入探究了一番。实际答案是——不！站在LEED的角度，我们一贯倡导的正是这样的可持续理念：通过提高能源效率，在降低日常能源消耗的同时维持高品质的生活。

碳中和强调的是碳排放和吸收的平衡，其本质就是节流与开源。万柳书院的这个案例，即是这一"不"的答案的标准典范。

① 节流——主动和被动式技术的应用

万柳书院的高效外保温措施，避免了室内的冷热不均、空气渗漏等现象。在保障了住户舒适度的同时，降低了室内的冷热负荷，让空调和地暖的使用效果以及运行效率也得到最大的保障，降低能源的不必要消耗。集中式热水供应系统，保障住户可以即开即用，其效率比家用燃气热水器效率更高。住户根据用量收费，其实也是一种避免无节制使用，造成巨大浪费的有效方式。

② 开源——可再生能源的利用

一方面，万柳书院通过屋顶的太阳能光电板将太阳能转化为电能用于地下照明；另一方面，通过优化设计最大限度地将自然光线纳于室内。与此同时，地下车库设置了六个6.5米×6.5米的采光天井，将自然光线充分地引入。在优化地下采光的同时，也节约了资源。中赫创始人曾说："在住户入住之时，我不求津津乐道，但求问心无愧。"真诚地希望在不久的将来，更多住宅开发商都能像打造自己住的家一般建造每一栋住宅，而LEED也能够成为每一个老百姓口中好房子的代名词。

2. 未来的社区型绿色住宅

深圳前海嘉里中心公寓在2021年度LEED住宅大奖中荣誉提名年度最佳项目奖项。由USGBC主办的LEED住宅大奖旨在表彰世界上最具创新性和变革性的LEED住宅项目，在业内享有盛名。此次深圳前海嘉里中心公寓在全球19个参选项目中脱颖而出，彰显了中国住宅建筑可持续发展的实力，这也是中国项目首次入围LEED住宅大奖。

（1）紧凑集约之中实现住区与社区的最大连接

前海嘉里中心所在区域——前海是粤港澳大湾区的核心，也是对标纽约、旧金山、东京的第四大湾区。因此，前海片区整体规划彰显了紧凑集约、高效便捷的特性，绿色可持续也是前海开发的关键，前海片区的LEED认证项目参与率高达62%，多个地标项目都在LEED认证过程中。

前海嘉里中心的开发也与之一脉相承。这个用地面积约6.88万平方米的商务综合体内部集成了办公、公寓、酒店和商业，构成了一个业态丰富的社区，除了公寓部分，前海嘉里中心所有建筑获得LEED认证。

LEED的选址与交通（LT）板块就强调与社区的连接，除了提倡以公共交通为导向（TOD）的开发外，LEED 希望整个社区的发展更紧凑和集约，比如"周边密度多样化用途"（Surrounding Density and Diverse Uses）和"优质交通"（Access to Quality Transit）得分点就强调了这个意图。在LEED城市与社区体系中，对此进一步提出了一个叫作"紧凑完整中心"（Compact and Complete Centers，简称CCCs）的概念，每个CCC中都需要覆盖居住、商业、开放空间以及公共服务设施，方便居民在800米的步行距离范围内满足日常生活的所有基本需求。

在前海嘉里中心项目中，我们可以看到其对"紧凑完整中心"概念的充分利用，同时也让整个社区中承载最重要的居住功能的建筑实现了住区与社区的无缝衔接。项目采用以公共交通为导向（TOD）的开发理念，围绕地铁出入口、公交站点等公共交通基础设施进行业态布局，形成站城一体化设计，保证了项目内重要人流集散点均设置在步行可达的公共交通站点范围内，强化了人流与物业之间的联系，让出行更加便捷。

这里的交通优势还在持续扩大——一个超大规模的前海综合交通枢纽正在建设之中，其中地下部分将连通五条轨道线路，就像一座包容贯通的"地下城市"，连接车站与周边街区的开发。除此之外，前海还拥有目前国内距离最长、设置出入口最多的地下车行系统，打通了地下道路—联络道—车库，实现共享停车资源的同时，有效地解决了地下交通出行问题。除了车行系统，前海还规划总长超过了24公里的地下人行系统，这些地下通道四通八达，能够为住户提供更高的生活便捷性，也进一步拉近了住区与社区的距离。可以想象，在暴雨、台风天气，住区居民通过连通的地下空间直接到家，无需经历风吹雨淋。此外，地下连廊也与外部的公园、项目内部的大草坪、下沉式广场相连，还大大提升了享用绿色室外空间的便捷度。

在公寓所在的社区内部，公园绿地和商业街共同构成了适宜步行的街道网络，还将公寓周边区域内的各功能建筑有机地连接起来，为在此居住、工作的人们提供了多元的生活场景以及绿色健康、富有活力的公共空间。

多样开放的中央公园是整个社区公共空间的亮点，公寓楼前方的中心广场就是这样一处场所。这里会举办多种文化、休闲类活动，比如2020年12月举办的"叠加城市：前海未来城市/建筑展"，就向公众展示了前海规划建筑领域的学术探索和实践成果。此外，项目还与外部资源合作，让居民参与丰富的社区文体活动，比如"嘉U减C"环保徒步，促进居民之间的交流碰撞，并传递人人参与城市可持续发展的理念。

景观宜人的前海区一直是周边居民喜爱的休闲场所，在前海嘉里中心公寓周边，更是文化娱乐资源一应俱全。博物馆、剧院、海洋馆沿着海湾线布局，"网红打卡点"前海石公园也在项目附近。

据前海嘉里中心的工作人员介绍，因为这里毗邻前海湾，周边十分安静，同时拥有整洁的草地、好看的鲜花带以及深圳最美的日落景观，非常适合拍照以及漫步休憩。"举目远眺，还能看到一旁的沿江高速和宝安中心区，很多摄影

194　双碳背景下的建筑逐绿行动：
LEED
在中国

Green Building Actions in the
Context of Dual Carbon:
LEED in China

爱好者也很喜欢来这里。"交通的便利和多元的空间，将社区的优势最大限度地带给了住宅的住户。

（2）高密度开发，让绿色"竖向生长"

从自然条件上看，前海嘉里中心项目天然拥有得天独厚的海岸视野以及绿意盎然的公园，街区式规划设计更能确保建筑跟自然环境多维连接，而项目使用的大量立体园林则把自然真正带进了建筑空间。

在LEED的可持续场地（SS）板块中，减少热岛效应及开放的空间等得分点关注在建筑中融入屋顶花园、垂直绿化、活动空间，这些得分设置的目的就是希望在钢筋丛林中创造人与自然最大的链接，同时重建被开发破坏的生态。但往往地面的空间是有限的，借鉴自然界树木竖向生长的理念，不失为一种城市高密度开发的新思路。

前海嘉里中心的公寓部分建筑的外立面设计非常特别，网格化的设计将大楼分解成小体量，其中注入绿化和空中花园，使绿色植物与建筑充分融为一体。大型成熟的树木和低矮的灌木构成层次丰富的园林景观，也塑造了参差的空中活动空间。这些空间对公寓住户开放，对老人、小孩或者行动不便的人来说，是一个足不出楼就能亲近自然的机会。

公寓楼采光天井的设计，虽然牺牲了可售的建筑面积，但是可以为大楼提供充足的采光和通风，也充分尊重每个单元的阳光权、景观权，让住户享受到最好的视野、光照和空气。

前海嘉里中心的社区内有3000平方米的中央绿地，还设计了绿色连廊，对外，与周边的桂湾公园、水廊道、滨海公园无缝连接；对内，公寓大堂大面积的绿植墙和精致的景观陈设也让绿意从楼内延绵到社区，并和建筑立面相得益彰。

在整个建筑群的中央，前海嘉里中心设计了两个下沉式商业广场，通过独

与自然紧密融合的前海嘉里中心
图片来源：襄安置业（深圳）有限公司

具特色的叠级式观景台阶形成绿色的城市舞台，为人们提供了休闲娱乐的活力场所。这样，从地下、地面到地上，前海嘉里中心构建出竖向生长的绿色生态让住户全面地与自然连接。

最后我们还了解到项目中种植的所有植物都选取深圳本地物种或者本地适应性植物，最大限度地减少了灌溉的用水需求；所有景观都采用了智能化节水喷灌系统，项目场址内的雨水也经过收集处理，优先用于地面植物的浇灌；这些举措也帮助项目在节水增效（WE）板块获得了高分。

（3）智慧舒适的"未来型"住宅

人们希望自己的家能够健康、舒适，这也是LEED对住宅的要求。在LEED的室内环境质量（IEQ）板块中，加强室内空气质量策略（Enhanced Indoor Air Quality Strategies）的先决条件以及室内空气质量评估（Indoor Air Quality Assessment）得分点都强化了保障室内空气质量的重要性。

在前海嘉里中心的公寓楼，四重系统（空调系统、新风系统、空气净化系统与空气质量监测系统）协同运作，共同保障室内的新鲜空气。项目的智慧家居设计也带来了未来人居的新体验，比如物业专门开发了微信小程序，住户可以随时查询室内外实时的环境数据，包括了室内外温度、湿度、$PM_{2.5}$浓度及空气质量、室内二氧化碳浓度及新风运行情况等。

从用户层面，住宅内的智能化家居系统，方便不同年龄层的用户使用智能App远程控制灯、空调、窗帘；楼宇智能化管理采用物联网（IOT）应用的方式监控及管理各设备系统，实现建筑云数据实时可视化、场景化及实时交互。此外，公寓楼内还有智能安防系统提供云巡检、定位追踪可疑人员等服务，保障社区安全。这些智能化设备，最大化提升了住户居住体验感，还能让物业服务更智慧与高效。

3. 住在LEED住宅里，是什么体验？

香港麦当劳道3号住宅项目在网上可检索的信息并不多，人们大多关注它的地段、配置以及服务。但在构成其高品质住宅的所有标签中，LEED认证或许是最让关注者们好奇的一个。

为什么把住宅打造成LEED认证项目？LEED认证是否能够真正赋予其价值？……带着这些问题，我们邀请到项目打造者——华懋集团的可持续发展督导委员会黄慧仪（Ir Priscilla Wong）工程师，进行了一次文字采访。

（1）华懋：LEED与我们的三重基线不谋而合

LEED： 华懋旗下有不少已经获得LEED认证的项目，但住宅用途的为数并不多。能否请问一下，两年之前决定将麦当劳道3号打造成LEED认证住宅的初衷是什么？

黄慧仪： 从集团层面来说，可持续发展是华懋集团的核心价值之一，也是我们业务发展的重要支柱。华懋也一直把代表社会责任、企业盈利及环境责任的三重基线作为企业营运的纲领。

具体到实际项目中，绿色建筑是助力集团实现可持续发展的重要方式。多年来，我们一直在兴建绿色建筑，并时刻检视相关运营管理，致力于让建筑与社区共荣发展。麦当劳道3号立项之初，我们就确立将绿色可持续的发展理念注入其中，并希望这份追求能与国际接轨，LEED认证恰好符合我们的理念和要求。我们决定以LEED金级认证为目标，并希望借助LEED拓宽我们在企业社会责任领域的合作伙伴关系。

在麦当劳道3号，我们系统性地融入了集团坚守的理念，加上专业顾问的支持，项目在设计、施工及后期运营中都注重了节能降耗，并在2018年成功获得认证。

LEED： 我们很想知道LEED是否为这个住宅项目带来一些实际的价值？目前项目的入住情况如何？在出售或出租过程中，LEED认证是否能够起到积极的促进作用？

黄慧仪： 麦当劳道3号共有24个住宅单元，现在的入住率达到70%。在我们的出租过程中，LEED认证确实有促进性的作用。

以麦当劳道3号在LEED认证中的得分为例。项目在可持续场址（Sustainable Site）板块中的开发密度与社区连接性（Development Density and Community Connectivity）及可替代交通（Alternative Transportation-Public Transportation Access）两个得分项上都获得了满分。这些得分与项目地理位置优越、配套设施齐全、交通配套便利有关，住户可以便捷地使用各种交通工具前往城市中心；另外，麦当劳道3号所有的车位都配备了电动汽车充电装置，这也为住户提供了低碳出行的选择。在这些基础上，LEED认证帮助我们为住户营造一种可持续、以人为本的生活方式。

（2）麦当劳道3号的"绿色进化"

住宅类建筑有其特殊性，在新建阶段能够获得LEED金级认证并非易事，像前文提到在某项评价指标中获得满分这样的亮点、难点，我们在麦当劳道3号的得分表中还发现很多。针对这些问题，我们也请黄慧仪工程师分别进行了解读。

LEED： 据我们了解，要想在"开发密度和社区连接性"（Development density and community connectivity）这一得分点获得满分，需要建筑周围配有丰富的公共服务设施，比如学校、邮局、银行、健身房、超市、餐厅、养老院等，这也同住宅项目本身的选址偏好不谋而合。那么麦当劳道3号是如何满足这一得分点的呢？

黄慧仪： 我们在选址时就充分考虑了项目的周边环境，确保住户在入住之后可以有便捷及充足的公共服务设施。麦当劳道3号位于香港港岛山顶住宅区，周围的开发密度及社区连接性不只满足了LEED得分点的要求，还可以让项目有效地连接和融入原有社区。在项目周边800米范围之内，有学校、教堂、超市、健身房、医院、公园、社区中心、美容院和博物馆，项目和这些设施之间有安全的人行通道相连。

除了拥有便利的公共设施，项目周边800米生活圈内还有至少三个巴士站及一个地铁站和机场快线。平均每日班次密度超过200次，通过这些多样的交通方式，住户可以前往香港包括机场在内的各个核心交通区域。基于此，麦当劳道3号也获得了"可替代交通"（Alternative transportation）的满分得分。

LEED： 除了选址，我们还留意到麦当劳道3号也拿到了LEED能源与大气板块中的绿电（Green Power）的得分点。就这一方面，麦当劳道3号在决策时有过怎样的考量？

黄慧仪： LEED对于绿电的得分意图，是旨在促进绿色能源（如太阳能、风能等）的应用和推广。这一点，也与华懋提倡节能减排及使用绿色清洁能源的理念不谋而合，为此，我们也十分希望争取获得这项得分，以彰显我们对绿色清洁能源的支持。另外，华懋集团此前也与香港中电集团在绿色能源领域开展了长期合作计划，这也足以体现我们自上而下对节能减排的重视。

LEED： 住宅类建筑作为承载人们生活的主要空间，室内环境质量尤为重要。麦当劳道3号在LEED室内环境质量板块中，低挥发材料、热舒适、日光、视野（Low-emitting materials，thermal comfort，daylight and views）亦都获得了满分，请问在实践过程中，这些是如何做到的？

黄慧仪： 人们平时会有90%的时间留在室内，所以我们在设计初期就把重心放在了室内环境品质上。首先我们使用的室内涂料以及防水层黏合物均为低挥发性材料；在热舒适得分点上，香港的住宅建筑通常采用自然通风设计，在麦当劳道3号项目中，为了保证住户的热舒适度，我们提供了分体式空调及自然通风的两种模式，保证了住户呼吸新鲜空气和自主控制热舒适度的需求。针对平时停留时间较长的卧室和书房，我们给每个用户提供了独立控制风速的开关。

同时在项目主要公共区域我们也让温度和风量可控。针对日光和视野，我们为项目的主要空间（卧室、客厅、书房、大堂等）都提供了至少2.2米高的落地玻璃窗，在麦当劳道3号，超过97%的主要空间都能享有良好的视野，超过90%的主要功能房间可以享有足够的日光。

（3）住在绿色住宅——如何延续可持续的生活方式？

LEED： 现在，麦当劳道3号已经运营了近两年，在业主/租户入住之后，项目是否有兼顾可持续运营的措施和经验与我们分享？

黄慧仪： 在实践中，我们注意在减少建筑的光污染、节水、节能、绿色采购、减塑、禁烟等方面采取措施，以保证空气质量，同时在绿色清洁等方面也采取了相关措施。具体如下。

在减少光污染层面，项目的外墙灯经调整不会直接投射天空，另外我们还会根据日照时间调整外墙灯光的开关时间；项目中的公众洗手间均安装了高效自动感应水龙头，节水率达到50%；在管理中我们制定了大厦设施/设备开关时间表，严格监控各项设备的运作时间，并通过定期检查和维护减少因设备故障导致的能源损耗；在我们的日常运营中，绿色采购是重要的原则，我们注重商品的耐用性和用料，比如选购回收物料制作的节日装饰品以及用回收塑料做成的地毯等，我们也会在选择新设备时考虑它们对环境的影响；我们主张采用低有机化合物或者不含有机化合物的绿色清洁剂，它们对租户的体验、员工的健康以及环境保护都有积极的促进作用；我们使用的新型灭蚊灯，可以减少化学危害，在灭蚊功能的基础之上还能减少花园照明用灯数量，进一步达到节能效果。

建筑运营中更为重要的是对用户的教育。以珍惜水资源为例，我们安装了具有双冲功能的感应式冲厕装置，还会张贴节水提示，提醒使用者按需选择，降低冲厕用水量。麦当劳道3号已经连续两年参加"香港无冷气夜"以及"树木保育计划"，2020年我们还签署了"惜食约章"并计划长期参与这类活动，期间会邀请住户与我们共同参与。我们鼓励减塑和节约用纸，不会向住户派发塑料垃圾袋，鼓励他们重复利用，并且推行无纸化管理，用电子公告取代纸张通告。让住户参与可持续的运营，能更好地推进我们的管理措施，并且有利于真正实现建筑可持续。

（4）LEED住宅前景如何？

LEED： 华懋集团对于绿色可持续理念运用在塑造高品质宜居住宅项目中的前景有什么看法？LEED与住宅结合，又能碰撞出怎样的火花？

黄慧仪：华懋坚守绿色可持续的核心价值，更希望能够为市民创造更好的居住和生活环境，并建设更宜居的城市。麦当劳道3号是香港少数获得LEED认证的住宅项目之一，这是华懋集团致力于发展高品质物业项目的体现。同时，为了让城市更宜居，我们也需要着力改善我们的社区和环境。当今全龄化的智能社区与住宅设计正在改变我们的生活方式，华懋集团也正在适应形势，支持全龄社区的发展。与LEED的结合可以让我们的地产项目更加注重空间规划与社区设施，鼓励我们把绿色建筑、长者友善以及适合全年龄段人士的设计元素注入未来的发展项目中。

LEED： 最后一个问题，对于华懋集团来说，绿色建筑意味着什么？未来华懋集团是否会有更多聚焦在住宅项目上的可持续规划？

黄慧仪：绿色建筑是集团发展地产项目的目标之一，我们希望通过持续推出优质的绿色建筑，为社区和环境带来正面价值。

在物业发展及运营中，LEED标准为我们提供了项目设计、施工、物业管理及利益相关者参与不同层面的可持续发展导则。在这份导则的指引下，我们可以根据项目的不同特点，设立相应的可持续发展目标（比如选址、节能、节水、节材以及提升室内环境质量），并通过与伙伴的精诚合作，持续打造出富有品质的绿色建筑。

目前，华懋集团正在全力发展绿色建筑，旗下所有主要在建项目都设立了金级及以上的绿色建筑认证目标。在住宅项目上，我们也会持续坚守并发展该领域的可持续规划。

4. 后记：住宅迈向净零之路，有LEED助力！

中国"3060"目标的推出，刺激建筑行业作出更加雄心勃勃的实践与承诺——超越绿色建筑，迈向净零建筑。在中国，我们已经陆续诞生了多个LEED零碳、零废弃物建筑，它们覆盖了商业楼宇、学校等多元化建筑空间。住宅作为房屋建筑行业最为重要的板块之一，它规模巨大，且与我们每个人的生活息息相关。因此在住宅这个细分领域，我们也急需发力，在满足人们优质居住需求的同时，向近零/净零住宅稳步迈进。

（1）住宅向"零"迈进，他山之石与中国的挑战、机遇

住宅是建筑行业最主要的类型之一，在建筑业减碳呼声越来越高的今天，住宅板块的低碳发展甚至零碳发展已经提上议程。许多政府出台了相应的政策鼓励住宅净零发展。比如英国政府在2006年就宣布了《零碳住宅标准》[①]。美国加利福尼亚州（简称加州）2008年正式启用了他们第一个长期《加利福尼亚州能源效率战略计划》，其中明确指出，到2020年，所有新的住宅建筑将实现零净能耗（Zero Net Energy，简称ZNE）。加州对于ZNE住宅的定义非常简单，只需为住宅安装一个或多个可再生能源阵列，以便产生足够的清洁能源满足家庭的所有能源需求。这一政策的实施对加州来说并不困难，作为全球公认的清洁能源发展的领导者，加州自身丰沛的可再生能源是最大的助力来源，它是全美国太阳能光伏装机总量最高的州，并且根据美国能源信息署的官方数据，2020年加州电网供电的可再生能源比例达到了59%，这可以有效地推动当地净零能耗住宅的发展。

但着眼于中国的国情，我国现有的能源结构和目前国内绝大多数的城镇住宅开发特点决定了零碳/零能耗住宅无法一蹴而就。具体如下。

从能源结构上看：目前我国仍以煤电为主，而国家电网公司预计2025、2030年，非化石能源占一次能源消费比重将达到20%、25%[②]左右。所以，当前阶段，仅依靠电网的清洁能源实现零碳排放，可能仍为时过早。

从中国城镇住宅开发的模式上看：我国城镇化居住建筑主要以集中式的中高层为主，其特点就是开发的密度大、容积率高，场地内可再生能源利用率低，大多数的住宅建筑无法直接通过场地内的可再生能源实现零能耗的目标。

但在"双碳"目标的背景下，住宅建筑的碳排放定将成为建筑业必须直面的挑战。根据全国建筑能耗流向数据，居住建筑占全国建筑碳排放总量的62%，其中城镇居住类建筑是主要贡献者，占到42%。

这份挑战也将随着中国未来居住类建筑的增量越来越大。联合国《世界人口展望2019年》预计到2030年中国常住人口城镇化率将达约71%[③]，城镇常住人口将较2020年再增加约1.3亿。这意味着我国的城镇居住类建筑仍有进一步的

① Department for Communities and Local Government: London[EB/OL]. (2007-07) [2022-03-24]. https://www.rbkc.gov.uk/pdf/80%20building%20a%20greener%20future%20policy%20statement%20july%202007.pdf.

② 中华人民共和国国家发展和改革委员会."十四五"规划《纲要》章节指标之4 |非化石能源占能源消费总量比重[EB/OL]. (2021-12-25) [2022-03-24]. https://www.ndrc.gov.cn/fggz/fzzlgh/gjfzgh/202112/t20211225_1309671.html.

③ 中国城市中心.智库丨人口大迁移：从城市化到大都市圈化[N/OL]. 澎湃. 2020-01-22 [2022-03-24]. https://www.thepaper.cn/newsDetail_forward_5599309.

增长需求，其也定将成为全国碳排放的主力军，同时也蕴藏着巨大的减碳潜力。

　　绿色低碳化是中国住宅建筑的必然发展趋势。拆分来说，首先是绿色，新版《绿色建筑评价标准》对绿色建筑进行了重新定义，从此前的重节能节水等指标，到更加强调人的居住体验和建筑开发和运行的质量，这一点与LEED"优质建筑赋予品质生活"的理念不谋而合，LEED体系也早已通过室内环境质量板块表现出它对人居体验的关注；其次是低碳，由于净零排放在实践上还比较困难，中国在2019年推出了《近零能耗建筑技术标准》，其规定建筑能耗水平应较国家标准降低60%~75%。此外还有全国各地根据《近零能耗建筑技术标准》延伸产生的地方性《超低能耗建筑标准》，要求建筑能耗水平应较国家标准降低50%以上。这些标准的实践路径和LEED也比较协同，项目可以通过践行LEED标准来满足这部分要求。

（2）LEED助力中国居住建筑净零之路

　　我们对比了LEED v4.1版住宅体系与国内《超低能耗建筑标准》（以《上海市超低能耗建筑技术导则》[①]为例）的两个约束性指标，由此初步了解到二者的一致性及LEED住宅在国内实践的适应性。

　　① LEED v4.1版住宅体系与超低能耗指标对比

　　A. 约束性指标：室内环境指标

　　LEED住宅体系始终对于居住空间的室内空气质量有着较高的要求，特别是对于使用机械通风及制冷/供暖的空间，必须按照ASHRAE Standard 62.2要求为住户单元内部提供新风及排风，按照ASHRAE Standard 62.1要求为公共区域提供新风及排风。这对于目前国内普通住宅项目有一定的实现难度，但这一点已经越来越被国内建筑标准认知到，比如《上海市超低能耗建筑技术导则》中，对居住建筑的室内环境约束性指标中就提出：卧室、起居室、餐厅、书房等主要房间提出最低室内新风量不应小于30立方米/（小时·人）的要求。

　　B. 约束性指标：气密性指标

　　区别于其他LEED分支体系，LEED v4.1版住宅体系中要求必须由GBCI认可的Green Rater进行项目现场的测试与验证工作。其中一项非常重要的工作就是检查和测试住宅建筑的气密性。具体要求是，在LEED v4.1版住宅体系的IEQ先决条件"空间划分"中，对于新建住宅，要求施工阶段对住宅单元进行气密性测试：测试验证在50帕测试压力下，最大空气泄漏量控制在每平方米每秒1.53升。

　　我国的住宅开发中，其实气密性测试并不常见。但在目前国内近零能耗/超低能耗建筑标准中，都将建筑气密性列入约束性指标，并且提出了明确的测试方法。依然以《上海市超低能耗建筑技术导则》为例，其对于居住建筑的明确要求是：建筑气密性应符合在室内外正负压差50帕的条件下，每小时换气次数不超过1.0次的规定如下：

$$n_{50} \leqslant 1.0 \text{ h}^{-1}$$

　　式中：n_{50}——室内外压差为50帕条件下，建筑或房间的换气次数，h^{-1}。

① 上海市住房和城乡建设管理委员会. 关于印发《上海市超级能耗建筑技术导则（试行）》的通知：沪建建材[2019] 157号[A/OL]. (2019-03-13) [2022-03-24]. https://www.shgbc.org/Attach/Attaches/201903/201903210147586930.pdf.

此外在气密性测试抽检样本的规定上，与LEED住宅体系10%的抽查比例也是一致的。

关于气密性的规定，除了约束性指标以外，LEED住宅体系与近零能耗/超低能耗建筑标准也都在设计和施工阶段要求对建筑进行严格的气密性设计。比如上海市《超低能耗建筑技术导则》要求以建筑整体气密性的控制作为设计目标，对气密层、门窗构件、墙面洞口的设置予以重点考虑，并要求气密层应连续并包围整个外围护结构。可构成气密性的材料包括抹灰层、硬质材料板可选用专用的气密性薄膜。同时需要在设计施工图中明确标注出气密层的位置。

这些与LEED v4.1版住宅体系中对于建筑围护结构气密性的要求也是完全一致的。而在这样一个气密性的设计和严格的施工工艺、测试要求背后，我们可以看到一个共同的结论：无论是LEED住宅体系，还是本土的近零/超低能耗标准，都更加强调住宅建筑的质量。保证建筑的气密性，也就是最大限度地减少房屋室内外气体的交换速度，在冬季防止室内热量的丧失，在夏季防止室外的热气进入，这样保温隔热性能自然大大地提高了。还可以在雾霾的天气防止室外污染物进入室内。最终还是在为人们提供了最佳的居住体验的前提下，达到节约能源使用的目的。

② LEED v4.1版住宅体系与《近零能耗建筑技术标准》[①]对比

除了在强制性指标上的一致性，进一步对比LEED v4.1版住宅体系与《近零能耗建筑技术标准》，在建筑全生命周期各阶段的评价上也是几乎能够完全契合的。

此外，如果对比两个标准的能耗指标范围，我们还留意到LEED额外关注住宅用电设备（即插座用能）的效率及室外照明，扩充并完善了住宅相关的能源指标范围。例如，对于住宅中不可或缺的家用电器，LEED标准中要求使用带有能源之星（Energy Star）标识或与之等效的电器来进一步减少能源消耗。

最后，我们还要补充的是，除了能耗（EA）与室内环境品质（IEQ）这两大板块，LEED住宅体系的其他几个核心得分板块也与住宅建筑的减碳目标直接相关，体系中72%以上的LEED得分可有助于住宅减碳。

在选址与交通（LT）板块，LEED非常鼓励公共交通的使用，提倡绿色出行，并且为此提供基本的设施设备，例如淋浴更衣室、专用停车位等。而这些都是鼓励建筑使用者降低出行引起的交通碳排放。

在可持续场地（SS）板块，我们通过景观和绿化来恢复和重建栖息地，以碳汇的方式吸收大气中的二氧化碳，形成碳补偿。

在材料与资源（MR）板块中，无论是使用环境产品声明（EPD）、森林管理委员会（FSC）认证的建材、循环成分建材还是采购当地生产的建材，都是鼓励应用全生命周期对环境影响更小的材料，以降低建筑施工过程中的隐含碳。

① 中华人民共和国住房和城乡建设部. 近零能耗建筑技术标准[A/OL].(2019-01-24)[2022-03-24]. https://ceasjx.com/ueditor/php/upload/file/20211104/1635999893287442.pdf.

对比 LEED v4.1 版住宅体系与近零能耗建筑技术标准的能耗指标

图片来源：USGBC

近零能耗建筑技术标准

- 可再生能源
- 照明、生活热水、电梯系统能耗
- 供暖年耗热量/供冷年耗冷量

LEED v4.1版住宅体系

- 电器&炊事、插座负荷、室外照明
- 可再生能源
- 室内照明、生活热水、电梯系统能耗
- 供热、通风及空气调节（HVAC）

202

双碳背景下的建筑逐绿行动：
LEED
在中国

Green Building Actions in the
Context of Dual Carbon:
LEED in China

八、综合体：北京凤凰中心的可持续生命力

"神秘""震撼""帝都离银河系最近的地方"……这些描述，很难想象是用来形容一座办公楼的。位于北京朝阳公园入口处的凤凰中心，因为酷似"宇宙空间站"，而被一众时尚艺术弄潮儿们当作打卡胜地，的确，在诸多摄影大师及网络红人的镜头中，凤凰中心出色的颜值让人过目不忘。

作为北京唯一一个向公众开放的广播电视台，凤凰中心因为其炫酷的外表被人所津津乐道；但作为凤凰传媒集团的总部，这栋大楼的建筑设计其实都在潜移默化中表达着凤凰集团的内核文化。尤其值得一提的是，就在2020年4月，运营了6年的凤凰中心正式获得了LEED O+M：既有建筑铂金级认证，实现了绿色转型——这也让我们有机会走进这栋建筑，重新剖析凤凰中心的绿色内核。我们邀请到凤凰东方（北京）置业有限公司总经理兼高级工程师谷德雨，进行了一次文字采访。

1. 厚积六年的薄发："凤凰中心作为'绿色建筑'的真正生命力体现在运营中"

凤凰中心的前卫外形早在12年前就已经确定，也正是在这个阶段，凤凰中心希望通过建筑语言传达比美更加重要的概念。此前凤凰卫视董事局主席、行政总裁刘长乐曾经这样表达对凤凰中心的期待："凤凰中心的文化能量和意涵绝不仅仅停留在建成的一刻，他应该是一个有生命力的传媒中心，我们希望它能够形成一种效应，成为文化交流、展示的综合中心，他的运营至关重要，这也将为凤凰传媒的进一步发展提供助力。"

绝美的凤凰中心

LEED：作为凤凰传媒的集团总部，凤凰中心作为国内为数不多的LEED认证的媒体中心，为何选择与LEED结缘？

谷德雨： 严格意义上说，早在凤凰中心的构思阶段，绿色可持续发展就已经作为设计和
运营中必须要实现的重点考虑到项目方案中。

在设计之初，我们就想要设计一座能够传达集团文化的建筑——一座有灵
魂的建筑。在这栋建筑中，我们希望融合凤凰集团的多元和谐的文化理念。我们
所说的"和谐"覆盖了很多方面，其中就包括建筑与环境、建筑与人以及人与自
然的和谐。这些和谐落实到实际建造中，恰恰是绿色可持续发展表现出来的，同
时，这也与LEED认证所追求的"建设健康、可持续未来"的目标相统一。因此，
可以说在建造之初，我们就以LEED最高级别——铂金级认证的标准来要求自己了。

凤凰中心作为绿色建筑的真正生命力其实体现在运营中。我们通过六年
的时间不断磨合验证，让运营中的各项能耗尽可能地降低，最后我们实现的
数据成果甚至比我们当初设计时预想的还要高效！

正是长达6年的运营，让我们坚信"实践是检验真理的唯一标准"——这段
时间持续实践产生的强有力的数据证明，凤凰中心完全有自信成为表里如一的
绿色建筑。在现在这个阶段申请并获得LEED铂金级认证，是我们可持续发展计
划中的一步，也是对我们前期工作的一个检验和肯定。

2. 头部企业的社会责任感："我们更希望用'以身作则'的方式去影响其他企业和个人。"

现在，LEED在中国已经有了深度和广度上的延伸，越来越多的本土企业正
在探索绿色可持续发展之路。凤凰传媒集团作为国内极负盛名的媒体加入绿色
大军，也向行业传递了榜样的力量。他们是如何看待自己的企业社会角色的？

LEED： **凤凰传媒集团在企业社会角色层面有哪些思考？**

谷德雨： 多元和谐的文化理念已经深刻地印在凤凰传媒的血液里。在凤凰中心的建筑层
面，我们希望的和谐是"绿色可持续"，但我们也希望这种和谐辐射到社会的其
他层面，比如通过我们的实践，让凤凰中心对社会、环保都产生了积极的影响，
这就体现了我们的社会责任感，甚至也代表了我们在可持续发展方面的使命。
通过凤凰中心举办一些展览、活动，越来越多的普通民众得以参观这栋兼具设
计美感与绿色实力的建筑。

LEED： **具体来说，凤凰中心采取了哪些可持续的举措？**

谷德雨： 作为凤凰传媒文化的实体展示，凤凰中心在建造和运营中都遵循了LEED铂金级
的标准，也开创性地运用了很多高效务实的举措。以一个外部的雨水收集系统
和建筑内部高大空间的自然换气原理为例：在凤凰中心外罩的外层，没有设置
一根雨水管，但是雨水却可全部通过建筑外表的主肋导向建筑底部连接的雨水
收集池，经过集中处理后提供艺术水景和庭院灌溉。在LEED认证中要求建筑在
降雨过程中收集和处理的雨水至少要占25%，但在凤凰中心可以达到95%以上。

204   双碳背景下的建筑逐绿行动：
LEED
在中国

Green Building Actions in the
Context of Dual Carbon:
LEED in China

走进凤凰中心内部，我们能更直观地感受到建筑内部空间的高大，如此巨大的空间既要保证空气质量和温度，又要遵循绿色生态原则，在设计建造时无论是想法还是实施，技术上都要投入更多的时间和精力。

在凤凰中心外罩的上方设有61个电动天窗，而内部的办公楼和演播楼有30米的高差，这个高差极大地加强了建筑的"烟囱效应"。在适宜的时候，将天窗全部开启，30分钟就可完成凤凰中心内部的空气置换。这个设计完全依靠建筑的建造原理，无需消耗能源，对减少碳排放有着重要意义，并且也保证了人在建筑内部的舒适性。

尽管只是两个小的应用案例，但足以看出凤凰中心在可持续发展道路上进行了严谨和务实的思考与实践。我们更希望用以身作则的方式去影响其他企业和个人。

LEED： 与众不同的是，凤凰中心是一个集电视节目制作、办公、商业等多种功能为一体的综合性建筑。这样一个多功能综合性项目，是否造成实践LEED的难点？

谷德雨： 凤凰中心的内部由多种多样的空间类型和用途功能组成，比如办公区域、演播厅、展览区域等。这都增加了物业管理、能源消耗监控的难度，所以我们引入了数字化绿色运营的概念。在专业顾问公司（戴德梁行）和团队的协助下，凤凰中心通过BA系统智能化管理，对暖通、照明、给水排水等各项运作情况实时监控管理，使凤凰中心的能源消耗逐年降低。从数据上看，相较于2016、2019年全年凤凰中心的水、电能源消耗分别减少了19.41%和10.51%，总碳排放量和人均碳排放量也远低于大部分国家或地区。这都需归功于凤凰中心数字化绿色运营的实施。

3. 为明天而设计：凤凰中心将始终奉行绿色建筑的理念

走进凤凰中心，会让人产生强烈的未来感，光影穿梭，如梦似幻。正因此，大楼总设计师邵韦平总结凤凰中心的精神为"建筑，为明天而设计"。在将来的建筑生命中，凤凰中心又会书写怎样的绿色故事？

LEED： 在可持续发展方面，凤凰中心还有什么更深入的规划吗？

谷德雨： 首先可以百分之百确定的是，凤凰中心将始终奉行绿色建筑的理念，并会持续动态地追求绿色可持续发展目标。其次，作为数字化设计的产物，未来的凤凰中心也会采用更多数字化技术到运营工作中，以保证实现绿色可持续发展目标，同时满足建筑内部人的舒适性。我们希望在达到建筑与自然的和谐后，继续实现人与建筑的和谐，最终达成人与自然的和谐。未来凤凰中心将成为一个更有生命力的绿色建筑，凤凰中心的文化能量和绿色内涵将不断更新、与时俱进，我们也会将优化数字化绿色运营作为未来重点推进的工作。作为一个肩负社会责任的企业，成为可持续发展领域的先锋，我们责无旁贷。凤凰中心也会为追求"建设健康、可持续未来"的目标作出示范。

九、综合体：广州太古汇十年三次获得LEED认证

 作为香港太古地产有限公司（简称太古地产）进军中国内地的第一个高端商业项目，广州太古汇从2011年开业至今已运营超过12年。在当地人心中，广州太古汇是寸土寸金的天河路商圈中代表城市商业"天花板"的存在；而对无数城市游客来说，广州太古汇可能也代表国际知名品牌，社交媒体上刷屏的"网红"卫生间等。

 十年如一日的坚持创新，是广州太古汇常胜的砝码。LEED也有幸见证了其从新建到运营的持续努力。2012年广州太古汇办公楼部分获得LEED BD+C：核心与外壳金级认证；2017年商场及办公楼整体获得了LEED O+M铂金级认证，其商场部分更是当时全球第一个获得铂金级认证的封闭式购物中心；2022年2月，项目获得运营阶段铂金级再认证。"绿色、环保、可持续"成为广州太古汇坚持向消费者传递的品牌理念。

 2022年3月，USGBC北亚区副总裁王婧与广州太古汇总经理黄瑛进行了一场对谈，聊了聊这个业内极富口碑的商场的绿色运营之道。

1. 选择LEED是我们的传统，也是我们创造价值的方式

王 婧：作为太古地产在内地立项的首个商业综合体，广州太古汇十年前就以超前和高品质广受关注。2012年它也成为太古地产在内地首个LEED认证的商业综合体。请问当时是出于怎样的前瞻视野，去追求LEED认证？

黄 瑛：为广州太古汇进行LEED认证，主要出自两个方面的考虑。首先，践行绿色环保是我们一脉相承的传统。从1995年开始，太古地产就是香港环保建筑协会的创会会员。太古地产在香港的办公楼项目也是香港地区最早一批获香港本地建筑环境评估法评级的大厦。广州太古汇是太古地产踏足内地的第一个项目，当时选择投资追求LEED，可以说是继承了太古地产追求绿色建筑的优良传统。

 当然除了继承传统之外，更能促使我们决定投资LEED的因素是，我们深信绿色建筑能够给我们创造长远的价值：一方面绿色建筑能有效降低运营成本，给我们带来长远的经济效益；另一方面绿色建筑能吸引在可持续发展方面志同道合的长期合作伙伴，有利于长远价值的实现。

王 婧：说到长远的经济效益，也是众多企业做LEED最关心的话题。您是如何理解企业在可持续发展方面的投资成本和收益的？

黄 瑛：可持续发展着眼于未来，这份投入创造的是长远的经济效益和环境效益。也许在短期内看不到显著的收益，然而我们坚信在可持续发展方面的投资对于我们乃至整个商业地产行业来说，都必将带来不可估量的价值。举例来说，在提升可持续绩效层面，我们一方面不断对太古汇内部建筑空间进行升级改造，另一

三次获得 LEED 认证的广州
太古汇
图片来源：太古汇（广州）发展有限
公司

方面还导入了ISO能源管理体系，持续提升能源管理绩效，此外我们还与清华大学建筑节能研究中心长期合作，持续提升项目建筑能效。我们量化了落实这些措施五年后的长期成效，五年间我们节约了超过660万度电[①]，这既是可观的环境效益，对我们来说又可以节省相应的能源支出。

王　婧：广州太古汇的LEED评级从新建时期的金级到运营时期的铂金级，您可以大致介绍一下这十余年间做了哪些提升性的工作吗？

黄　瑛：总体来说，我们主要在节能、节水、管理等方面进行全面的提升：节能方面包括屋顶光伏发电、磁悬浮空调冷水主机升级、照明LED改造等；节水方面包括可持续卫生间改造、节水器具升级改造等；管理方面包括导入ISO50001能源管理体系、引入智能云端能源管理平台，同时针对租户开展租户能源审计、餐饮租户绿色厨房计划、租户绿色宣言活动等。

2. 我们在政策支持的第一时间成为净零碳排放商场

王　婧：广州太古汇在过去5年取得了非常突出的节电表现，在这次LEED认证中的"能源与大气"板块更是获得了30分的高分，最抢眼的举措大概就是运用绿电了。为何广州太古汇一直在坚定地选择使用清洁能源？

黄　瑛：大的方向上，太古地产有"2030可持续发展愿景"、2050年净零碳排放目标以及1.5℃目标（2021年9月太古地产成为中国首个获批1.5°科学基础减碳目标（SBTi）的地产开发商），具体到广州太古汇这个项目，我们团队也一直努力探索项目各方面在绿色运营上的潜力。在商业上应用绿色电力，我们关注了很久，在这方面的行动也从未间断。比如我们是广州市首个在屋顶安装太阳能光伏板的商场，还与清华大学建筑节能研究中心长期合作，持续提升项目建筑能效。

① 该数据为2016~2021年，太古汇（包括商场公区、租区、塔楼公区、租区、酒店）的总节约电量。

2021年6月，广东省政府推出新政策，允许企业从认可的售电公司购买可再生电能。在此政策支持下，我们得以第一时间申请，并成为区域内首个实现100%绿电供电的商业综合体项目。

从2021年7月1日开始，我们就全面从第三方购入场外风力发电厂生产的可再生电能，这样我们每年的总碳排放量可以减少12000吨，还能将集团内地项目的可再生能源占比提升至37%以上。

王　婧： 持续的高效绿色运营，是否会让广州太古汇有进一步追求LEED净零的打算？

黄　瑛： 对于绝大部分能源来自电能的商业项目来说，广州太古汇2021年就实现了100%可再生能源供电，我们基本上已达成净零碳排放。未来追求LEED净零碳认证也是我们的目标之一。

3．购物中心对大众的消费行为和生活方式影响巨大

王　婧： 广州太古汇还有一些举措可以说是既美观又实用。比如广受赞誉的"网红"卫生间还有屋顶菜园，您能介绍一些类似亲民的可持续发展行动的初衷和取得的成果吗？

黄　瑛： 从2016年开始，广州太古汇每年都会选取商场里的一个洗手间进行改造。这一系列改造工程也都秉持着绿色环保的宗旨，从建造、营运、保养等多方面进行考虑，使设计和设施都能有效地节能减废。比如每个卫生间改造后，每年用水量可以减少85%（约5000吨），改造后使用洗手/干手一体机，使得每个卫生间每年可以减少79%的用纸量（等于节约纸张45万张）。我们在2021年改造的MU层环保卫生间还获得了广州碳排放权交易所颁发的"碳中和认证"。

屋顶菜园这个项目源于公司内部的一个创意大赛"ideas@work"，物业管理部的同事在比赛中提出了打造"可食地景"的主意。整个菜园由商场三楼露天平台的部分绿化带改造而成，于2018年投入使用，初期占地60多平方米，后来扩大到目前的200多平方米。为了让这个项目实现真正的可持续，我们特地聘请了华南农业大学的教授作为顾问，实现了"厨余—有机肥料—蔬果—食物"的可循环链条。我们还通过举办蔬菜种植体验活动与公众产生互动，宣传都市农耕和绿色环保的作用和意义。

购物中心已成为城市生活不可或缺的组成部分，其所承载的功能超越一般的购物消费。实体化的场景、庞大的人流对大众的消费行为和生活方式有着不可忽略的影响。广州太古汇是城中休闲购物的胜地，也是公众感知消费潮流、体验生活方式新趋势的好去处。无论是环保卫生间还是屋顶菜园，都是以场景化的方式将抽象的环保理念化为看得见、摸得着的真实服务和体验，令大众更深刻地感受到环保的意义。我们期望以此向大众传递企业的发展理念，推动更多人身体力行参与到可持续发展事业中来。

广州太古汇的网红
卫生间
图片来源：太古汇（广
州）发展有限公司

王　婧：我很喜欢这些落地的细节，它们寓教于乐，也充满了人文关怀。我留意到2021
年广州太古汇十周年，将品牌的口号（Slogan）升级为"幸汇此刻，Where
Time is the New Luxury"，我们应该怎样更好地理解其内涵？

黄　瑛：我们推出这个全新品牌口号，是希望大家来到广州太古汇的意义不仅仅是获得
高品质的购物体验，更多的是自我或与亲密的人共同享受当下的时光，抒写珍
贵的记忆，让幸福汇聚于此。

王　婧：相信也是顾客的认知变化促进广州太古汇不断地升级和创新，千禧一代、Z世代
对于健康的办公环境、品牌的可持续意识及社会责任表现有着更高的要求，广
州太古汇是否意识到这些变化，并将其考虑进核心商业决策方向？

黄　瑛：我们已注意到这些变化，相较于上一代消费者的价格敏感性，新一代的年轻消
费者确实更重视品牌的软性竞争力，如品牌价值、消费环境、服务、权益等。
当然，可持续发展和社会责任也是他们所关注的内容。因此，广州太古汇近年
来在这方面也有更多的投入和实践。除了上文提到过的100%可再生电能、环保
卫生间、屋顶菜园之外，我们也引入了一些和我们同样有着可持续发展理念的
品牌。

王　婧：一个综合体的运营并非是建筑业主自己的事，还有许多租户参与其中，那么您
是如何与租户分享自身的可持续理念的？有没有租户因为特别认同太古的可持
续理念而选择广州太古汇？

黄　瑛：广州太古汇在可持续发展上作出的努力确实成为不少租户选择我们的加分项。

在践行绿色发展行动的道路上，我们也一直积极争取更多租户及合作伙伴成为我们的同道中人。比如我们大力推行"绿色厨房"租户协作计划，通过业主与餐饮租户的共同努力，促进绿色科技与环境友好运营模式在商户厨房区域的更多应用；我们还制定了"绿色宣言"计划，参与计划的租户需要采取一系列目标为本的可持续发展措施，包括安装高能效设备、节约用水、废弃物回收和为员工提供可持续发展最佳实践培训等，目前已有50%的租赁面积签订了节能减排的绿色承诺。此外，广州太古汇还免费为办公楼和零售租户提供能源审核服务，旨在挖掘项目整体的节能潜力，帮助提升其可持续表现。

4. "双碳"目标会使商业地产零碳之路出现拐点

王　婧：近几年，地产企业的运营离不开两个关键词：碳中和与健康，相信这也是您所关注的，您怎么看待这一现象？

黄　瑛：这确实是我们所重视的问题。我认为低碳甚至零碳的实现，既依赖技术创新，又需要政策的有效推动，这样才能进一步推进行业技术加快发展，从而使低碳或零碳之路出现拐点。

王　婧：如何应对气候风险也是地产行业需要思考的话题，那么在抵御气候风险、增强气候韧性方面，广州太古汇是怎么做的？

黄　瑛：在集团层面，为助力将全球暖化升幅控制在1.5℃内，太古地产已经成为中国首家获批科学基础减碳目标的地产发展商。广州太古汇也参与其中，为实现1.5℃目标在许多方面进行着不懈努力，比如每年投入大量资金进行项目的节能改造、通过各种活动提升大楼使用者的环保意识、协同租户一同降低建筑环境影响等。

210　　双碳背景下的建筑逐绿行动：
　　　　LEED
　　　　在中国
　　　　Green Building Actions in the
　　　　Context of Dual Carbon:
　　　　LEED in China

十、公园：花博会花博园区成为全球面积最大的SITES金级认证项目

第十届中国花卉博览会（简称花博会）2021年5月在上海崇明正式开幕，绚丽的花海、别致的造型吸引了数百万游客前来打卡。网上也诞生了诸多游览指南、路线小贴士，但极少人知道，绿色可持续才是花博会"最大"的隐藏看点。

同时，由光明食品集团投资承建的花博会花博园区，以113分获得了SITES（可持续场地标准）金级认证，以约260万平方米的项目面积成为全球面积最大的SITES金级认证项目。2021年6月11日，第十届中国花博会花博园项目可持续绿色发展认证颁证仪式在花博会所在地上海崇明正式举行，上海市绿化和市容管理局、崇明区政府、上海市花协、光明食品集团及USGBC等一同参与了本次仪式。

SITES是为创建可持续、健康、具有韧性的土地开发项目提供的一套综合评估体系，适用于包括公园在内的开放空间、街道景观等开发项目。它从场地环境、设计前评估、水生态系统、土壤和植被、材料选择、人类安全和健康等方面全面评估项目的可持续性。花博园是如何满足这些标准，让可持续发展理念根植整个场地的呢？

1. 不可不知的生态保护策略

SITES认证标准要求最大化地保护原有生态环境。花博园在规划初期就综合评估了花博会场地现有植物生长状态、景观效果和生态保护的最大需求，划定了面积达14万平方米的生态保护区，最大化地保有场地原有的健康植被和土壤。

在此基础上，景观植物遵循"适生适种"原则，采用大量本地物种（长三角范围内）面积占植被总面积60%以上。场地内生物丰富度和生物量、密度因此得以提升，保护了当地的生物多样性。花博会的建设过程也十分注意生态保

俯瞰花博会
图片来源：上海世博发展（集团）有限公司

护，通过合理规划场地布局与施工车辆通行路线、合理堆放施工材料等措施，
减少了对场地植被和土壤的二次破坏。

2. 水清景美，更节水

俯瞰花博园，丰富的水系是一大亮点。此前，这里的水生态系统已经严重
退化，水质标准和水体透明度都有待提升。在对花博园区及周边区域水资源、
水生态现状进行研究后，项目运用了多种技术措施，实现了100%修复花博园区
场地水生态系统。

修复后的园区内水域面积总计28万平方米，水面率达到10%，全面达到地
表水Ⅲ类水质标准。如今我们在花博园区能看到水清景美的生态景观，这些修
复举措功不可没。另外，花博园区还是一个超大型低冲击的海绵公园，通过采
用诸如雨水花园、生态洼地和植草沟等低影响开发海绵设施，可以实现对雨水
的渗透、过滤、处理及管控，避免对土壤生态和地下水环境造成破坏。花博园
区的年径流总量控制率因此达到了80%。花博园内如此多的花卉绿植，浇灌用
水量却相对没那么大。由于合理利用雨水进行绿化灌溉、实现场地内水资源的
综合利用，室外景观灌溉节水率达到了50%。

3. 值得打卡的绿色亮点

花博园还在很多能源、资源利用层面做了领先的示范，具体如下。

（1）100%绿色交通

花博会鼓励绿色游园，园区采用了多模式、集约化、大交通的引客流入园方式，在园区内除了来来往往行走的人流，我们还可以看到新能源公交车辆与改装后的自行车流动摊位，这些举措共同实现了园内100%的绿色交通。

（2）"网红"长椅的资源循环故事

在花博会主轴复兴大道两侧，有着新晋"网红"——上海最长观花长椅。这个总长156米的长椅还是花博园区充分利用可循环材料的典范——长椅创造性地使用了502万个利乐包装盒，通过低、高温热压处理，废弃的纸基复合包装可以直接粉碎、挤塑成型为塑木新材料，不仅牢固，还防潮耐水。

除了这个100%回收利用的长椅，花博园区内还有很多关于减少、回收资源的故事。比如园区建设材料的60%使用本地材料，减少了材料运输过程产生的经济成本和交通能耗。此外，花博园内产生的园林绿化垃圾全部进行了资源化初级处理并回收利用，减少了废弃物对环境的影响。在开园之后，花博会资源循环利用中心也正式启动了，园区内数万人用餐产生的垃圾实现了就地处理，100%循环利用。

最后，花博园的绿色运营也可圈可点，比如整个园区是全面禁烟的；采用高效节能的运营维护设备，降低场地年能耗；在植物的养护层面，花博园制定了PHC（植物健康护理计划），控制并减少使用杀虫剂、除草剂等危害环境和人类健康的化学品；园区还通过视频、展板、环保活动等方式，组织一些现场学习和可持续教育活动，向公众展示项目的可持续性设计。

与花博会呈现给数百万游客的姹紫嫣红相比，花博园的环保可持续亮点更像是"化作春泥更护花"。这些践行SITES标准的可持续举措，助力花博会实现"生态办博、勤俭办博、创新办博"的目标，也让每一个置身其中的人，有更加环保、健康的体验。

花博会中用回收材料做的长椅

十一、2022年中国Top 10高楼已全部获得LEED认证

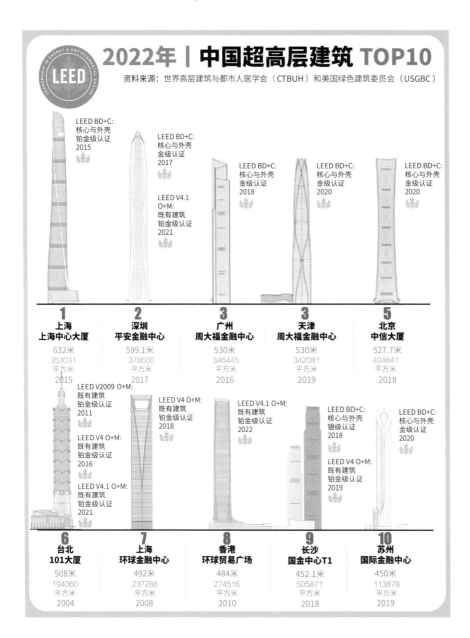

获得 LEED 认证的中国超高
层建筑 TOP10 榜单

图片来源：CTBUH & USGBC

双碳背景下的建筑逐绿行动：
LEED
在中国

Green Building Actions in the
Context of Dual Carbon:
LEED in China

一、北京大兴国际机场临空经济区（北京部分）获全球首个LEED城市：规划设计类铂金级认证

北京大兴国际机场，拥有多项世界之"最"：世界上面积最大的单体机场航站楼、世界施工技术难度最高的航站楼、世界最大的单体隔震建筑、世界首座高铁下穿的航站楼、世界最大的无结构缝一体化建筑……

北京大兴国际机场临空经济区
图片来源：北京新航控股有限公司

鲜为人知的是，就在大兴机场炫酷的外形之下，绿色内核隐藏其中，并因此迎来另一个全球之"最"——北京大兴国际机场临空经济区（北京部分）在2019年9月获得LEED城市：规划与设计铂金级认证，是全球首个在LEED城市体系下获得最高级认证的规划与设计类项目。

LEED城市是LEED认证体系中针对城市规划、建设及管理的革新性评级系统。经过长期规划与努力，北京大兴国际机场临空经济区（北京部分）能够在规划与设计类成功获得全球首个铂金级认证，在当时也为新机场通航送上了一份举世瞩目的绿色贺礼！

1．大兴机场的绿色时间线

北京大兴国际机场临空经济区（北京部分）（简称临空经济区）能成为全球首个LEED城市：规划与设计铂金级认证项目，与USGBC技术团队与北京新航城项目团队的通力合作紧密相关。

临空经济区认证的绿色时间线：

216

双碳背景下的建筑逐绿行动：
LEED
在中国

Green Building Actions in the
Context of Dual Carbon:
LEED in China

2017年中	新航城正式注册，决定与 USGBC 共同开发 LEED 城市（规划设计）体系
2017年10月	第一届 Greenbuild 中国峰会上，北京新航城与 USGBC 会面，共商 LEED 城市（规划设计）在中国的落地
2018年7月	联合参与国家发展改革委主办的第二届国际城市可持续发展论坛，发布 LEED 城市：规划与设计体系
2018年10月	第二届 Greenbuild 中国峰会，新航城获 2018"行业先锋大奖"并被颁发全球第一个 LEED 城市：规划与设计预认证证书
2018年11月	2018 Greenbuild 美国峰会（芝加哥），新航城分享宝贵经验
2019年5月	USGBC 北亚区团队参观新航城在建项目，并深度交流探讨
2019年6月	LEED 城市开发团队与新航城团队在北京开会，通力解决认证问题
2019年9月	北京大兴国际机场临空经济区（北京部分）被正式授牌，USGBC 与新航城签署战略合作协议，同时 LEED 城市（中国）战略发展委员会成立
2019年10月	新航城于第三届 Greenbuild 中国峰会上分享 LEED 城市与社区的经验和洞见

　　临空经济区的建设愿景以及LEED城市标准框架的相通之处，让临空经济区的LEED认证实现有了合作基础。

　　作为一个全球LEED城市的标杆项目，我们也时刻关注着北京大兴国际机场临空经济区的进展，我们在两年后记录了获得LEED认证之后，临空经济区在绿色规划的指导下发生的新变化。

临空经济区的目标导向与
LEED 城市认证的一致性

图片来源：北京新航城控股有限公司

2．LEED城市体系：新城建设的行动框架

以时间纵轴来看，2019年9月临空经济区获得了LEED城市规划与设计阶段铂金级认证并被正式授牌；就在同月，北京市政府批复了《北京大兴国际机场临空经济区总体规划（2019—2035年）》，要求临空经济区规划建设坚持世界眼光、国际标准、中国特色、高点定位，坚持生态优先、绿色发展。

对临空经济区来说，LEED城市认证只是一个绿色开端，其可持续发展的新征程才刚拉开序幕。获得认证后不久，临空经济区就着力研究如何将LEED城市体系切实落实、并为新城未来的可持续发展规划制定具体的行动框架，成为国内首个将LEED城市这一评价体系与城市建设密切结合的区域。该行动框架作为后续临空经济区政策制定、技术研究等工作开展的决策依据，将为区域建设、运营等相关工作提供具体的指导，推动和保障城市未来的高质量可持续建设。

2020年10月，北京市政府批复《北京大兴国际机场临空经济区（北京部分）控制性详细规划（街区层面）》，临空经济区进入城市开发建设的起步阶段，大量项目待开工建设。LEED城市体系涉及自然生态系统、交通、能源、资源、水效率、社会公平等多个领域，LEED城市实施工作也将助力临空经济区实现高起点开局、高水平建设、高质量发展。此刻，当我们再来回溯临空经济区LEED城市设计规划阶段的得分卡，结合其在获得认证之后的落地实践，可以更清晰地看到临空区的可持续发展路径。

218

双碳背景下的建筑逐绿行动：
LEED
在中国

Green Building Actions in the
Context of Dual Carbon:
LEED in China

3. 临空区建设：绿色高地进行时

（1）老百姓住进了绿色建筑

LEED的整合过程（IP）板块包括总体规划设计、绿色建筑政策等得分点，以临空经济区的安置房为例，我们可以一窥究竟。

北京大兴国际机场安置房项目作为保障机场通航的重大工程，居住建筑以及配套的公共服务单体建筑全部按照绿色建筑标准设计建造，目前是北京市最大体量的绿色安置房之一[①]。在选址上，该安置房项目选择机场噪声影响最小区域（65分贝以下）建设，使得机场运营对人们的噪声影响最小；依托榆垡镇区的既有资源，充分利用现有基础设施、公共服务设施；在建筑层面，居民楼无障碍设施完善，小区道路建设利用了建筑再生骨料，景观设计采用乔灌草复层方式，大量应用本地乡土树种等。也正是如此，北京大兴国际机场安置房项目（榆垡组团）在2020年成为北京首个获评"绿色生态示范区"的居住区。

（2）高品质产业载体越来越多

除了居住类建筑，绿色可持续理念也植入临空经济区的公共建筑中。例如临空经济区自贸创新服务中心是中国（河北）自由贸易试验区大兴机场片区（北京部分）首个落地的服务平台类项目，作为落实自贸区政策、展现自贸区形象的重要载体，该项目已经获得了LEED银级认证。北京市在大兴国际机场的城市会客厅、临空经济区第一个酒店及商务中心项目——56°玫瑰园已获得LEED金级预认证，并在正式认证申请之中。

（3）从"买菜难"到拥有"十五分钟生活服务圈"[②]

此前，居民买菜需要乘几站公交车前往超市采购，来回路程需要1个多小时，因此为了方便，居民会习惯性"囤货"。但是现在情况不同了，安置房的居民们获得生活的便利：家门口的便利店、早餐店、超市多了起来，所售商品种类丰富、价格亲民，并且实时就能买到新鲜蔬果、肉类，让人们感受到这个"十五分钟生活服务圈"的优势。这些服务设施与LEED城市体系中要求的"紧凑、多用途以及以交通为导向"得分点紧密相关，同时也符合体系对"社会基础设施"的要求，它们旨在让城市提供完善的社区功能，最终提高人的生活体验。可以预见的是，随着临空经济区内生活服务圈业态的增加，人们的幸福感也会越来越高。

（4）畅享更优美、绿色的生态空间

LEED城市体系希望城市能够在建设的同时，保有、提升当地的自然生态系统质量和稳定性，并为人们提供更多的绿化空间。在临空经济区，越来越多人感叹：生态变好了。以临空区内的永兴河为例，2018年，新航城公司针对永兴河开展了景观提升和改造工程，改造后全长11.39公里的永兴河全线绿化覆盖率

① 方彬楠.大兴机场安置房项目获评北京首个居住区类"北京市绿色生态示范区"[N/OL].北京商报，2021-02-25 [2021-09-28].https://www.bbtnews.com.cn/2021/0225/387445.shtml.

② 北京新航城.大兴机场安置房，寻找你身边的"一刻钟生活服务圈"[N/OL]. (2021-04-14) [2021-09-28]. https://mp.weixin.qq.com/s/yP4-9NmwvyV17EQLOUi_nQ.

超过了90%①，使其变成了临空经济区内的天然氧吧，并让周边居民有了休闲、运动、娱乐的好去处。这样的绿色变化还正在进行中，根据规划，临空经济区将搭建多种游览及服务设施，比如生态林间慢行系统、生态涵养绿地、林间景观节点、森林氧吧步道等，未来的临空经济区将带给人们更多绿色的惊喜。

北京大兴国际机场临空经济区的LEED认证意义重大。作为在整个中国、甚至广大的发展中国家范围内都极具代表性的规划新区，临空经济区对可持续发展的迫切需求直接促进了LEED城市与社区体系的革新和突破——在既有城市之后，针对规划与设计阶段的新城区推出相应的评价体系。作为临空经济区的"智库"，北京新航城智慧生态技术研究院有限责任公司利用自身在该区域的顶层设计、绿色生态规划、可持续发展领域多年积累的优势，不仅突破了种种困难，助力临空区获得全球首个认证，更为LEED城市与社区体系的研发贡献出宝贵的经验，助力解决LEED这一国际评价体系发展对中国城市规划的适用性等诸多难题。

更值得关注的是，在获得认证之后，临空经济区已经成为LEED城市体系在新城开发并进入实践阶段的"实验场"，区域管理部门也将根据新城发展的历程持续跟踪并动态评估LEED标准在中国项目实践中的适用性，为LEED城市认证在中国的推广作出更多表率。我们也将持续关注临空经济区的可持续进展，期待它创造更多饱含温情的绿色故事。

① 北京大兴机场航空城. 生态环境华丽升级，看"临空"绘出新画卷 [N/OL]. (2021-05-08) [2021-09-28]. https://mp.weixin.qq.com/s/FgPwd4z4iCdEbEwhYp8eZQ.

220

双碳背景下的建筑逐绿行动：
LEED
在中国

Green Building Actions in the
Context of Dual Carbon:
LEED in China

二、全球首个LEED金级主题公园及度假区：北京环球度假区

2021年5月，北京环球度假区通过LEED城市与社区体系获得LEED金级认证，成为全球第一个获此殊荣的主题公园及度假区。这项认证肯定了北京环球度假区自筹备之初，多年来为建立一个环境及社区友好型度假区而精心规划与不懈努力，且在北京环球度假区筹备开园之时获此认证对于北京环球度假区、游客及当地社区都具有重大意义。

1. 初期规划

从项目规划初期阶段开始，北京环球度假区就致力于减少对环境产生的影响和碳排放，同时致力于提升度假区工作人员和周边居民的生活质量，打造高品质游客体验。项目规划团队最初便对当地的生态系统进行了全面的研究，有助于项目团队以避免和减轻对环境影响为目的制定相关计划，并考虑了雨水收集、本地植被覆盖以及保护野生动植物栖息地等多项规划，同时也希望将绿色理念融入游客日常体验之中。

2. 绿化空间

项目打造了超过170公顷的绿地，超出LEED认证要求的60%。北京环球度假区因地制宜，利用本地苗圃种植的本地植物打造常青绿化带，同时减少杀虫剂和化肥的使用，既可以保护野生动物栖息地又提升了游客体验。此外，由一条景观水系和配套步道构成的绿化空间将对游客和本地居民开放，惠及大众。

3. 园区用水

北京环球度假区在设计供水系统和过滤系统时均采用了国际水质标准，为游客和工作人员提供高标准饮用水。在度假区，每年将有超过27亿升的水被循环使用，大幅节约用水量。与此同时，园区提升了内循环中水的标准，达到了满足人体健康和安全的要求。此外，园区内所有餐厨垃圾也将使用消灭型餐厨垃圾生物处理设备进行处理，以减少污染。

4. 二氧化碳排放

北京环球度假区通过使用包括冷热电三联供系统、太阳能光伏系统、废物循环使用等高效能基础设施，使得其人均二氧化碳排放量比LEED城市与社区认

证评估标准的一半还少。

5．交通设施

北京环球度假区也一直致力于推动社区发展并提升生活质量。在各级政府的密切指导和统筹协调下，北京环球度假区配套了北京地铁"环球度假区站"及两条地铁线路——北京地铁七号线和八通线，并新开设了公交线路和新增站点，同时为员工提供电动通勤班车。周边宽阔的人行步道和自行车道也为到访北京环球度假区的游客和周围居民提供便利的出行及休闲娱乐选择。

6．健康与福祉

北京环球度假区还提供了近万人的就业机会，并可以为8000多位有需要的工作人员提供配有单人卧室的公寓住宿，在提高了工作人员的生活质量的同时也减少了当地的交通基础设施压力。此外，北京环球度假区还与超过30所院校建立了合作关系，开设专门的旅游业课程，为当地人才提供更多的职业发展机会。

7．建设过程

度假区在建设过程中也十分注重绿色环保，坚持从游客的健康安全和建设国际一流主题公园及度假区的高标准出发，确保整个4平方公里场地内的土壤必须是无污染的；不仅场内原有的土壤要通过污染物检测并达标，外购土壤也必须检测合格后才可入场。在土壤处理方面，北京环球度假区达到了97%的资源

USGBC北亚区董事总经理杜日生（右6）、副总裁王婧（右5）、市场转化与拓展总监徐辰波（右4）在北京环球度假区授牌仪式上

图片来源：北京环球度假区

222　　双碳背景下的建筑逐绿行动：
LEED
在中国

Green Building Actions in the
Context of Dual Carbon:
LEED in China

转化率，这得益于资源处理公司为项目创建的国内第一套建筑垃圾土壤原位处理生产线，能够将现场挖掘出的含大块建筑垃圾杂填土转化为可直接用于场地回填的土料，从而避免了施工过程中可能造成的道路遗撒、交通拥堵、尾气污染、土地占用、建筑垃圾产生等一系列环境问题。这一创新的工艺流程在国内为首例，在首都建设行业里也起到了示范引领作用。

三、亚洲首个LEED v4.1既有社区：上海汇龙新城

2022年伊始，城市与社区板块就传来了一则好消息！颇有一定"年岁"的上海汇龙新城社区成功获得LEED v4.1既有社区（Communities：Existing）金级认证——成为全球第二、亚洲第一个获此殊荣的项目。这个突破蕴藏着一个20年老社区进行低碳升级改造的决心和匠心，也孕育出中国"3060"目标下的一枚硕果。汇龙新城社区于2002年竣工，迄今已运行20余年，如今的低碳转型造福了1000多户居民。

1. 汇龙新城：亚洲首个LEED v4.1既有社区的突破

2016年，USGBC发布了LEED城市与社区体系的试行（Pilot）版本，旨在要求片区型的项目也可以通过设定节能、节水、生态保护等相关目标实现可持续发展。体系的迭代同时也伴随着市场的实操和认可——美国首都华盛顿特区在2017年率先成为全球首个铂金级LEED认证城市，标志着城市项目的焕绿之路正式开启。此后国内项目也脱颖而出，2019年2月福州世茂鼓岭文化小镇成为国内首个通过试行版获得LEED认证的既有社区。2019年，集成了LEED ND（街区开发）、LEED Transit（交通枢纽）、STAR Communities（可持续社区）、PEER（能源系统）、SITES（景观设计）、TRUE（废弃物）等标准的LEED城市

LEED v4.1 既有社区：既有体系的标准得分卡，主要从九大板块的综合指标考察项目的可持续性
图片来源：USGBC

V4.1 认证路径：绩效评估+策略引导

LEED for Cities and Communities: Existing 既有城市与社区运营与管理

		Cities POSSIBLE	Communities POSSIBLE
综合规划		**5**	**5**
Credit	综合规划与领导力	1	1
Credit	绿色建筑政策与激励措施	4	4
自然系统与生态		**9**	**9**
Prereq	生态系统评估	REQUIRED	REQUIRED
Credit	绿色空间	2	2
Credit	自然资源保护与修复	2	2
Credit	减少光污染	1	1
Credit	韧性规划	4	4
交通与土地利用		**15**	**15**
Prereq	交通评估	6	6
Credit	集约、混合利用与公共交通为导向的发展模式	2	2
Credit	高质量交通设施	1	1
Credit	新能源车	2	2
Credit	智慧交通与交通政策	2	2
Credit	优先场址选择	2	2
水效率		**11**	**11**
Prereq	供水与水质	REQUIRED	REQUIRED
Prereq	水资源评估	6	6
Credit	综合水务管理	1	1
Credit	雨水管理	2	2
Credit	智慧水务系统	2	2
能源与碳排放		**30**	**30**
Prereq	能源供应、系统稳定性与韧性	REQUIRED	REQUIRED
Prereq	能源与温室气体排放强度评估	14	18
Credit	能源效率	4	4
Credit	可再生能源	6	6
Credit	低碳经济	4	-
Credit	电网协调	2	2
材料与资源		**10**	**10**
Prereq	固体废弃物管理	REQUIRED	REQUIRED
Prereq	废弃物评估	4	5
Credit	特殊废弃物流管理	1	1
Credit	绿色建材使用于基础设施	2	2
Credit	材料回收	1	-
Credit	智慧废弃物管理系统	2	2
生活品质		**20**	**20**
Prereq	人口评估	REQUIRED	REQUIRED
Credit	生活品质评估	6	6
Credit	生活品质提升	4	4
Credit	社会公平	4	4
Credit	环境正义	1	1
Credit	可负担住房与交通	2	2
Credit	公众与社区参与	2	2
Credit	公民权力与人权	1	1
创新		**6**	**6**
Credit	创新	6	6
区域优先		**4**	**4**
Credit	区域优先	4	4
TOTAL		**110**	**110**

40-49 Points 认证级	50-59 Points 银级	60-79 Points 金级	80+ Points 铂金级

与社区体系，正式升级为LEED v4.1版。

值得留意的是在LEED v4.1版标明了LEED既有社区需通过两大部分的认证路径：

其一是数据表现，项目需要在Arc平台上（动态打分系统）上传实际运营表现（包括人的体验、交通、废弃物、水和能源五大方面），这一部分最高占到41分的分值；

其二是策略引导，项目需要提交详细资料供审核，这一部分最高占到69分的分值。

上海汇龙新城在"自然生态保护""交通与土地利用""能源与温室气体排放"三大板块获得了高分，表现抢眼。它是怎么做到的呢？

2. 先天优势助力既有社区的绿色转型

汇龙新城成功获得LEED认证，与其先天的区位优势和街道长时间的低碳探索密不可分。首先从区位及社区设施上来看，作为一个既有社区，汇龙新城拥有先天的地理位置优势，可以直接满足LEED对社区的交通可达性、连接性及多样用途的要求。其位于上海市黄浦区打浦桥街道，步行不到500米就可抵达地铁9号、13号线，公交43、109、218路等，方便社区居民出行；同时社区周边有配套幼儿园、菜场、24小时便利店、银行、商铺等，步行10分钟距离可达打浦桥商圈；社区内还有网球场、游泳池、乒乓房、羽毛球馆等体育设施，社区所持有的独立会所内提供了美容美发、瑜伽等休闲娱乐活动场所……这些多功能的用途设施为居民生活提供了便利，同时减少了相关的出行，进而减少交通碳排放。

其次，汇龙新城周边的自然生态空间丰富。一方面社区内部有大面积植被覆盖，绿地率高达36%；另一方面出了社区，居民步行200米即可抵达免费全开放的丽园公园。由此，社区居民可以享有人均11.25平方米的绿色空间面积，满足LEED体系对"自然系统与生态"板块的绿色空间得分要求。

除了这些就近的绿色空间，居民们乘坐公共交通工具，20分钟即可抵达复兴公园、太平桥公园、淮海公园等城市大型公园，这也为小区居民提供了更多活动空间。

3. 20余年的运营，街道和社区的"可持续"探索

汇龙新城实现"绿色焕新"并非一日之功，近20年来，社区一直在进行低碳与可持续层面的探索与实践。具体如下。

（1）保护社区自然资源

针对小区内的绿地，社区在营运期间不断地对其进行升级与改造，更在

2021年在绿化空间内加种多棵茶梅、茶花、桂花等，丰富景观立体绿化，以提升社区景观碳汇能力；同时由于景观带内土壤养分逐步缺失，为了改善和修复社区绿化带的土质促进社区内植被的生长，社区对绿化带泥土进行逐步翻新、增加营养土、放养40公斤蚯蚓和增设蚯蚓塔等措施，以改善和修复社区绿化带的土质，更有利于绿化生长。这些举措也满足LEED自然资源保护与修复得分点的要求。

（2）提升社区韧性

为提升汇龙新城的韧性，社区制定了全方位的安全应急管理制度，包括防疫、防火、防台风洪涝、停电等。举例来说，通过设置地面雨水收集池和将原来活动区域的步行铺装改造为透水铺装、定期清理社区内的排水沟等措施来控制社区内的雨水径流，防止雨水洪涝，满足了LEED体系中的"韧性规划"得分点。

（3）积极进行节能减排

汇龙新城是上海市低碳先进社区，通过持续在节能减排领域的改造、升级，在2020年成功创建成为第二批上海市低碳示范社区，为更多社区树立了榜样。比如，社区将公共区域内的水泵改造为变频水泵，减少公共区域水泵运输的耗电量。针对室外公共区域的照明，社区进行了改造，包括将22杆传统庭院灯升级成太阳能庭院灯，并且安装太阳能导向牌，降低室外照明用电，减少社区公共区域的能耗，实现低碳夜景照明；同时，社区对公共区域内7000多支照明光源进行改造提升，选用了高光效的节能LED灯替换原先普通照明灯，不仅减少了公共区域的照明用能情况，同时提升了公共区域的照度水平，提高了居民的满意度。这些节能减排的行动既满足了LEED既有社区体系"能源与温室气体排放"板块中能源效率得分点的要求，也有助于社区助力城市碳中和的目标。

（4）推动社区节水与雨水管理

在"节水增效"板块，社区通过向居民免费发放节水器、上门为居民演示安装效果、宣传节约用水的举措推进整体节水工程并提高居民意识，降低社区总耗水量。

针对雨水，社区将雨水收集池中的雨水进行重新利用，和社区景观鱼池旁的露天雨水收集池相互贯通，将雨水收集池的水作为养鱼池及浇灌周边绿化的用水补充，实现了雨水的高效运用。

4. 绿色社区，与居民共建

在汇龙新城绿色升级的过程中，首先社区非常注重带动小区居民的参与，让这场绿色行动影响更多人。比如社区利用公告栏、电子屏和社区公众号等宣传平台，加强低碳理念宣传；社区定期举办低碳讲座、低碳产品推广、低碳DIY

226　　双碳背景下的建筑逐绿行动：
LEED
在中国
Green Building Actions in the
Context of Dual Carbon:
LEED in China

活动等，引导和培养社区居民的低碳生活的意识。

在行动上，推动垃圾分类和旧物回收。社区对垃圾房进行了改造，并设置了智能压缩垃圾分类智能回收站，不仅实现100%的居民参与到垃圾智能分类工作，还提升了垃圾处理效率。此外，社区还统计了生活垃圾分类收集率，与推广垃圾回收利用、厨余垃圾资源化利用等项目结合，从源头逐步减少社区产生的垃圾量，达到垃圾减量的目的。

同时，社区成立了旧物交换及回收利用平台，在社区设置旧物回收服务，组织家庭废旧物品捐赠回收、社区二手市场旧品交换。旧物回收平台的设置，在帮助社区减少废弃物的同时，提高了居民资源节约的意识。

最后，汇龙新城还着力营造一个动物友好型社区。为保持社区的环境清洁，加强小区文明饲宠的管理，社区在小区内安置了宠物便民箱，可为养宠居民提供免费的垃圾袋。此外，社区还定期提醒养宠居民为犬只注射疫苗和体检等。针对社区内的流浪动物也采取了相应措施，为了防止流浪猫激增对社区环境卫生产生影响，社区及社区爱猫人士组成自治团队，联合宠物医院、借助专业力量，对流浪猫实施TNR（抓捕—绝育—放归），组建爱猫社对流浪猫进行科学喂养。同时，社区组织活动发布线上线下领养信息，鼓励居民以领养代替购买。这些举措，均帮助了社区提高居民对低碳、环保可持续的意识，并参与社区共建。也符合LEED"生活品质"板块中公众与社区参与得分点的要求。

在中国城市与社区的绿色焕新道路上，LEED城市与社区体系以其适用性与易用性得到了越来越多社区及城市运营者的青睐。期待未来有更多既有城市或社区项目加入LEED大家庭，为城市低碳发展贡献力量，也为城市与社区的居民带来更优质的生活品质。

四、首都北京的绿色CBD是怎样炼成的？

根据2020年《全球商务区吸引力报告》，北京CBD是全球排名第七位、亚洲第二位并蝉联中国第一位的商务中心区[①]。这个汇聚了顶尖企业与地标建筑的商务中心区，已成为中国当仁不让的城市范本。同时，北京CBD更是一颗属于首都的"可持续心脏"。时间拉回到20世纪五六十年代，这里还是工业密集区，北京人耳熟能详的大厂，比如第一机床厂、第二印刷厂、雪花冰箱厂、北京吉普车厂……都集中在这块区域。

经历了半个世纪的发展，北京CBD从尘土飞扬、烟囱遍地的传统工业区，蜕变成绿色、人文、智慧的商务区。巨大的变革之下，是谁在推动北京CBD的绿色蜕变？

1. 时代的契机

20世纪80年代改革开放之后，原有的工业基础和便利交通提供了良好的基础设施，中国国际贸易中心一期的建设成为北京东部涉外办公领域全面启动的一个标志。也让北京CBD区域成为北京对外开放的第一站。

1993年，此时已有越来越多的大型跨国公司、国际驻华机构以及从事于服务、制造业的外商投资企业来朝阳区落户，商务中心的雏形已经显现。这一年，在国务院批准的《北京市城市总体规划》中，明确提出规划建设北京商务中心区。之后的几年，随着首都经济"一线两翼"的产业发展格局概念提出，位于其中一翼的北京CBD更是备受瞩目。可以说，在政策上北京CBD拥有绝对优势。

2. 要建设怎样的CBD？

在这样的背景下，北京CBD所承载的职能愈加多元。一方面，北京CBD在产业、功能上的优势不断加强；另一方面，它已然成为一流城市空间与国际化现代都市名片。世纪之交的2000年，第一届北京朝阳国际商务节在北京开幕，北京CBD的品牌名片正式推出。用繁荣、发达形容此时的北京CBD已略显过时，绿色、人文、智慧的未来基因已经开始植入北京CBD的发展血脉。

在人口密集度高的北京，CBD内土地、交通要素都非常有限，建设绿色CBD可以有效化解经济、人口、资源和环境的压力。这一概念经过实践之后得以落地，北京CBD很快明确了包括绿色建筑、绿色交通、绿色市政、绿色生态和绿色产业的五大指标体系，绿色建筑首当其冲，且被认为是最为重要、最为具体、最为可控的指标之一。

从2008年开始，北京CBD区域内几乎所有的新开工项目都申请了绿色建筑

① Global Business Districts Innovation Club. The 2020 Attractiveness of Global Business Districts Report is online [EB/OL]. (2020-05-19) [2023-06-24]. https://gbdinnovationclub.com/gbd-innovation-club-news/the-2020-attractiveness-of-global-business-districts-report-is-online/.

认证。北京CBD核心区（CBD内东部地块，是超高层建筑集中的区域）规划导则中更是要求各地块满足绿色建筑标准。大幕已经拉起，主角逐一呈现。

3. "领头羊的故事"：绿色CBD的快车道

（1）CBD新建建筑的先锋者

2008年，北京世纪财富中心获得LEED BD+C：核心与外壳金级认证，作为北京市首个获得LEED BD+C：核心与外壳认证的甲级写字楼。这一成就也拉开了北京CBD新建绿色建筑高速发展的序章。就在北京世纪财富中心获得认证后，北京中海广场、北京侨福芳草地、中国国际贸易中心3期A阶段、北京财富中心2号楼、光华路SOHO2期也相继在2008~2009年成为LEED BD+C体系下的卓越追求者，并成功获得认证。之后，新建建筑获得LEED认证的队伍还在不断壮大，北京环球金融中心、北京嘉铭中心、中国国际贸易中心3期B阶段以及近期获得认证的北京万科时代中心，成为新建建筑中的绿色先锋。现在，北京CBD核心区还有多个地块申请了LEED BD+C体系认证。

（2）CBD室内空间的可持续革命

在寸土寸金的CBD，ID+C成为众多企业、公司、零售店追求低碳、提升品牌价值的重要工具。第一个在CBD区域成为LEED ID+C认证项目的是穆氏建筑设计（上海）有限公司北京分公司，这个位于温特莱中心四层的设计公司，在2009年获得LEED ID+C：商业室内金级认证。紧随其后，香港开利中国有限公司北京代表处、渣打银行北京分行、Adobe系统软件（北京）有限公司纷纷进行注册并拿到认证。时至今日，包括自然资源保护委员会（美国）北京代表处、壳牌（中国）有限公司北京环球金融中心办公室、Airbnb北京办公室等共计20多个CBD区域项目拿到LEED ID+C认证，仍有更多项目已经注册，并在认证过程中。

2009年对北京CBD也是非常重要的转折点，在这一年，北京CBD进入了空间拓展、产业优化、功能完善、品质提升的新阶段。这些要求不只是对新建楼宇的高标准，也向既有建筑项目发起挑战，既有建筑如何实现品质提升？

（3）CBD既有建筑的"绿色焕新"

2011年，北京CBD迎来了既有建筑绿色转型的第一个"领头羊"。北京CBD第一个获得LEED O+M：既有建筑金级认证的大楼花落北京万通中心4号办公楼。建成项目也可以成为可持续先锋，北京万通中心的成功认证让更多既有建筑开始行动，北京远洋·光华国际、北京国际财源中心、北京嘉里中心、北京银泰中心、北京京汇大厦等相继加入既有建筑"绿色焕新"的队列。

其中不乏那些历经岁月的楼宇，获得LEED O+M：既有建筑铂金级认证的北京嘉里中心，是名副其实的"老"建筑，1998年就落成交付，2016年获得了LEED O+M：既有建筑铂金级认证。在当时所有拿到既有建筑认证的项目中，北京嘉里中心是最早落成的。二十多年的楼龄都能够凭借不懈努力实现绿色升级，无疑为同类型建筑带来了借鉴意义。在所有绿色既有建筑中，还有些诸如嘉铭中心、北京侨福芳草地等这些熟悉的身影。北京侨福芳草地在新建阶段获得LEED最高级认证之后，目光投向了更长远的运营阶段。她是中国第一个使用Arc（一款由LEED的审核机构GBCI开发的建筑及城市可持续表现数据平台）获得LEED认证的项目。此外，中国国际贸易中心3期A阶段也已经获得LEED O+M运营阶段认证。

① 北京市人民政府. 北京市朝阳区
人民政府关于印发区节能发展专
项资金管理办法（暂行）的通
知 [EB/OL]. (2014-11-17) [2023-06-
24]. https://www.beijing.gov.cn/
zhengce/zhengcefagui/201905/
t20190522_58111.html.

4. 北京CBD的绿色高度

从时间线上看，在北京CBD绿色楼宇的各个生命周期中，LEED都有参与。如果我们把目光投向建筑的垂直方向，会发现LEED在CBD的"高度"上同样高屋建瓴。

以中国国际贸易中心3期A阶段为代表，2013年其以当时北京第一高楼的身份，获得LEED BD+C：核心与外壳金级认证。从20世纪80年代开始建设，中国国际贸易中心就见证着北京CBD核心区的诞生与发展，也始终追随这块土地追求卓越的脚步。

5. 绿色CBD背后的力量

政府政策发挥着重要作用。2015年朝阳区政府作出了一项具有历史和纪念意义的决定——出台政策奖励LEED认证项目，这项决定使北京市朝阳区成为中国首个将LEED纳入到绿色建筑激励计划的政府机构①。

2016年12月，北京CBD核心区获得LEED ND第二阶段金级认证，这是国内第一个由政府主导的、多业主共同开发的LEED ND认证项目。在建设绿色CBD

LEED 建筑集聚的北京 CBD
图片来源：图片社区 Unsplash, Ice Pan摄
https://unsplash.com/photos/Ra4S1iFdx2s.

230   双碳背景下的建筑逐绿行动：   Green Building Actions in the
           LEED   Context of Dual Carbon:
           在中国   LEED in China

的道路上，由此实现了以小带大、以点带面逐步向整个CBD区域延伸，推动绿色CBD的整体建设逐步完善的局面。在北京CBD核心区申请LEED ND认证过程中，凭借85%的地块都申报了LEED单体认证，为整块区域获得认证提供了优势。目前，CBD区域绿色出行比例超过75%，成为北京市绿色交通出行的代表区域。此外，CBD核心区通过高密度的楼宇和地下空间开发、多层次多方式的立体交通体系建立、市政综合管廊建设、雨洪综合利用等多种方式，努力打造成土地集约利用、交通可持续发展、环保节能的绿色发展示范区。

北京CBD核心区能成为全球世界级城市中央商务区中首例获得LEED ND金级认证的区域，业主的推动作用不容小觑。以银泰中心为例，依托多层次立体公共交通体系，北京银泰中心鼓励客人及员工采取绿色公共出行方式；为了优化居停环境，他们在项目内安装了空气净化系统，确保室内空气质量保持良好；在采购环节，银泰中心极大程度地选购了环保产品。从各个细节入手，践行可持续发展。

此外，绿色CBD的成长也与市场主导作用分不开。北京CBD区域不仅汇集了北京市各个发展时期的代表性建筑，更集中了北京市50%以上的甲级写字楼，吸引了众多世界500强企业，绿色建筑早已是这些知名企业办公选址的重要因素。

2018年10月30日，《北京CBD楼宇品质分级评价标准》正式发布，这个由北京CBD管委会创立并运营管理的楼宇评价标准，提倡设计、管理、节能、环境、创新、健康六大理念，将CBD区域内的建筑推向了更高品质与更高追求。在当日举行的优化营商环境在行动大会上，CBD首批8个超甲级楼宇被授牌，他们是北京国贸中心、北京嘉里中心、北京英皇集团中心、北京银泰中心、北京环球金融中心、北京财富金融中心、北京华贸中心、北京嘉铭中心。值得留意的是，这八个超甲级写字楼全部都是LEED认证建筑。

现在，越来越多发达城市在中国拔地而起，而超级城市也逐步涌现。绿色CBD无疑是这些崛起的城市"身体"中那颗持续提供动力的"绿色心脏"。未来，我们的城市将因为有这样的绿色CBD，生生不息。

五、成都，在“双碳”行动中领跑超级城市

中国，共有660多个城市，遍布了960多万平方公里的广袤热土。9亿多人口呼吸、成长、生存在城市里，穿梭在鳞次栉比的楼宇中。而LEED为全人类体验绿色建筑而奋斗着，也已经覆盖了中国所有省份，并走入越来越多城市。

1. 成都，中国“最环保”的超级城市

成都是中国超级城市（常住人口在1000万人以上）之一，且其绿色属性在整个超级城市群体中非常领先——从数据上看，成都在《中国净零碳城市发展报告（2021）》中位列第五，并且其单位GDP能耗和人均能耗均为最低；“十三五”时期，成都的人均碳排放位居全国十大城市最低。

一座超级城市，如何能在环保低碳上取得如此大的成就？在我们深入探索之后，却发现，成都的“绿色”早已牢牢地印在其一砖一瓦、土地规划及人文素养上。这是一片你不得不爱的“西部森林”！

2. 水是城市的血脉，也是低碳成都的塑成者

四百万年前的新构造运动，龙泉山和龙门山形成断裂褶皱，成都平原相对陷落，“两山夹一城”的城市格局形成。巨大的高山山体造就了发达的水系。邑之有沟渠，犹人有脉络也。水造就了成都，也开启了蜀人治水的历史。为了让成都“水旱由人”，李冰修建了都江堰水利工程，彻底地为成都的城市崛起打下了基础。

2200多年后，蜀人治水开启了新篇章：1925年四川泸州洞窝水电站建成，由丰富的水力资源带来的清洁能源正式登上川蜀的历史舞台。地面下沉、河流诞生的同时，各种生物被埋覆在地下，有机质在时间流逝中分解，巨量的天然气在此累积。1967年，成都市供气总站成立，此前烧柴、烧煤的成都人从这一年开始用上了清洁燃料，整个城市的燃料结构发生了重大改变。

半个世纪后的2017年，成都清洁能源占比高达55.4%[①]（2017年，成都在全国清洁能源中占比为20.8%），在其绿色成绩单上添上了彰显其自然与历史遗产的一笔。

3. 从“蜀道难”到“绿色奇迹”

20世纪60年代的四川，还诞生了中国最早的天然气公交车，绿色公交的影子已然初现。2014年，成都的公交车早已不再使用笨重的储气大包，它们全部升级成了CNG（压缩天然气）、LNG（液化天然气）、电动车等环保车型。

① 李倩薇. 成都发布“低碳蓝皮书”：绿色经济市场主体年增近六成 [N/OL]. 新华网. (2018-06-14) [2019-04-04]. http://m.xinhuanet.com/2018-06/14/c_1122987803.htm.

此时，与"绿色公交"配套的城市规划更是上线已久。

在西部城市中，成都市是最早开始实践交通需求管理①（Traffic Demand Management）的城市。作为疏解城市交通拥堵、倡导低碳出行的重要举措，2008年，成都市开始设立公交车专用道，并在2013年完成了第一条快速公交系统（BRT）。截至2018年9月，成都共有85条公交专用道，还在建设多条新的BRT。

曾感叹"蜀道难"的李白，如能看到今日四通八达的成都公共交通景象，一定会盛赞成都这片乐土。2016年底，共享单车在全国如破竹之势发展起来。1000万成都人用一年时间创造出了更大的绿色出行奇迹。68474吨，这是2017年成都因骑行减少的碳排放量，减排量全球排名第三。2017成都共享单车注册量超过1000万，当年第四季度被评为"最爱骑行共享单车城市"。喜欢耍、喜欢巴适的成都人，用低碳出行向他们成长、生活的城市献上了最具情怀的礼物。

4. 穿街过巷，绿建林立

成都是中国拥有绿色建筑项目数量最多的十大城市之一。

成都的绿色建筑事业起步并不早，2011年万国数据成都数据中心获得LEED BD+C：核心与外壳金级认证，成为成都第一座LEED认证建筑。随后，绿色建筑便如雨后春笋，在这个充满绿色热忱的城市拔地而起。低矮的建筑、青砖黛瓦的文艺气息，成都远洋太古里在市中心的楼宇间给我们的感觉是如此不同。这里时尚、浪漫，也绿色。环保理念贯穿整个街区的设计，让这个与古刹毗邻的商业综合体在2014年获得LEED ND：规划金级认证。六座富含历史底蕴的旧民宅和建筑在远洋太古里散发着"慢里"的历史气息，从历史中穿行到2015年5月，代表太古里"快里"的古驰GUCCI用LEED ID+C：商业室内铂金级认证与整个社区呼应，在金碧辉煌之间，流淌着绿色的热情。

紧邻远洋太古里的成都IFS国际金融中心更是代表成都"快"时尚的潮流地标。让国宝熊猫在此流连不肯"放手"的，或许是因为成都IFS足够自然。2015~2016年，成都IFS商业及办公先后获得LEED O+M：既有建筑铂金级认证，以低于全球其他同类型建筑35%的能耗水平成为引领西南地区绿色风尚的高端地标中心。

5. 北上广深之外，成都是白领们追逐未来的梦想之地

2017年《成都实施人才优先发展战略行动计划》发布，"蓉漂"越来越有归属感。除了发展机遇、生活品质，绿色办公楼或许是成都对这些年轻人的一种软性承诺。

就在这一年，被称为创客天堂的菁蓉国际广场拿到LEED O+M：既有建筑铂金级认证，是中国首个通过LEED v4既有建筑铂金级认证的办公产业园。创业者的梦想和健康同样得到了这座城市的保护。

① 交通需求管理是指通过影响出行的行为而达到减少或重新分配出行对空间和时间需求的目的。

成都的高分绿色办公楼也在同年大规模地出现。除了菁蓉国际广场，还有四个办公建筑在2017年获得了LEED金级以上认证（值得注意的是，腾讯成都分公司产品研发中心在获得LEED BD+C：新建建筑金级认证之后，次年又在可持续运营上获得LEED O+M：既有建筑铂金级认证），它们容纳了拼搏者在成都的努力和无限可能。2017年成都的绿色成绩单上，还获得了第一个亚洲绿色停车场认证。

作为全国小汽车保有量最大的城市，成都的停车场产业发展也蓬勃发展。当智慧停车成为行业热门的时候，位于西村大院的汇泊成都西村停车场项目已经拿到了亚洲第一个智慧停车场（Parksmart）绿色停车场认证。

去过成都的人都会爱上她，现代与古朴、文艺与时尚……这些气息在成都的建筑中融为一体。今天，在愈加开放的城市环境中，绿色建筑已渐渐装点了成都的天际线。

6. 绿满锦官城

天府之国的美名所言不虚，这座城市除了爱吃、爱麻将，更爱一种绵延1.69万公里的休闲。或许是巧合，就在一千万成都人注册共享单车的2017年，骑行爱好者的天堂——"天府绿道"规划出炉了。规划中，天府绿道体系将以"一轴两山三环七道"的布局覆盖全市22个区市县。成都在绿色领域真正创造出了"成都速度"。到了2018年，天府绿道总体已经达到2607公里。越来越多的成都人感受到宜居成都的高颜值。

天府绿道这项浩大的绿色工程，也蕴含着巨大的人文和经济意义。如果说水泽天府，沃野千里是大自然送给成都的礼物，那么如今的成都，在用天府绿道寻求与自然共生之道。天府绿道在城市中心再现田园、森林、公园、湖泊，这个绿色的生态系统将为子孙后代留下永久性的巨型绿色空间。同时，绿道串联起了都江堰水利工程的水文化、河段周边的古蜀文化、历代文人墨客留下的诗歌文化、独特的川西民俗文化等文化元素，成都几千年的人间烟火汇聚成了沿着"一轴两山三环七道"的历史画卷。随着天府绿道这份绿色版图的逐渐完善，带来的绿色经济效益也有目共睹，曾经在家乡外谋生的成都人发现，天府绿道融合了农商文旅多种优质产业，让他们在"绿道经济"上大有可为。

无疑，天府绿道是成都这座"花园城市"送给我们的绿色生活美学。2017年9月1日，《成都市天府绿道规划建设方案》正式对外公布，以构建大生态、构筑新格局的思路规划出成都三级慢行系统。按照规划，成都将在2035年全面建成天府绿道。

7. 未来可期

近几年，绿色成都不仅交出了满意的答卷，还受到了全球可持续发展行业的关注。

234　　双碳背景下的建筑逐绿行动：
　　　LEED
　　　在中国

　　　Green Building Actions in the
　　　Context of Dual Carbon:
　　　LEED in China

2017年，成都成为联合国人居署发布的首批五个国际可持续发展试点城市之一，同年成为中国第三批低碳试点城市。在此契机之下，成都市节能减排及应对气候变化工作领导小组印发了《成都市低碳城市试点实施方案》，方案中提出了包括完善绿色贸易机制、升级低碳产业、创新低碳技术、发展绿色建筑、建设低碳交通、调整能源结构、推动全民参与低碳行动、引领低碳示范工程等具体举措。

　　2018年，第二届国际城市可持续发展高层论坛在成都举办，在成为国际可持续发展试点城市一年之后，联合国人居署和中国城市和小城镇改革发展中心合作推出了《国际可持续发展试点城市导则》，为成都实现可持续发展提出了具体措施及建议。成都，正一步步成为世界低碳城市舞台上闪耀的新星。

　　千年前李白用"草树云山如锦绣，秦川得及此间无。"赞美山清水秀的成都。而现在，一个健康低碳的成都，更值得我们期待。

六、澳门是如何走通可持续发展之路的？

关于澳门，有一个色彩界的冷知识：我们所看到的澳门区旗的底色，在标准颜色色谱中并不存在。在1999年澳门回归之前，生产区旗的厂家经过重重调试，才有了如今的"澳门绿"。也许是巧合，更或者是城市发展的命运使然，"澳门绿"更像是印刻在这座城市血液里的颜色。尽管她土地面积小、自然资源匮乏且人口众多，但2019年，澳门名列中国城市可持续竞争力指数十强和城市宜居竞争力指数十强[①]，是如何做到的？

1．极富澳门特色的绿色建筑

由于土地面积小，再加上历史原因带来的旧区规划不合理、古迹建筑改造难，澳门的建筑想要实现可持续发展转型并非易事。也因此澳门的绿色建筑数量并不多。截至2022年底，澳门31个LEED认证项目中，23个是奢侈品购物门店。

在澳门，除了逛店，最重要的还有住店。2015年澳门银河二期度假村获得LEED BD+C：核心与外壳金级认证。2019年3月，以繁华的巴黎魅力著称的澳门巴黎人酒店获得LEED BD+C：新建建筑银级认证。此外，澳门豪宅项目金峰南岸也是LEED BD+C：新建建筑认证级认证项目。

值得注意的是，由于澳门正在着力建设世界旅游休闲中心，澳门特区政府对推进绿色旅游也十分重视，这一点在酒店行业体现得更为明显。由澳门特区政府环保局主办的"澳门环保酒店奖"已超过丨届，澳门巴黎人酒店就曾是该奖金奖得主。

比较2012年与2018年的环保绩效，这些得奖酒店每间客房的平均耗电量减少超过28000度电。通过"澳门环保酒店奖"，澳门环保局还推动酒店业减少厨余垃圾，加强全区厨余垃圾回收和再利用。更有意义的是，这项举措还惠及于民，环保局将处理厨余后产生的土壤改良剂进一步发酵制作成有机肥料，市民可免费索取。

2．澳门绿色轻轨，来了！

制约澳门交通可持续发展的因素有很多：澳门地小人多、路窄车多；历史原因造成的城区规划不合理；经济增长导致的私家车增多。建设高效率的交通体系早已迫在眉睫。

2003年初，澳门特区政府提出了建设轻轨系统的初步构想。2019年12月10日，澳门首个轨道交通项目——轻轨氹仔线正式开通，澳门的轻轨时代正式开启。备受瞩目的是，澳门轻轨也利用高科技带领澳门公共交通驶向绿色方向。列车通过电力推动，并以胶轮行驶于平滑混凝土路面上，具有零废气排放及低

① 中国城市可持续竞争力报告显示：科技创新能力制约可持续能力提升[OL]. 中国经济网. (2019-06-24)(2019-12-20). http://district.ce.cn/zg/201906/24/t20190624_32431457.shtml.

236　　双碳背景下的建筑逐绿行动：
LEED
在中国
Green Building Actions in the
Context of Dual Carbon:
LEED in China

运作声音的环保优点。除了这条轻轨线路，澳门还有两条在建轻轨线。相信未来，一个绿色的交通网络将覆盖这座城市，让更多人受益。

3. 自上而下的绿色驱动力

澳门特区政府在推动环保发展上不遗余力。从2008年开始，澳门特区政府持续主办每年一届的澳门国际环保发展论坛。通过这一环保主题盛事，澳门在促进国内外（特别是粤港澳大湾区）的环保合作交流、生态文明建设上发挥重要作用。对外，澳门是国际及区域间的纽带；对内，澳门特区政府则推出了多个让企业和市民均可以参与的绿色行动。最令人瞩目的就是2019年11月18日推出的"限塑令"。这个法令规定全澳门所有店铺都不得免费提供塑料袋，每个袋子需收费1澳门币。针对违反此法令的小贩、商场还有罚款1000~10000澳门币的惩罚措施，澳门减塑决心可见一斑。

为了推动商铺的积极参与，澳门环保局与超市业界在2019年6月推出了"2019'环保超市'嘉许计划"，表彰积极参与环保工作的超市，推动业界实践更多减废回收和减塑措施，进而让市民养成绿色消费习惯。

足以可见，在澳门环保已经融入这座城市的各行各业，并彰显出鲜明的澳门特色：以小见大、全民参与。让全社会每个角色都去做环保的贡献者和受益者，这就是城市可持续发展的澳门道路。

七、在绿色城市指数榜单中数次领先，深圳做了些什么？

有人说，一个城市中央商务区（CBD）的变迁，可以代表整个城市的发展史。所以当我们把目光投向中国最重要的口岸城市之一——深圳时，前海CBD显得尤为抢眼。不只因为它被当作中国新改革开放的"桥头堡"所占据的重要地理位置，以及对标美国曼哈顿CBD的发展愿景，更因为前海片区将实现100%绿色建筑。以"绿色前海"为出发点，我们也可一窥深圳，乃至粤港澳大湾区的可持续发展图景。

1. 为什么是前海？

相比深圳罗湖和福田CBD，前海无疑足够年轻。2008年，"前海深港现代服务业合作区"的名字首次出现在当时正在报批的《深圳市城市总体规划（2008—2020年）》中，经过10年的酝酿和论证，2015年广东自由贸易试验区深圳前海蛇口片区正式挂牌。尽管目前还在建设之中，但前海CBD的雏形已现，且备受各方关注。可能正是因为它足够"年轻"，由此拥有了在前期规划阶段就将"绿色理念"植入其中的优势。

2016年的第二届绿色自贸区活动周主论坛上，深圳前海管理局官方宣布："前海片区规划建设的2600万~3000万平方米建筑100%是绿色建筑，并且前海片区将打造成世界领先的绿色自贸区。"[①]当时已经建成的前海深港创新中心，是中国体量最大的立体模块化办公建筑，也是我国建筑工业化4.0时代的标杆项目之一。以前海CBD中的金融核心商务区——桂湾片区举例，已知其出让的二十几宗地块中，包括香江金融中心、华润前海中心、中粮亚太大厦在内有超过60%的项目申请了LEED认证。

前海还有个更大的梦想：打造100年不落后的城市环境。低碳、环保、智慧与人文，前海都要。2017年12月，前海BIM技术已经全面升级至城市级应用，通过结合前海的最新规划，前海BIM平台可以全面展示城市面貌，更宏观地促进城市规划的协调性和合理性。这个平台涵盖了规划至施工阶段的方案核查、接口分析、设计方案优化、地籍分析、图模校核、地质状况分析、进度模拟、工程量核算、施工布置规划等应用，全面推进前海城市建设全生命周期BIM应用。

城市的崛起需要大量能源，而能源也是制约城市可持续发展的最大难题。前海的区域集中供冷系统，似乎已经提供了不错的解决方案。在2020年前海区域集中供冷系统就规划建设了十个供冷站、90余公里市政供冷管网，覆盖前海桂湾、前湾和妈湾三个片区，服务建筑面积1900万平方米，供冷规模约40万冷吨。服务建筑类型包括写字楼、商场、酒店、地铁枢纽站点等公共建筑，可实现全年24小时不间断供冷。这也是目前规划的世界级规模区域集中供冷系统，

① 陈熊海. 深圳前海蛇口打造绿色自贸区：100%为绿色建筑 [N/OL]. (2016-12-04) [2020-03-26]. http://static.nfapp.southcn.com/content/201612/04/c202274.html?from=timeline&isappinstalled=0.

238

双碳背景下的建筑逐绿行动：
LEED
在中国

Green Building Actions in the
Context of Dual Carbon:
LEED in China

应用之后每年可节约1.3亿度电。

区域能源被联合国环境署认为是解决城市环境问题，特别是推动可再生能源利用和能效的最佳方案。区域集中供冷系统在前海并不是首创，2004年北京中关村率先对区域集中供冷，之后各大城市诸如上海、广州也都进行过此类创新，但前海区域集中供冷系统的规模最为壮观。目前商业和办公领域普遍都是采用建筑顶楼一组冷却塔为建筑中央空调提供制冷，这样的方式需要占地，也会产生噪声，造成城市热岛效应。除了规模大，前海的区域集中供冷系统附建在地下空间，不会占用地面用地，并且冷站供冷半径达到1.5公里，这就使得范围内的建筑无需设冷却塔，节约空调机房面积。相信依托这个区域集中供冷系统，前海片区的建筑在节能降耗上能获取更多便利。值得注意的是，前海作为特区中的"特区"，把它的核心位置交给了一座城市公园——桂湾公园。这使得前海与其他新城区与众不同，用一个"绿肺"放慢城市的节奏，更让居住、工作于此的人重塑生活品质。这只是前海生态环境建设的一部分，前海拥有"一湾、两山、五区、四岛"的布局，借助滨水资源，前海的标志性景观"前海水廊道"也在建设之中，同时集美学价值和生态价值的滨水景观公共空间也可以提升城市韧性。

2."来了，就是深圳人！"背后的绿色魅力

或许只有深圳，才可以孕育前海。有别于其他超级城市，深圳是一个时代的产物，伊始于一个小渔村、如今跃然成长为一个超级城市。"来了，就是深圳人！"已经成为一句响亮的口号，人们爱它的开放、包容，而我们相信爱深圳的理由足以增添一条：绿色宜居。

2019年底，由中国投资协会、《环球》杂志、标准排名（一家专注于绿色评级与评价的研究机构）、中国人民大学生态金融研究中心联合发布的《2019中国绿色城市指数Top 50》[①]中，深圳以92.6分的绿色指数得分摘得桂冠。绿色城市指数是衡量一个城市的人居舒适系数、空气质量系数、水治理系数、绿色交通系数、能源消耗系数、废物再利用系数等方面的综合指标。

值得注意的是，就在十几年前，深圳的城市面貌与现在迥然不同，由于城市开发迅速、工业化发展迅猛，深圳很早就面临严重的雾霾问题。好在"深圳速度"再次在城市治理上发挥了重要作用。从2006年，深圳率先发布《深圳经济特区循环经济促进条例》，正式将实现经济、社会和环境全面协调发展纳入议程，深圳的可持续发展理念已经深入各行各业、各个领域。

（1）建筑

根据USGBC发布的2022年度LEED在中国年终总结，深圳以302个LEED认证项目，超过1000万平方米的认证面积排名第四[②]。早在2005年，深圳泰格公寓成为深圳第一个应用LEED的住宅建筑。15年过去，LEED已经发展到这个城

① 标准排名官号. 2019中国绿色城市指数TOP50发布，哪些城市是绿色标杆？ [OL]. 2019-12-26 [2020-03-26]. https://mp.weixin.qq.com/s/Hrs9PgsRWwAffMzmTS7xcQ.

② LEED能源与环境设计先锋. 用数据复盘2022，LEED在中国昂扬增长 [OL]. (2023-01-12) [2023-06-24]. https://mp.weixin.qq.com/s/R9kLFoRGuZWst1cZP5s4WA.

市的办公楼、工厂、零售、酒店等多种空间。根据世界高层建筑与都市人居学会（CTBUH）2019年度回顾[①]，深圳以15个项目数夺得全球新建成高层建筑城市冠军。深圳也当之无愧是我国高层建筑最密集的城市。更值得注意的是，在深圳的超高层地标建筑中，LEED参与度非常高，深圳的前三大高楼平安金融中心、京基100以及以中国华润大厦，均是LEED认证建筑。

在深圳南山区，这个城市最大的LEED建筑群——华润置地大厦也已经拔地而起，现在华润置地大厦T1、T2、T4、T5、T6写字楼已经获得LEED BD+C：核心与外壳金级认证。华润置地大厦更被人熟知的名字是南山科技金融城，它也是深圳市规模最大的城中村改造项目，由深圳西部地区最古老的村落——大冲村改造而成。由随意开发的城中村蜕变为绿色城市综合体，华润置地大厦已成为深圳城市更新的标杆。

北京大学汇丰商学院在2017年获得了LEED O+M：既有建筑铂金级认证，是中国第一个使用这一体系获得认证的商学院建筑，为校园建筑的"绿色焕新"起到了先锋示范作用。

此外，深圳的科技巨头腾讯也扛起了业内践行可持续发展道路的大旗。腾讯的新总部——腾讯滨海大厦，曾在2017年获得LEED BD+C：新建建筑金级认证，时隔3年的可持续运营，2020年3月该大楼又获得了LEED v4.1 O+M：既有建筑铂金级认证。沿着建筑生命周期，腾讯在不断追求可持续发展的新高峰。

2008年深圳提出了"打造绿色建筑之都"的目标，在大型公共建筑能耗监测、可再生能源建筑应用、建筑废弃物减排与利用、公共建筑节能改造、装配式建筑应用等专项领域，深圳都承担着先行者的责任，在绿色建筑领域积累了相当多的经验。据统计，截至2023年初，深圳绿色建筑面积已经超过1.6亿平方米，成为国内绿色建筑建设规模、密度最大的城市之一。

（2）交通

根据2019年能源基金会联合七家研究机构发布的《深圳市碳排放达峰、空气质量达标、经济高质量增长协同"三达"研究报告》提供的2015年数据，交通是深圳当地直接碳排放最大的部门，其中私家车和行政公务车是最大的排放源，贡献了全市交通碳排放总量的33.8%。

解决交通碳排的一大举措就是推进公共交通，只不过深圳的公共交通绿色特性更加强烈。2010年，深圳被选为中国13个国家新能源汽车试点城市之一，现在深圳是世界上第一个完全实现公交车电动化的大城市，整座城市中约有1.6万辆公交车都是电力驱动的。除了电动公交车，现在也已经有超过1.2万辆（约占全市出租车数量的62.5%）的电动出租车行驶在深圳的街头，深圳也在朝着100%电动出租车的目标迈进。此外，深圳还出台多项措施，激励包括物流、租赁车辆和私家车在内的车辆实现低碳、零污染的快速转变。

通过标准排名监测的169个城市数据显示，深圳以364人/辆公共汽（电）车的平均数据成为中国公共交通最便捷的城市，现在的深圳人，除了可以享受四

① 世界高层建筑与都市人居学会（CTBUH）. 2019 年的高层建筑群像超高层建筑建成数量再创新高 CTBUH年度回顾 [EB/OL]. [2020-03-26]. https://www.skyscrapercenter.com/year-in-review/2019?lang=cn.

240

双碳背景下的建筑逐绿行动：
LEED
在中国

Green Building Actions in the
Context of Dual Carbon:
LEED in China

通八达的公共交通网络，还享受着电动汽车带来的无声的"绿色革命"。

（3）水

长期居住在深圳的人们一定能感受到另一个巨大的城市变化，那就是城市水体污染的整治。早前深圳市内存在大量黑臭河流，甚至直到2016年，全市310条河流中有159个黑臭水体，这给城市环境和人们生活都带来不利影响。2017年《深圳市海绵城市建设专项规划及实施方案》编制完成，方案结合本地现有特点，对水污染治理、排水防涝、雨水调蓄、河湖水系的生态修复等进行灰绿结合的技术设施系统布局；确定了24个近期建设区域，并编制了重点区域详细规划案例，对涉及黑臭水体、内涝治理的重点项目进行了梳理。经过近几年的治理，2020年1月深圳市人民政府新闻办公室发布会宣布：深圳黑臭水体已全面消除。现在，深圳已成为全国黑臭水体治理示范城市。

（4）电

在深圳，最醒目的可持续发展举措，无疑是深圳东部环保发电厂。它将能源与废弃物处理结合，同时也向市民展示环保发电的教育意义。这个发电厂是全国垃圾处理能力最高的电厂，也是全球最大的垃圾发电厂。投入运营之后，每天可以处理深圳市1/3的生活垃圾。在这个圆形的环保发电厂的屋顶安装了大约44000平方米的太阳能板，让电厂在环保处理城市垃圾的同时，亦为城市提供可再生能源。

（5）人

深圳的发展崛起离不开人，而这座城市也为它的塑造者们提供了诸多人文关怀。深圳的人才房政策由来已久，根据国家统计局的数据，深圳2018年末的户籍人口总数为454.7万，而当年常住人口总数达到1302万。实际上，由于北上广深这些一线城市的人口流动过于频繁，根据人口流动大数据，深圳的常住人口数字可能还要更大。相比较土生土长的深圳人，绝大多数在深圳的都是外来人口。而随着深圳的发展，房价也水涨船高，让这部分人口能够拥有一个"支付得起的家"，也是深圳留住人才的重要策略。

早前的人才房更接近单位福利房，而在2019年《深圳市人才住房建设和管理办法（征求意见稿）》（简称《征求意见稿》）中，明确人才房面向个人配租配售，非常亲民，给"新深圳人"扎根于此带来极大的便利。仍然以前海片区为例，就在《征求意见稿》发布之后不久，招商蛇口拿下218万平方米的地块，其中人才住房占到28.4万平方米，甚至超过了该地块商品房的面积。在代表城市未来的前海，这一举措更能彰显这座城市的诚意。此外，深圳特有的城中村，早前被当作城市脏乱的代表，但从另一个角度看，它也是城市包容的象征。城中村给城市低收入者提供了容身之所，也给新移民入城提供了过渡之地。现在的深圳，更希望通过治理的方式让城中村焕发生机。深圳正在用综合整治的方式，把城中村建成干净、有序、和谐、安全的文明新村和幸福家园。

一个可持续的城市，除了在城市基础设施等物理条件上不断优化，也要从社会层面解决城市使用者的民生问题，使人们平等地享受医疗、住房、教育等权益。这一点在LEED城市与社区体系中也有所体现，LEED主张建设面向未来的可持续城市，而其中社会公平是非常关键的一环，LEED鼓励城市与社区应用社会基础设施以提供给人们更好的生活品质。

（6）城市的"传承"

民生福祉是一部分，深圳的人文还体现在他们对文化的传承上。尽管我们常说深圳是个年轻的城市，但是漫步在深圳城区，却时常能碰到一些老建筑，"新"与"旧"的碰撞显得尤为抢眼。以位于深圳福田区的下沙村为例，在20世纪90年代对下沙进行规划时，拆除了一些老屋，但是祠堂和祖庙得以保存，尽管现在下沙村高楼环绕，房价飞升，祠堂仍保留在村子的中心地带。

对传统建筑的保护与传承和LEED不谋而合。在LEED体系中，也有对文化保护、历史传承的得分点。以LEED BD+C体系中的"高优先级场地"得分点为例，它在选址与交通板块中占据2~3分的分值。这一得分点要求项目如果选址在历史街区位置，那么项目需要进行填充式或嵌入式的开发。在LEED城市与社区中，无论是新规划与设计的城市/社区，还是既有城市/社区的更新，都在交通与土地利用这一板块中，对"高优先级场地"有明确的得分点，主要意图是保存历史建筑与场地。

（7）深圳的未来会是什么样？

根据《深圳市可持续发展规划（2017—2030年）》，深圳计划在2030年成为可持续发展的全球创新城市，到那时，深圳PM$_{2.5}$年均浓度达到15微克/立方米以下，全社会研发投入占深圳市GDP比重达到4.8%，高峰期间公共交通占机动化出行分担率达到75%，居民人均可支配收入达到10万元，居民人均预期寿命达到83.73岁以上……这样的目标是未来可期的：它拥有领先的科技、强大的政策支持，同时粤港澳大湾区建设也为深圳提供了广阔空间。

3. 大湾区将成为下一个硅谷吗？

深圳是粤港澳大湾区这一世界级城市群的核心引擎之一。许多人把大湾区称作下一站硅谷，但依据麦肯锡的《中国的大湾区崛起》一文的观点，大家对大湾区的期待远不止于此。以深圳为首的城市群，通过基础建设将各个重要支点紧密连接在一起——东莞至深圳25分钟可达、香港去广州则仅需半小时，让这片年轻有活力、创新能力强、教育水平高、人才聚集的区域，焕发出勃勃生机和无尽潜力。大湾区中的六座城市都登上了LEED中国排名的前三十，总共占据了全国20%的LEED认证的绿色建筑的体量。2019年2月18日，中共中央、国务院印发《粤港澳大湾区发展规划纲要》。按照规划纲要，粤港澳大湾区不仅要建成充满活力的世界级城市群、国际科技创新中心、"一带一路"建设的重要支撑、内地与港澳深度合作示范区，还要打造成宜居宜业宜游的优质生活圈，并支持重大合作平台建设、成为高质量发展的典范。其中共建宜居生活圈的概念，是以改善民生为重点，推进区域旅游、完善生态建设和环境保护合作机制，建设绿色低碳湾区；重大合作平台的推进，包括了深圳前海、广州南沙、珠海横琴等重大粤港澳合作平台开发建设，充分发挥其在进一步深化改革、扩大开放、促进合作中的试验示范和引领带动作用，并复制推广成功经验。

2018年7月，《粤港澳大湾区独角兽白皮书》正式发布，有2家超级独角兽企业、33家独角兽企业上榜，其中22家分布在深圳。行业主要分布在：高端装备与智能硬件制造、互联网金融、互联网服务等。而根据HKTDC Research经贸研究2019年发布的数据表明，整个大湾区的独角兽企业已跃至43个。

大湾区是中国最受独角兽企业青睐的区域。根据普华永道的调研[①]，独角兽企业对于创新生态系统尤为敏感，其自身发展与地方政策、人才和资本等创新要素的支持密不可分。而大湾区的一系列利好创新举措效应已经显现，成为独角兽企业的业务拓展首选。

与之相匹配的是对于高效、节能、舒适的办公环境的要求与日俱增。大城市已经朝着建筑存量市场发展，所以越来越多的建筑选择进行"绿色焕新"。近几年，广州在绿色建筑市场上呈现活跃的既有建筑绿色转型浪潮，比如广州越秀金融大厦、广州太古汇、广州国际金融中心都通过LEED O+M：既有建筑体系获得了认证。

值得注意的是，除了办公空间，多家知名企业也将绿色建筑应用在他们的工厂、物流中心。箭牌糖果（中国）有限公司永和工厂就在2012年获得LEED BD+C：新建建筑金级认证，而本地高新电子产品独角兽企业华星光电旗下的深圳G11项目，也在2018年获得LEED BD+C：新建建筑铂金级认证。位于佛山的高明乐歌物流园，在2019年获得了LEED BD+C：仓储和物流中心银级认证。

以独角兽企业为首对人才的求贤若渴，将会进一步提升整个大湾区对树立"宜居宜业"品牌形象的紧迫需求。更舒适高效且管理完善的绿色办公环境，以及能够提升幸福指数和生活品质的住宅，乃至韧性、健康、可持续的宜居城市，都将成为大湾区的重点发展举措之一。现在的大湾区也备受资本青睐，尤其是在国内绿色债券发行火热的大背景下，越来越多的资本正在注入这个欣欣向荣的市场。许多开创型且富有责任感的房地产企业已经行动起来——2018年，新世界中国宣布发行首批绿色债券，所筹募的资金将用于新世界中国两个位于大湾区的绿色发展项目——前海周大福金融大厦和新世界增城综合体项目。这两个项目代表着新世界在发展未来城市综合体上的绿色承诺，它们要将绿色空间、节能设计和材料结合起来。现在，前海周大福金融大厦已经获得LEED认证。

全球都在关注着深圳和大湾区，期待这片沃土走出一条绿色之路。

① 普华永道.《普华永道独角兽CEO调研2019》系列报告——粤港澳大湾区独角兽：潜力无限 未来可期 [R/OL]. [2020-03-26]. https://www.pwccn.com/zh/research-and-insights/greater-bay-area/unicorn-ceo-survey-2019.pdf.

八、小而强的"工业第一城"苏州的绿色砝码

在中国LEED城市榜单中，苏州连续五年跻身认证数量前十名，作为一个地级市，苏州的绿色建筑表现十分抢眼。更引人关注的是，从城市LEED认证的细分空间看，苏州的工业制造空间占比高达20%，居全国首位；仓储物流空间占比12%，仅次于天津。与北上广深以办公楼为主的绿色建筑市场相比，这个LEED认证项目数排名靠前的城市显得独树一帜，这与其城市产业有着密不可分的关系。我们也将以"工业之城"为契机，展开苏州的LEED"城"事。

1. 小而强的"工业第一城"，苏州的绿色砝码是什么？

从数据上看，苏州经济发展让人赞叹：作为一个仅占中国0.09%的国土面积的小城，创造出了全国2.1%的经济总量、2.4%的税收、7.7%的进出口总额，是中国外向型经济当之无愧的领头羊，强大的工业制造力是苏州经济的核心，近年来，苏州与上海、深圳你追我赶，角逐"工业第一城"的称号。

领先的数据背后，是国内外企业的青睐：截至2019年底，有156家国（境）外世界500强跨国公司在苏州有投资项目，形成了高科技产业、高端制造业的聚集。同时越来越多厂房和仓储中心追求LEED认证，也让苏州成为国内外知名品牌首选的绿色工厂与绿色仓库。

根据USGBC统计数据，到2022年底，苏州188个认证项目中有37个是工业制造项目、23个仓储物流项目，两项占比均在中国LEED认证数量排名前十的城市中名列前茅。

单位：%

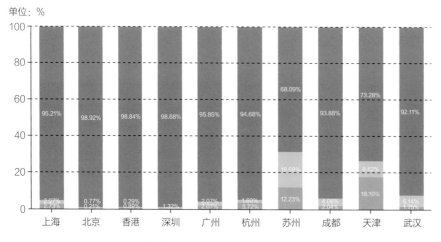

数据时间：截至2022年12月31日。

中国排名前十的 LEED 认证城市中工业制造及仓储物流项目占比

图片来源：USGBC

这些工厂乃至研发中心，涉及机械、高端纺织、医疗制药等多个行业，我们可以在苏州LEED认证项目中看到诸多国际知名品牌的身影，比如宝洁、欧莱雅、强生、辉瑞、SIG康美包等，这其中不乏一些品牌将工厂作为零碳试验场，比如2019年欧莱雅就宣布其苏州工厂实现了碳中和。大型本土企业，比如美的集团的吸尘器制造基地也在2019年加入苏州的绿色工厂行列。

伴随蓬勃发展的制造业，仓储物流的需求不可或缺。苏州的绿色仓储与工厂随之成为中国LEED仓储物流空间的主要聚集地之一。普洛斯、乐歌、易商集团等专业物流地产商均在苏州开建物流园，并持续开展LEED认证。

仓储物流是中国LEED认证空间的后起之秀，绿色的仓储物流空间除了能够降低建筑运营成本，还能减少产品全生命周期的碳足迹，因此受到零售品牌的偏爱。诸多零售品牌不仅使用LEED认证他们的门店，还希望将这种可持续发展理念延伸到商品的后端。他们有些选择在苏州建立了大型仓储及物流中心，比如耐克、阿迪达斯以及持有李（Lee）、北面（The North Face）、范斯（Vans）、诺帝卡（Nautica）等诸多知名品牌的威富服饰等。

此外，处于长三角腹地的苏州，也在上海地区的数据中心集群中起到了后备作用，诸多数据中心项目选择在此落户，如全球首个LEED v4 ID+C认证的数据中心——台达吴江数据中心以及万国昆山数据中心。

现在，苏州的绿色制造已经成为一张响当当的城市名片，吸引着越来越多可持续发展先锋者的目光。2020年3月，星巴克中国宣布投资约1.3亿美元，在苏州昆山经济技术开发区建造一座咖啡创新产业园。该产业园将集咖啡烘焙与智能化仓储物流功能于一体，并以引领可持续的绿色生产为目标，申请LEED铂金级认证也是该园区实践可持续发展的重要一步。

2．一个值得期待的可持续园区经济样本

谈到苏州，离不开她的园区经济。一名把自己称作"园区人"的知乎用户甚至说："中国的园区分两种，一种叫其他园区，一种叫苏州工业园区。"

为什么这么说？1994年成立的苏州工业园区外向型经济发达，是中国改革开放的重要窗口之一，如今它已在国家级经济开发区综合考评中摘得七连冠，这项考核关注产业基础、科技创新、区域带动、生态环保、行政效能五大方面，除了经济层面，苏州工业园区的生态环保指标也多次名列全国首位——尽管叫"工业区"，这里更像是一个公园式的生态新城。我们可以从LEED的视角来印证苏州工业园区的环保成就。

在苏州的LEED认证项目中，位于苏州工业园区的项目就占到40%以上。这些项目覆盖了办公楼、商场、体育场馆、工厂，让园区人可以从工作、生活与休闲中体验绿色建筑。这其中不乏地标性建筑，如紧邻苏州"东方之门"的苏州中心，以及苏州国际金融中心办公楼等。苏州第一个IT和科学园区——腾飞苏州创新园也坐落于此。

2019年获得LEED认证的苏州奥林匹克体育中心，作为一个集体育竞技、休闲健身、商业娱乐、文艺演出功能于一体的综合体，已成为园区人感受绿色建筑的新去处。

苏州工业园区是国家低碳工业园区试点，除了绿色建筑成就瞩目，苏州工业园区还有多项举措鼓励经济与生态共同发展。比如在环境层面，针对地表水体金鸡湖、独墅湖、娄江和吴淞江等，通过调水引流、控源截污、河网治理、强化监管等措施降低水体总磷和总氮浓度；针对大气污染，园区推进锅炉综合整治、VOCs整治、管控工地扬尘等重点工程，提升园区空气质量；此外，园区还投产了污泥处置及资源化利用项目，十年间为园区处理近100万吨污泥，缓解当地环境压力的同时也产生了经济效益。

在交通层面，苏州工业园区还在进行"零碳交通"的尝试，比如实现100%电动公交车、推广公共自行车服务及电动汽车租赁服务、加快智能交通基础设施和信息系统建设。

3. "中国最佳引才城市"背后，有哪些值得停留的绿色诗意？

可能少有人知道，苏州是全国名列前茅的"移民城市"，外来人口超过城市人口的50%。2020年11月，苏州成为年度"最佳引才城市"[①]，而此前她已经连续9年入选"外籍人才眼中最具吸引力的中国城市"主题活动。在各大城市的"拉人大战"中，苏州掌握了怎样的可持续流量密码？

2017年，苏州市政府印发了《苏州市国际职业资格比照认定职称资格办法（试行）的通知》，确认79个国际职业资格可以直接认定职称，这也是中国首个城市出台相关政策，使得海外人才可以直接认定相应的职称资格。值得注意的是，其中五个LEED AP（BD+C/ID+C/O+M/ND/Homes）可对应工程师职称，而LEED Fellow可直接对应高级工程师职称。这项政策刺激诸多在苏州发展的海外人才有了留下来的动力。另一方面，教育是鼓励人才在此安居、发展的重要领域。苏州的绿色教育设施项目数量与覆盖范围都让人瞩目，比如昆山杜克大学是中国首个应用LEED Campus园区认证的大学校园，校园内从教学楼到公寓，都获得了LEED认证。而苏州德威英国国际学校，则满足了从幼儿园到中学不同年龄学生接受可持续发展理念的教育，这所学校把可持续发展当作教学使命之一，希望让学生成为未来世界全球可持续行动的中坚力量。

生活在苏州，人们还可以在LEED认证商场、零售门店休闲购物，体验另一种属于园林城市的绿色惬意。甚至在苏州四大名园之一的狮子林旁边，你也可以看到这个充满了古色古香的麦当劳门店，已经挂上了LEED认证标识。

"上有天堂，下有苏杭"。苏州是一个让人流连忘返的一个江南水乡，她的绿色有历史的基因，更是城市现代化进程中不断向上的追求。近年来，随着苏州GDP的"狂奔"，城市节能减排实践也不甘示弱。比如为加强生态环境的修复与保护，在苏州高新区以西打造了一个规划面积约42平方公里的西部生态城；

① 徐恺言. "2020最佳引才城市" "2020最佳促进就业城市" 发布南京、苏州、无锡上榜 [N/OL]. 我苏网, 2020-11-28 [2021-07-21]. http://www.ourjiangsu.com/a/20201128/1606549759436.shtml.

为践行低碳能源，苏州通过在商圈餐饮店铺中推行全电化厨房、创建苏州市新能源汽车及充电设施监测平台、大规模引进区外清洁能源等，这些都是苏州打造低碳城市的努力。作为中国低碳试点城市之一，苏州正在设计规划碳排放峰值目标和实现路径，争取确保2030年实现总体碳达峰。苏州的可持续发展也吸引了国际的关注，2021年4月，联合国开发计划署苏州可持续发展创新合作示范项目正式启动，旨在支持苏州向低碳、高质量、可持续发展转型。我们不仅对这个工业城市有更多的期待，更希望绿色建筑能够成为其转型道路上的重要助推力。

加速建筑逐绿，LEED 步履不停

　　每一个关于LEED的故事，都是关于Leadership（领导力）的故事。从 USGBC 北亚区办公室成立之初，我们就明确了使命：推动 LEED 更好地在北亚区市场落地繁荣。而说好故事，让近者悦、远者来，更是推动变革的重要力量之一。

　　在这本书中，我们尝试追溯LEED在中国的发展轨迹，深入探讨了在不同领域、不同项目类型中LEED标准的应用和影响，并通过访谈洞悉 LEED 倡导者与实践者的真知和远见。读完这本书，你们或许会感受到这些企业、品牌与个人已经将LEED写入了可持续发展的DNA，为我们证明了LEED不是高高在上的奖牌，也不只存在于一二线城市，而是为更多人传递美好、永续的生活方式。感谢这一个个的绿色先锋项目共同拼凑出中国的 LEED版图，成为我们"众行者远，远行者恒"的基石。

　　如今，"双碳"目标的设立为 LEED 发展提供了新的契机。我们期待着LEED作为一个全球通用的绿色语言，更深度地参与建筑、地区、企业的碳中和路径中，更希望本书能够为业界人士、学者和大众提供一个深入了解LEED在中国发展的视角，让建筑逐绿行动走得更深、更远。

　　最后，再次感谢所有参与本书创作的团队成员和企业、机构，以及那些为可持续建筑事业不懈努力的人们。愿我们携手继续身体力行地做可持续发展的记录者与传播者，并借助这种选择影响更多人。

Together, We LEED On!

USGBC 北亚区副总裁